KB164618

뉴호라이즌스,
새로운 지평을 향한 여정

뉴호라이즌스,
새로운 지평을 향한 여정

CHASING NEW HORIZONS

명왕성을 처음으로 탐사한
사람들의 이야기

앨런 스턴·데이비드 그린스푼 지음
김승욱 옮김 황정아 해제

푸른숲

뉴호라이즌스 호 계획에 기여한 훌륭한 사람들,

이 계획의 성공을 위해 헌신한 그들을 지지해준 가족들,

그리고 명왕성 탐사계획이 실현될 수 있게 도와준

모든 사람들에게 이 책을 바친다.

이 책을 향한 찬사

정치에서 과학기술에 이르기까지 총 26년에 걸친 명왕성 탐사의 모든 면을 깊이 이해하고 느낄 수 있을 뿐 아니라, 매 순간 재미있고 흥미로우며 스릴 넘치는 이야기다. 책을 덮을 때쯤에는 나 역시 이런 굉장한 일을 해내는 인간 종족의 일원이라는 사실에 울컥해질 수밖에 없다. _**원종우**(팟캐스트 '파토의 과학하고 앉아 있네' 진행자)

명왕성! Pluto! 그 미지의 세계를 우리 눈앞에 가져와 꿈을 현실로 만들었던 뉴호라이즌스 호는 상상을 과학적 사실로 만들어가면서 우주항해를 계속하고 있다. 뉴호라이즌스 호의 관측을 통해 드러난 명왕성의 놀라운 비밀은 '행성이라는 명칭 따위는 필요 없다'고 선언하는 것 같다. 이 책은 뉴호라이즌스 호의 눈을 빌어서 쓴 명왕성의 자서전이다. _**이명현**(천문학 박사, 과학책방 갈다 대표)

뉴호라이즌스 호가 지구를 떠나 명왕성과 그 너머까지 날아가서 보내온 사진과 데이터는 태양계와 지구를 바라보는 우리의 시각을 영원히 바꿔놓았다. 뉴호라이즌스 호는 지금도 날고 있다. 명왕성을 사랑하는 우리들에게 이것은 필생의 모험이다. _**빌 나이**Bill Nye(과학 교육자 겸 행성협회 CEO)

명왕성을 넘어 더 멀리까지! 우리 시대 최고의 과학 모험 이야기를 짜릿하고 몹시 인간적으로 들려주는 책이다. _브라이언 메이Brian May(천체물리학자, '퀸'의 리드 기타리스트)

놀라운 신작! 어려운 기술용어라는 수렁에 빠지지 않고 활기 있게 이 놀라운 이야기를 이어나가는 글 솜씨가 상쾌하다. 앨런 스턴과 데이비드 그린스푼은 편안한 우리 행성을 떠나지 않고도 매혹적이고 기분 좋은 여행을 즐길 수 있게 해준다. _《시카고 트리뷴Chicago Tribune》

스턴은 뉴호라이즌스 팀을 명왕성으로 이끈 수석연구자일 뿐만 아니라, 행성 연구자들 사이에서 정말로 최고의 권위자로 간주된다. 그린스푼은 최고의 재능을 지닌 과학 저술가라고 할 만하다. 흥미로운 이야기, 행성 천문학에 대한 많은 정보, 접시에 수북하게 담긴 탐험과 발견 이야기, 해피엔딩이 있는 이 책은 고전이 될 운명을 타고난 듯하다. _《데일리 코스Daily Kos》

다른 행성을 탐사하고자 하는 꿈이 성공적인 탐사계획으로 변해가는 과정을 한순간도 빼놓지 않고 흥미진진하게 들려준다. 손에 땀을 쥐고 계속 책장을 넘기게 만드는 책이다. 등골이 오싹해질 때도 있다. 그러다 끝에 이르면 벌떡 일어서서 환호성을 지르게 된다. "가라! 명왕성을 넘어 더 멀리까지." _데이바 소벨Dava Sobel(《뉴욕 타임스New York Times》 베스트셀러 Galileo's Daughter and The Glass Universe 작가)

우주과학에 대한 이야기 맞다. 하지만 꿈을 포기하지 않으면 어떤 일이 벌어지는지 새삼 일깨워주는 책이기도 하다. _DiscoverMagazine.com

스턴과 그린스푼이 인류 최초의 명왕성 여행을 소재로 진정 비범한 책을 펴냈다. 강력히, 아니 다급히 추천한다. _호머 히컴Homer Hickam(미국 항공우주국 엔지니어, 《로켓보이》작가)

스턴과 그린스푼은 명왕성을 향한 역사적인 여행이 처음 아이디어로 떠올랐을 때부터 마침내 결말에 이를 때까지 독자들과 함께 여행한다. _제임스 러벨 James Lovell(대령, 아폴로 13호 우주비행사)

끝내주는 탐험을 떠난 끝내주는 우주선에 대한 끝내주는 책. 우리에게 명왕성을 되돌려준 남자, 앨런 스턴에게 영광을. _제프리 클루거Jeffrey Kluger(《타임Time》수석 편집자이자 과학 에디터, 《아폴로 13》작가)

극적인 우여곡절과 과학의 경이가 가득한 이 책은 처음부터 끝까지 독자를 사로잡는다. 용감한 행성탐사를 기록한 최고의 글이다. _《커커스 별표 리뷰Kirkus starred Reviews》

방구석 우주 탐험가와 새싹 과학자가 즐거이 영감을 얻을 우주 모험담. _《라이브러리 저널Library Journal》

인류가 호기심, 독창성, 끈기로 수십억 킬로미터 떨어진 세상을 마침내 보게 된 과정을 다룬 매혹적인 이야기. 최고의 우주탐사 기록이다. _마리오 리비오 Mario Livio(천체물리학자, 《Why?: What Makes Us Curious and Brilliant Blunders》작가)

이 책은 대중과학서의 고전이 될 운명이다. _《퍼블리셔스 위클리Publishers Weekly》

마치 첩보소설 같아서 눈을 뗄 수 없었다. 이 책이 빨리 영화로 나오면 좋겠다. _인드레 비스콘타스Indre Viskontas(팟캐스트 '마더 존스의 탐구하는 마음'Mother Jones Inquiring Minds 진행자)

명왕성 플라이바이 때 그 소식을 열심히 챙겨봐서 당시 상황을 잘 안다고 자부하는 사람이라도 이 책에서 놀랍고 세세한 이야기를 새로이 발견하게 될 것이다. 경이와 탐험의 이야기를 찾아 이 책을 펼쳤다가. 자신들의 계획이 청신호를 받은 뒤 버번 거리에서 시끌벅적 떠들어대며 자축하는 과학자들의 모습에 계속 책을 읽게 된다. _《사이언스 뉴스Science News》

눈을 뗄 수가 없다. 스턴과 그린스푼은 과학자이지만, 이 책은 무엇보다도 이야기책이다. 젊은 과학자들이 수십 년 동안 고루하고 강력한 기성체제의 방해를 뚫고 계속 꿈을 추구한 과정을 독자들에게 이야기처럼 들려준다. _《스페이스 플라이트 인사이더Spaceflight Insider》

이 책은 스릴러의 현장감 있는 서술방식으로 독자들과 함께 모험을 떠난다. 앨런 스턴과 그의 놀라운 팀이 인생을 건 모험. 이 책이 소설이더라도 정말 흥미진진한 작품이었을 것이다. 하지만 실화이기 때문에 그 매력에 도저히 저항할 수가 없다. 과학책을 즐기는 독자라면 음미하며 읽을 수 있는 책이다. _《더 사이언스 시프The Science Shelf》

매혹적인 다윗과 골리앗 이야기에서 눈을 뗄 수 없다. 결과를 이미 아는데도 이야기를 읽는 동안 내내 긴장을 놓을 수 없다. 두 저자는 내부자의 시선과 훌륭한 이야기 솜씨로 그 힘든 과정을 포착했다. _《월스트리트 저널The Wall Street Journal》

차례

새로운 지평선을 넘어서Beyond New Horizons

_**황정아**(한국천문연구원 책임연구원, 국가우주위원회 위원)

2017년 5월 3일 늦은 저녁, 미국 볼더에 있는 인터라켄 호텔의 아늑한 연회 홀에서 나는 뉴호라이즌스의 과제 책임자PI인 솔 앨런 스턴Sol Alan Stern 박사의 강연을 집중해서 듣고 있었다. 내가 참석하고 있던 '국제 우주 날씨 워크숍Space Weather Workshop' 연회에서 스턴 박사가 초청 강연을 한다는 사실을 연회장에 앉을 때까지 미처 알지 못했다. 국제 학회에 참석하면 늘 그렇듯이, 종일 학회장에서 종종거리며 내 연구 분야 지인들을 만나고, 새로 시작한 위성 프로젝트에 도움을 줄 학계의 영향력 있는 사람들과의 대화에서 영감을 얻으면서 바쁘게 지내던 참이었다. 일주일 동안 진행되는 학회의 중간쯤에 배치되는 저녁 연회에서, 비싼 음식을 제대로 먹을 수 있겠다는 생각에 약간은 들떠 있었던 것 같다. 홀에 차려진 원형 테이블에 덮인 파란 테이블보와 색깔을 맞춘 듯한 무대 위의 파란 휘장이 참 멋져서 내심 감탄했다. 구석진 테이블 빈

자리 하나를 간신히 찾아내어 숨 가쁘게 자리에 앉아 코스로 나올 정찬 요리들을 설레는 마음으로 기다리는 참이었다.

　바로 그 순간에 너무나 극적으로, 멋지게 차려입은 중년의 신사가 무대에 연극처럼 등장했다. 그가 바로 이 책의 저자인 앨런 스턴 박사였다. 학회에 참석한 사람들은 모두 그의 등장에 엄청난 환호와 갈채를 보냈다. 나도 설레는 마음으로 그의 명왕성 탐사를 향한 길고 긴 인고의 역사를 숨죽여 귀 기울여 집중해서 들었다. 언제 이런 거장의 목소리와 눈길을 바로 눈앞에서 이렇게 가깝게 느낄 수 있을까 싶어서, 정말이지 단어 하나, 숨결 하나, 그가 보여주는 뉴호라이즌스 호의 사진 하나라도 놓치지 않으려 애쓰면서 그의 발표에 몰입했다. 그의 발표를 듣다가 어느 순간 나도 모르게 눈물이 주르륵 흘렀다. 30년 가까운 긴 세월을 하나의 우주 임무에 바친 그의 열정과 헌신이 너무 놀랍고 감동적이었고, 한편으로는 부럽기도 했다.

　나는 위성을 만드는 과학자다. 그런 나에게 명왕성 탐사라는 원대한 임무를 처음부터 지금까지 이끄는 그는 정말이지 존경받아 마땅한 과학자였다. 명왕성을 탐사할 계획을 세우고, 탐험을 실현할 능력 있는 팀을 모으고, 이 위대한 태양계 탐사 임무가 선정되도록 경쟁하고, 예산을 확보하기 위해 끊임없이 제안서를 수정하는 모든 과정들에 내가 마치 함께하는 것 같은 느낌이었다.

우리나라에서도 우주 탐사 임무를 선정하고 실제로 개발이 시작되기까지 이와 비슷한 과정을 거쳐야만 한다. 우리나라 인공위성인 아리랑 위성, 천리안 위성도 위성을 완성하기 위해서, 위성 임무 발굴/ 기획/ 탑재체 공모/ 탑재체 선정을 위한 평가/ 위성 개발/ 발사/ 지상국과의 통신/ 자료 수신 등 일련의 과정을 거친다. 이 모든 과정이 저궤도 위성일 경우 약 5년, 정지궤도 위성일 경우에는 대략 10년 정도가 소요된다.

이에 비해 뉴호라이즌스는 거의 30년의 세월이 걸렸다. 1989년에 시작한 명왕성 탐사 임무 제안서는 2001년이 되어서야 최종 승인된다. 위성은 2002년에 만들기 시작해서 2005년에 완성되고, 2006년에 마침내 우주로 보내진다. 자그마치 17년 만에 명왕성 탐사의 꿈은 현실이 되어 본격적인 우주로의 여행이 시작된 것이다. 여기서 끝이 아니다. 명왕성은 태양계에서도 너무 멀리, 가장 바깥에 있어서 10년이라는 긴 비행 이후인 2015년에야 위성이 명왕성 궤도에 도달한다. 위성의 기획부터 명왕성 플라이바이(근접비행)까지 장장 26년이 걸린 대장정이었다. 이런 대장정을 지치지 않고 이끌어온 앨런 스턴 박사를 존경할 수밖에 없다.

앨런을 포함해서 이 프로젝트의 초창기에 만들어진 '명왕성을 사랑하는 사람들' 모임의 대부분이 이제 막 우주 분야에 발을 들여놓은 젊은 20~30대의 연구자들이었던 것이 이 프로젝트를 이토록 열정적으로 오랫동안 끌고 갈 수 있었던 원동력이었던 것 같다. 이들은 아폴로, 매리너, 바이킹, 보이저 호를 보며 자랐기 때문에, 명왕성 탐사라는 대담하고 당시로는 무모하게까지 보였을 법한 계획을 열정적으로 끈기 있게 추진할 수 있었다.

이제 명왕성에 도착한 뉴호라이즌스는 젊은 세대들에게 다음번 우주 탐사를 추진할 새로운 영감을 주고 있다. 뉴호라이즌스는 이들의 오랜 열정에 보답이라도 하듯이 하트를 품고 있다가 살포시 보여주었다. 2015년 여름에 '명왕성에 하트가 있다'는 것만큼 화제가 된 과학적 발견이 또 있었을까 싶다. 자연은 늘 그렇게 우리의 상상을 뛰어넘는 무언가를 숨겨두고 있다가 예상치 못한 순간에 꺼내 보여주며, 우리를 깜짝 놀라게 한다.

뉴호라이즌스 프로젝트에 참여한 과학자, 엔지니어의 숫자가 자그마치 2,500명이나 된다. 이 사람들이 오랜 시간을 투자해서 우주에 대한 새로운 사실들을 발견하고, 우주 탐사의 새로운 역사에 기여했으며, 미래 세대들에게 우주를 향한 새로운 꿈을 불어 넣었다.

갈릴레오 갈릴레이Galileo Galilei가 400여 년 전에 인류 최초로 망원경으로 우주의 별을 관측한 이래, 인류에게 우주는 늘 호기심의 대상이었다. 그러나 지상에 붙어 있는 망원경으로 보는 명왕성은 멀고 먼 빛 한 '점'에 불과했다. 뉴호라이즌스의 위대한 탐사 덕택에 이제 명왕성은 하트 모양의 평원이 있는 실제로 존재하는 '장소'가 되었다. 과학기술의 진보와 인간의 끊임없는 도전의 결과로, 인류의 지식은 점점 더 확장되고 있다.

뉴호라이즌스의 명왕성 탐사 성공을 통해, 전 세계의 많은 사람이 대담한 우주 탐사를 사랑하며, 한 번도 가보지 않은 곳을 탐사하는 계획 자체에 얼마나 열광하는지 깨닫게 되었다. 이런 탐사 계획은 시간이 아주 오래 걸리고 예산도 많이 들지만, 많은 사람의 삶을 바꿔놓을 수도 있다. 명왕성 플라이바이에 성공한 뉴호라이즌스는 2021년 4월에 명왕성 궤도의 끝에 도착한 뒤, 지구에서 보낸 명령을 받아 전원이 꺼질 예정이다. 토성 탐사선 카시니 호가 20년의 긴 여정을 마치고 토성 대기 속으로 자발적으로 들어가서 불타 사라진 것처럼, 뉴호라이즌스 호도 언젠가는 장렬한 죽음을 맞을 것이다. 위성 개발자 입장에서는 위성의 최후를 목격하는 것은 비장한 일이지만, 한편으로 자식 같은 위성의 최후를 함께해줄 수 있다는 점에서 매우 의미 있는 일이다.

안타깝게도 우리나라는 아직 태양계 탐사 위성을 만들어본 적이 없다. 우리나라에서 개발하고 있는 위성들은 대부분 저궤도, 정지궤도에 올려 있는 실용위성들과 지구관측용 위성이다. 하지만 우리에게도 우주 탐사로의 여행 기회가 열리기 시작하고 있다. 그 첫 번째 관문은 바로 달이다. 우리가 만든 달 탐사선(KPLO)이 2022년에 달 궤도에 올라갈 예정이다. 만약 달 궤도선이 성공한다면 그다음에는 달 착륙선과 로버를 우리나라가 만든 발사체에 실려서 올릴 예정이다. 달 플라이바이에 성공한 다음에는 소행성 탐사, 화성 탐사도 줄줄이 계획 중이다.

심우주 탐사는 이제 남의 나라 일이 아니다. 언젠가부터 주변 사람들이 나에게 '다음번에는 어떤 위성을 만들고 싶냐'는 질문을 하곤 한다. 그때마다 나는 "Beyond New Horizons"라고 대답하곤 한다. 명왕성 탐사라는 원대한 계획을 독창성, 용기, 끈기 그리고 엄청난 노력이 만들어낸 행운과 수많은 사람의 헌신으로 결국 성공해낸 것처럼, 지금은 비록 무모해 보이는 꿈일지라도 우리나라도 언젠가는 태양계 경계 밖으로 나가는 인공위성을 만들게 될 것이다. 앨런 박사가 명왕성 탐사 위성의 이름을 '새로운 지평선'을 개척한다는 의미의 '뉴호라이즌스'로 지은 것처럼 우리도 새로운 지평선을 넘어서 미지의 탐험을 이어나가는 새로운 우주 탐사를 설계할 시기가 도래한 것이다.

우주 탐사에서 위성 개발 기술만큼이나 중요한 것이 발사체 기술이다. 우리나라가 독자적으로 개발하는 액체 로켓인 누리 호의 발사가 2021년에 예정되어 있다. 우리나라 위성을, 우리나라 발사체로, 우리나라 영토에서 발사하는 것은 '우리나라가 우주 주권을 갖게 되는' 매우 중요하고 의미 있는 일이다. 게다가 내가 현재 개발하고 있는 4기의 초소형 위성의 편대비행 미션인 '스나이프SNIPE' 위성들도 2021년에 우주로의 여행을 시작한다. 여러모로 2021년은 나에게도, 우리나라 우주 탐사 역사에도 매우 중요한 해가 될 것 같다. 앨런 스턴 박사가 이끄는 뉴호라이즌스 팀이 보여준 인류의 장점들, 호기심, 추진력, 끈기, 목표를 이루기 위해 협업하는 능력 등이 이제는 나와 우리 팀에게, 그리고 이 책을 읽는 행운아인 독자들에게 큰 힘이 되어 줄 것으로 믿는다.

역사상 가장 먼 곳을 향한 탐사계획

2006년 1월, 무게 약 453킬로그램의 자그마한 우주선이 길이 약 68미터의 강력한 로켓에 실려 플로리다 주 케이프커내버럴에서 발사되었다. 인류 역사상 가장 먼 곳을 향한 가장 긴 탐사여행의 시작이었다. 우주시대 여명기에 존재가 알려졌으나 아직 인류의 발길이 닿지 않은 마지막 행성 명왕성을 탐사하기 위한 여행. 뉴호라이즌스New Horizons라는, 딱 어울리는 이름을 지닌 그 우주선에는 불가능할 것 같다는 생각이 수도 없이 들었던 탐사계획에 삶을 바친 과학자들과 엔지니어들의 꿈과 희망이 실려 있었다.

약 60년 전, 인류는 최후의 미개척지인 우주를 향해 손을 뻗어 다른 천체들을 탐사하기 시작했다. 그 전에는 오로지 소설 속에서나 가능하던 일이었다. 그러나 새로이 밝아온 시대에 태양계의 세 번째 행성에 사는 지성체인 우리 인간들은 다른 천체들을 탐사하기 위해 로봇의 기능을 갖춘 우주선과 인간을 광대한 우주로 쏘아 보내기 시작했다. 지금 우리가 살고 있는 이 시대는 인류가 우리 행성이라는 요람을 벗어나 우주를 여행하는 종족이 된 시대로 영원히 일컬어질 것이다.

1960년대와 1970년대에 NASA의 우주선 매리너 호는 인류 역사상 최초로 지구와 비교적 가까운 행성인 금성, 화성, 수성 여행에 성공했다. 인간이 처음으로 달 표면을 걸은 것도 이 시기였다. NASA는 또한 1970년대에 우주선 파이어니어 호를 내행성보다 훨씬 멀리 떨어진 목성과 토성에 처음으로 보내는 데 성공했다. 그다음에 나온 것은 NASA의 보이저 호 계획이었다. 원래 보이저 호는 당시 알려진 가장 먼 행성들, 즉 목성에서부터 명왕성까지 다섯 개 행성을 방문하는 '대여행'을 할 예정이었다. 실제로 보이저 호는 목성, 토성, 천왕성, 해왕성을 탐사했으나, 명왕성에는 가지 못했다. 따라서 1980년대가 마무리될 무렵, 인류가 알고 있는 태양계 행성들 중 우주선이 가보지 못한 곳은 딱한 곳이었다. 인류가 유일하게 탐사하지 못한 고독한 행성 명왕성은 이렇게 해서 일종의 상징 같은 존재, 어디 할 테면 한번 해보라는 노골적인 도전을 의미하는 존재가 되었다.

그 결과로 만들어진 NASA의 명왕성 탐사선 뉴호라이즌스 호, 우리가 이 책에서 이야기할 그 탐사계획은 이전의 모든 행성 탐사여행에서 이어진 논리적 결과물이었다. 하지만 뉴호라이즌스 계획에는 이전의 탐사계획과 완전히 다른 면도 많았다. 이 계획이 승인받을 수 있을지 긴가민가한 사람이 많았고, 이 우주선을 만들 시간이나 돈이 충분히 주어질지, 그리고 이 계획이 과연 성공할 수 있을지 확신하지 못한 사람은 그보다 훨씬 더 많았다. 그러나 이 책에 나와 있듯이, 헌신적이고 끈기 있는 과학자들과 엔지니어들이 이런 분위기에 맞서 26년 동안 노력한 끝에 거의 불가능해 보였던 꿈의 탐사계획이 2015년에 마침내 현실이 되었다.

우리가 이 책을 쓴 목적은 이 획기적인 우주 탐사계획의 구상, 승인, 재원마련, 우주선 제작과 발사, 머나먼 목적지까지의 성공적인 비행에 어떤 노력이 들어갔는지 여러분이 엿볼 수 있게 해주는 것이다. 이 이야기에는 현대의 우주 탐사현황을 상징적으로 보여주는 면이 많다. 하지만 뉴호라이즌스 호의 이야기에서만 독특하게 발견되는 사건과 일화도 있다. 미처 예측하지 못한 위험, 위협, 악의적인 행동, 계획의 성공을 위해 반드시 극복해야 했던 불운 같은 것들. 또한 우연한 행운이 핵심적인 역할을 한 순간도 많았다. 그런 행운이 없었다면 탐사는 결코 성공하지 못했을 것이다.

이 책을 집필한 우리 두 사람은 뉴호라이즌스 계획에 참여한 과학자이지만, 한 명은 핵심적인 역할을 하고 다른 한 명은 주변적인 역할을 했다. 그래도 먼 행성을 탐사한다는 생각에 우리는 함께 들떴으며, 뉴호라이즌스 호 계획에서 거의 알려지지 않은 특별하고 매혹적인 이야기들과 실제로 탐사해본 명왕성이 얼마나 먼 곳이었는지를 많은 사람에게 알리고 싶다는 마음 또한 서로 일치했다.

이 책의 중심을 차지하는 것은 솔 앨런 스턴의 이야기다. 뉴호라이즌스 계획에는 문자 그대로 수천 명이 관련되어 있었지만, 앨런은 계획이 처음 태동할 때부터 리더 역할을 했다. 반면 데이비드 그린스푼David Grinspoon은 이 이야기에서 변방에만 머물러 있을 뿐이다. 앨런처럼 데이비드도 행성을 연구하는 학자이지만, 작가라는 직업도 갖고 있다. 수십 년 동안 데이비드는 앨런을 비롯해서 이 이야기에 등장하는 많은 핵심인물들과 절친한 친구 겸 동료로 지냈으며, 이 이야기에 등장하는 여러 중요한 순간에도 대부분 현장에 있었다. 예를 들어, 데이비드는 1990년대와 2000년대 초에 NASA에서 지극히 중요한 역할을 했던 태양계 탐사 소위원회 위원으로 활동했다. 독자 여러분도 앞으로 알게 되겠지만, 뉴호라이즌스 호를 탄생시킨 중요한 결정들 중 일부가 바로 이 소위원회에서 내려졌다. 데이비드는 또한 2001년에 뉴호라이즌스 호 계획이 치열한 경쟁 끝에 NASA에 의해 선정되었을 때 뉴올리언스 버본 거리에서 벌어진 광란의 '승리 파티'

에도 함께했다. 2006년에 뉴호라이즌스 호가 케이프커내버럴에서 고막을 찢어버릴 듯한 소음과 함께 명왕성을 향해 하늘로 솟아오를 때도 그 자리에 있었다. 2015년에 뉴호라이즌스 호의 명왕성 플라이바이와 관련한 홍보전략을 짜는 데에도 도움을 줬다. 뉴호라이즌스 호가 명왕성을 탐사할 때, 데이비드가 과학자 팀과 함께 일하면서 언론응대를 담당했기 때문이다. 데이비드가 이 책에 담은 생각과 설명은 대부분 직접적인 경험에서 우러나온 것이지만, 그의 이름이 직접 등장하는 경우는 많지 않다. 그보다는 그의 목소리가 이야기꾼 역할을 할 때가 많다.

우리 두 사람은 뉴호라이즌스 호 이야기가 시작된 직후인 25년 전에 처음 만났다. 그리고 그때부터 뉴호라이즌스 계획의 승인, 우주선 제작, 태양계 여행 중에 펼쳐진 일련의 믿을 수 없는 사건들을 함께 겪으며 경이를 느꼈다.

이제부터 이어질 이야기에서 우리는 명왕성 탐사로 결실을 맺은 역사적인 여행의 내밀한 실현과정을 하나의 목소리로 들려주려고 애썼다. 이 여행은 우리 태양계 행성들의 1차 탐사에서 단연코 최고의 자리를 차지하고 있다.

이 책을 쓰는 데 가장 중요한 자료가 된 것은 우리가 1년 반동안 토요일 아침마다 전화통화를 하며 뉴호라이즌스 호의 모험을 되짚어본 내용이다. 이 통화에서 앨런은 탐사계획에 대한 자신의 기억, 이 계획의 전조와 진행단계 등을 데이비드에게 이야기했다. 이 통화내용을 기초로 데이비드가 초고를 작성했고, 그다음에는 우리 둘이 함께 퇴고를 거듭하며 이야기를 다듬었다.

그 결과 이 놀라운 이야기에 대한 우리 두 사람의 생각을 종합하고, 여러 핵심적인 인물들의 목소리도 보조적으로 등장하는 책이 만들어졌다. 그러나 이 책에서 가장 큰 부분을 차지하는 것은 이 탐사계획의 책임자 앨런이 자신의 눈으로 보고 데이비드에게 전한 이야기다.

함께 이 책을 집필하는 과정에는 몇 가지 어려움이 있었다. 예를 들어, 앨런의 호칭을 어떻게 할 것인가? 인용문이 아니라면 본문에서는 앨런을 일인칭 화자(예를 들어, "내 귀에 들려오는 소리를 믿을 수 없었다!"고 쓰는 식)로 내세울 수 없었다. 데이비드도 공동저자이기 때문이다. 그렇다고 앨런이 공동저자로 이름을 올린 책에서 그를 삼인칭으로 지칭하는 것(예를 들어, "앨런은 자신의 귀에 들려오는 소리를 믿을 수 없었다!"고 쓰는 식)도 조금 이상한 듯했다. 그래도 우리는 이 글의 문체와 양식을 감안해서 결국 앨런을 삼인칭으로 지칭하기로 했다. 다른 사람들과 마찬가지로 앨런의 목소리 또한 본문과 별도로 표시된 인용문에는 일인칭으로 등장한다. 이 인용문들은 대부분 책 집필계획의 출발점이었던 우리의 토요일 대화를 기록한 자료에서 나온 것이다.

현대의 행성 탐사계획은 아주 복합적인 과정이기 때문에 수많은 사람이 함께 노력하지 않으면 성공할 수 없다. 뉴호라이즌스 계획에 참여했던 사람들 중 일부는 이 계획을 꿈꾸고, 기획하고, 명왕성으로 가게 될 유일한 우주선을 제작해 날려 보내는 일에 수십 년의 세월을 쏟았다. 따라서 우리는 이 책에 열거된 사람들보다 훨씬 더 많은 사람들이 명왕성 탐사계획에 기여했음을 밝히고 싶다. 이야기가 너무 복잡해지지 않게 다듬는 과정에서 계획에 기여한 많은 사람들의 이름이 사라질 수밖에 없었던 것에 대해 우리 둘 다 안타깝게 생각한다. 독자들이 손쉽게 읽을 수 있도록 책의 분량을 적당히 유지해야 한다고 고집을 부린 편집자들에게 감사한다. 그들 덕분에 더 훌륭한 이야기가 만들어질 수 있었다.

지난 30년 동안 뉴호라이즌스 계획은 새로운 천체의 첫 탐사라는 점에서 유일무이했다. 그리고 지금으로서는 다시 이런 탐사를 실행하려는 계획 또한 전혀 없다.

이 책에서 우리는 우주 탐사 역사상 가장 유명한 프로젝트 중 하나인 뉴호라이즌스 계획에 참여한 경험을 여러분에게 알리고자 한다. 명왕성을 탐사하기 위해 애쓴 사람들의 이야기는 성공 가능성이 희박했다는 점에서 때로 가슴이 아프다. 수없이 일어난 뜻밖의 반전들, 언뜻 막다른 길처럼 보이던 순간, 그 길에서 아슬아슬하게 빠져나온 순간 등을 돌이켜보면 이 계획이 어찌 성공할 수 있었을까 싶지만, 이 계획은 실제로 성공했다.

이제 우리와 함께 과거를 돌아보며 그런 계획의 내부자가 된 심정을 함께 느껴보기 바란다.

2018년 1월

앨런 스턴, 콜로라도 주 보울더

데이비드 그린스푼, 워싱턴 DC

망망대해에서 온 '통신두절' 메시지

비상상황

2015년 7월 4일 토요일 오후, NASA의 뉴호라이즌스 명왕성 탐사계획 책임자 앨런이 지상통제 센터 인근의 자기 사무실에서 일하고 있을 때 휴대전화가 울렸다. 그날이 독립기념일이라 휴일이라는 사실은 그도 알고 있었지만, 그보다는 '명왕성 플라이바이까지 열흘'이라는 사실이 훨씬 더 그의 머릿속을 차지했다. 14년 동안 그가 온 힘을 쏟은 우주선 뉴호라이즌스 호가 지금까지 인류가 탐사한 행성 중 가장 먼 행성과 조우하기로 예정된 날까지 겨우 열흘이 남아 있을 뿐이었다.

그날 오후 앨런은 플라이바이를 준비하는 일에 푹 빠져 있었다. 명왕성에 마지막으로 접근하는 단계를 실행 중이던 이 시기에 그는 수면시간을 최소한으로 줄이고 일을 계속하는 생활에 익숙했다. 그날도 한밤중에 일어나 탐사계획 작전 센터(이하 MOC)로 들어가서, 곧 다가올 플라이바이 때 우주선을 유도할 중요한 컴퓨터 지시사항들이 대량으로 업로드되는 모습을 지켜봤다. 거의 10년치 작업이 집적되어 있는 이 '명령 시퀀스'는 아침에 빛의 속도로 질주하는 무선송신을 통해 뉴호라이즌스 호에 전달되었다.

울리고 있는 휴대전화 화면을 슬쩍 본 앨런은 글렌 파운틴 Glen Fountain의 이름을 보고 깜짝 놀랐다. 그는 오래전부터 뉴호라이즌스 프로젝트 매니저를 맡고 있는 인물이었다. 휴일인 오늘 글렌이 출근하지 않았다는 사실을 알기 때문에 앨런은 모골이 송연해졌다. 글렌은 마지막 플라이바이 때 정신없이 바빠질 것을 염두에 두고, 오늘은 이곳에서 멀지 않은 집에서 쉬고 있었다. 그런 그가 왜 지금 전화를 걸었을까?

앨런은 전화를 받았다.

"글렌, 무슨 일이에요?"

"우주선과 연락이 끊겼어요."

"MOC에서 봅시다, 5분 뒤에."

앨런은 전화를 끊고 몇 초 동안 멍하니 책상에 앉아 고개를 저었다. 지구와 느닷없이 연락이 끊기는 일은 어느 우주선에도 일어나서는 안 되는 일이었다. 뉴호라이즌스 호가 지구에서 명왕성까지 여행하는 지난 9년 동안 한 번도 없던 일이기도 했다. 왜 하필 지금, 명왕성까지 겨우 열흘이 남은 지금 이런 일이 벌어진 거야?

그는 필요한 물건들을 챙긴 뒤 자신이 참석하기로 되어 있는 회의실로 가서 고개를 살짝 들이밀고 말했다.

"우주선과 연락이 끊겼습니다."

동료들이 말문이 막힌 표정으로 그를 바라보았다.

"지금 MOC로 가는 길인데 언제 돌아올지 몰라요. 아마 오늘 안에는 못 올 겁니다."

그는 메릴랜드의 여름 더위 속에 서 있는 자신의 차로 걸어가서, 뉴호라이즌스 호를 관리하는 메릴랜드 주 로렐에 있는 응용물리학 연구소(이하 APL) 구내를 800미터쯤 이동했다.

그렇게 차를 몰고 가던 몇 분이 아마 앨런의 인생에서 가장 길게 느껴진 순간이었을 것이다. 그는 팀원들의 응급상황 대처 능력을 크게 신뢰하고 있었다. 이미 수많은 우발적인 상황에 대처하는 법을 연습한 뒤였으므로, 뉴호라이즌스 팀은 지금 이 상황에도 대처할 수 있을 터였다. 그래도 머릿속에 최악의 시나리오가 떠오르는 것을 막을 수는 없었다.

특히 불운한 끝을 맞은 NASA의 마스옵서버 호가 생각났다. 1992년에 발사된 이 우주선은 목적지인 화성 도착을 겨우 사흘 앞두고 연락이 끊어졌다. 통신재개를 위해 기울인 모든 노력은 무위로 돌아갔고, NASA는 나중에야 마스옵서버 호의 연료 탱크에 구멍이 나는 바람에 이런 재앙이 발생했다는 결론을 내렸다. 다시 말해서, 우주선이 폭발했다는 뜻이었다.

앨런은 속으로 생각했다.

'만약 우주선이 사라졌다면 지난 14년에 걸친 프로젝트와 2500명이 넘는 사람들의 노력이 실패로 돌아가는 거야. 명왕성에 대해 이렇다 할 만한 것을 알아내지도 못한 채, 뉴호라이즌스 호는 좌절된 꿈과 실패의 상징이 되겠지.'

공포가 점점이 찍혀 있는 지루한 순간

앨런은 MOC가 위치한, 창문이 거의 없는 커다란 건물에 도착해 차를 세운 뒤 어두운 생각들을 머리에서 몰아내고 안으로 들어갔다. MOC는 여러분이 상상하는 우주선 통제 센터의 모습을 그대로 옮겨놓은 것처럼 생겼다. 〈아폴로 13Apollo 13〉 같은 우주 영화에서처럼 벽에서는 거대한 프로젝션 스크린들이 줄줄이 빛나고, 작업대에는 그보다 작은 컴퓨터 모니터들이 또 줄줄이 붙어 있는 모습이 딱 그렇다.

태양계의 아홉 번째 행성을 향해 뉴호라이즌스 호가 무려 9년에 걸쳐 여행하는 내내 우주선과의 무선연결은 지상 팀이 우주선을 통제하고 현황을 파악하며 관측자료를 받아볼 수 있게 해주는 생명줄이었다. 뉴호라이즌스 호가 태양계 외곽을 향해 계속 멀어지고 있었기 때문에 통신에 걸리는 시간이 점점 늘어나 플라이바이를 앞둔 그 시점에서는 빛의 속도로 움직이는 무선신호가 우주선까지 갔다가 돌아오는 데 무려 아홉 시간이 걸렸다.

뉴호라이즌스 호는 장거리 여행을 하는 모든 우주선과 마찬가지로 지상과의 지속적인 연락을 위해 아직 알려진 것이 별로 없지만 행성 탐사에서 경이로운 역할을 하는 NASA의 심우주통신망Deep Space Network(이하 DSN)에 의존한다. 캘리포니아 주 골드스톤, 스페인 마드리드, 오스트레일리아 캔버라의 거대한 접시 안테나 시설로 이뤄진 이 통신망은 지구의 자전에 따라 차례대로 통신을 중계하는 방식으로 통신이 끊이지 않고 이어지게 해준다. 이렇게 멀리 떨어진 세 지역에 시설을 분산해놓은 것은 깊은 우주에 있는 특정한 물체의 위치와 상관없이 항상 적어도 한 군데의 안테나가 그 물체를 향하게 하기 위해서다.

하지만 그날은…… DSN이 무엇보다 귀한 자산 중 하나인 뉴호라이즌스 호의 신호를 잃어버리고 말았다.

앨런은 배지를 보안시설에 대고 건물 안으로 들어가 MOC

에 도착했다. 그리고 엄청나게 유능하고 냉정한 14년 경력의 베테랑 지상통제 매니저Mission Operations Manager(따라서 'MOM'이라는 별명으로 불렸다)인 앨리스 보우먼Alice Bowman을 곧바로 찾아갔다. 앨리스는 우주선과 통신을 유지하면서 우주선을 통제하는 통제 팀을 이끄는 인물이었다. 그녀는 '통신두절'이라는 불길한 메시지가 떠 있는 컴퓨터 모니터 앞에 엔지니어 및 탐사선 지상통제 전문가 몇 명과 함께 모여 있었다.

그들의 차분한 모습을 보니 마음이 놓였지만, 지금 상황을 감안할 때 그들이 너무 느긋한 것 같다는 생각이 들었다. 그러나 몇 가지 질문을 던져본 앨런은 그들이 이미 이런 상황이 벌어진 경위에 대해 현실적인 가설을 세우고 있음을 알게 되었다.

그들은 신호가 끊어진 시점에 우주선이 동시에 여러 가지 일을 하도록 프로그램되어 있었음을 파악했다. 즉 우주선의 중앙 컴퓨터가 스트레스를 받는 상황이었다는 뜻이다. 그래서 그들은 혹시 컴퓨터에 과부하가 걸린 것이 아닌가 하는 가설을 세웠다. MOC의 우주선 시뮬레이터에서 똑같은 컴퓨터로 시뮬레이션을 할 때는 동일한 종류의 임무수행에 아무런 문제가 없었으나, 우주선 내에 시뮬레이션 때와 정확히 일치하지 않는 모종의 상황이 있었을지도 모르는 노릇이었다.

만약 우주선의 컴퓨터에 과부하가 걸렸다면, 컴퓨터가 스스로 재부팅을 결정했을 가능성이 있었다. 또는 컴퓨터가 문제를 감지하고 스스로 전원을 꺼서, 뉴호라이즌스 호에 탑재된 백업 컴퓨터로 권한이 자동 이양되었을 가능성도 있었다.

만약 통신두절의 원인이 이 두 가지 중 하나라면 다행이었다. 우주선이 아직 제대로 기능하고 있고, 문제해결이 가능하다는 뜻이기 때문이었다. 두 경우 모두 뉴호라이즌스 호는 이미 깨어나서 현황을 알리는 신호를 지구로 발사했을 터였다. 따라서 그들의 가정이 옳다면 한 시간에서 한 시간 반 뒤 '새bird'의 연락이 도착할 것이다. 앨리스의 팀은 틀림없이 컴퓨터 문제 때문일 것이라고 자신하는 듯했다. 뉴호라이즌스 호를 날려 보낸 뒤 관리한 세월이 있으므로, 앨런 또한 일단 그들의 말을 한번 믿어보자는 쪽으로 생각이 기울었다. 하지만 만약 새의 연락이 오지 않는다면, 한 시간 반이 지난 뒤에도 신호가 오지 않는다면, 상황을 설명할 길이 전혀 없는 셈이었다. 그와 더불어 우주선을 영원히 잃어버릴 가능성도 상당히 높았다.

이 응급상황에 대처하기 위해 다른 직원들이 속속 도착하는 동안 앨런은 상황실에 대책본부를 차렸다. 어항처럼 유리로 된 상황실에서는 앨리스의 뉴호라이즌스 호 통제실을 볼 수 있었다. 글렌도 도착했다. 아무래도 이 문제를 해결해 플라이바이 일정을 다시 궤도에 올려놓으려면 직원들이 며칠 동안 밤을 새우며 고생해야 할 것 같았다.

만약 그들의 우주선이 궤도선이거나 낯선 행성 표면에 무사히 내려앉은 지상 탐사선이라면, 통제 팀이 시간을 들여 천천히 문제를 분석하고 몇 가지 방안을 마련해서 시험해볼 수 있었을 것이다. 그러나 뉴호라이즌스 호는 플라이바이를 하기로 예정된 우주선이었다. 지금은 하루에 120만 킬로미터, 즉 시속 5만 킬로미터의 속도로 명왕성을 향해 질주하는 중이었다. 다시 기능을 회복하든 하지 못하든 뉴호라이즌스 호는 7월 14일에 명왕성 옆을 스치듯 날아간 뒤 다시는 돌아오지 않을 터였다. 그들이 문제를 파악하는 동안 뉴호라이즌스 호를 멈춰 세울 방법은 없었다. 명왕성에서 정보를 수집할 기회는 딱 한 번뿐이었다. 뉴호라이즌스 호를 대신할 백업 우주선도 없고, 한 번 더 기회를 노릴 수도 없고, 명왕성과 만날 날짜를 뒤로 미룰 수도 없었다.

제1차 세계대전 때 전투를 묘사한 말이 하나 있다.

"공포의 순간이 점점이 찍혀 있는 지루한 몇 달."

장기간에 걸친 우주 탐사계획도 마찬가지다. 뉴호라이즌스 호에서 신호가 오기를 고대하며 기다리던 그 한 시간은 정말로 길고 무서웠다.

그러다 찾아온 안도의 순간. 우주선과 신호가 끊긴 지 한 시간 16분이 지난 오후 3시 11분에 신호가 돌아오고 통제 센터 컴퓨터 모니터에 새로운 메시지가 떴다.

"연결."

앨런은 심호흡을 했다. 엔지니어들이 세운 가설이 정말로 옳은 모양이었다. 우주선이 그들에게 다시 말을 걸고 있었다. 이제 다시 뛸 수 있었다!

하지만 아직 문제에서 완전히 벗어난 것은 아니었다. 플라이바이 일정에 맞게 우주선을 되돌려놓는 데에는 엄청난 양의 작업이 필요했다. 먼저 우주선이 문제를 감지했을 때 들어가는 '안전모드'를 해제해야 했다. 안전모드에서는 꼭 필요하지 않은 모든 시스템이 차단되기 때문이다. 하지만 이것만으로 플라이바이 계획이 원래대로 회복되는 것은 아니었다. 명왕성 탐사를 보조하기 위해 12월부터 꼼꼼하게 업로드한 모든 파일들을 플라이바이 작전이 시작되기 전에 다시 업로드해야 했다. 평소 같으면 몇 주가 걸릴 작업이지만, 그들에게 주어진 시간은 뉴호라이즌스 호가 명왕성에 도착할 때까지 열흘, 그리고 최대한 명왕성에 접근해서 중요한 데이터를 수집하기 시작할 때까지 사흘뿐이었다. 우주선은 명왕성에 최대한 접근했을 때 가장 가치 있는 과학적 관측을 모두 수행할 예정이었다.

앨리스의 팀은 곧바로 작업에 착수했으나 할 일이 기가 질릴 만큼 많았다. 먼저 우주선의 안전모드를 해제한 다음, 백업 컴퓨터에서 메인 컴퓨터로 옮겨가라는 지시를 내려야 했다. 이것은 그때까지 한 번도 해본 적이 없는 일이었다. 메인 컴퓨터가 작동을 시작한 뒤에는 플라이바이를 지휘할 모든 파일들을 다시 구축해서 재송신해야 했다. 아니, 송신하기 전에 우선 시뮬레이터에서 모든 파일을 시험해 확실히 작동하는지 확인하는 작업도 필요했다. 모든 것이 완벽해야 했다. 중요한 파일을 하나라도 빠뜨리거나 업그레이드되지 않은 파일을 보낸다면 몇 년 전부터 준비해온 플라이바이 계획의 많은 부분이 무위로 돌아갈 수 있었다.

시간은 시시각각 흘러갔다. 플라이바이 계획에서 최초의 관측(탐사계획의 핵심을 차지하는 가장 중요한 관측)은 우주선이 명왕성에 고작 6.4일 거리만큼 접근하게 될 화요일로 예정되어 있었다. 여기서 6.4일이란 명왕성의 하루, 즉 명왕성이 한 바퀴 자전하는 시간을 기준으로 설정된 것이었다. 다시 말해서, 우주선이 더 가까이 접근하기 전에 명왕성의 넓은 지역들을 한눈에 볼 수 있는 마지막 날이 바로 화요일이었다는 뜻이다. 그때까지 우주선이 정상으로 돌아오지 못한다면, 해당 지역들의 지도를 작성할 기회가 영원히 사라질 터였다.

과연 그때까지 우주선을 정상으로 되돌리는 것이 가능할까? 앨리스의 팀은 계획을 짜본 뒤 간신히 해낼 수 있을 것 같다고 생각했다. 새로운 문제가 나타나거나, 팀원들이 수면시간을 아껴가며 몇 날 며칠 복구작업에 매달리다가 실수를 저지르지만 않는다면 가능할 것 같았다.

정말로 해낼 수 있을까? 아니면 실패할까? 그날 오후에 앨런은 이런 말을 했다. 지금까지 종교를 믿지 않던 팀원들도 이런 상황에서는 십중팔구 종교를 찾게 될 것이라고. 결국 시간이 흘러봐야 알게 될 일이었지만, 그보다 먼저 뉴호라이즌스가 어떻게 이 순간에까지 이르게 되었는지 그 이야기를 해보자.

제1장
우주 대여행의 시작

시동을 위한 발차기

뉴호라이즌스 호 명왕성 탐사계획의 뿌리는 여러 개였다. 시대를 거슬러 올라가보면 1930년에 기가 막힐 정도로 힘든 과정을 거쳐 명왕성이 발견된 사건에 그 뿌리들이 닿아 있다. 그로부터 반세기 넘는 세월이 흐른 뒤에는 우리 행성계 가장자리에서 궤도를 돌고 있는 많은 천체들이 발견되는 경사가 있었고, 역사적 탐사계획을 통해 새로운 지식을 얻겠다는 확고한 꿈을 품은 젊은 과학자들이 NASA에 통과될 가능성이 희박한 제안서를 제출하는 일도 있었다.

과학자들이 반드시 운명을 믿는 것은 아니지만, 시기를 잘 타야 한다는 믿음은 확고하다. 그러니 스푸트니크라는 최초의 우주선이 지구궤도로 발사된 1957년부터 이야기를 시작해보자.

앨런은 1957년 11월에 루이지애나 주 뉴올리언스에서 조얼 스턴Joel Stern과 레너드 스턴Lionard Stern의 세 자녀 중 첫째로 지구에 도착했다. 그의 부모님 말씀에 따르면, 마지막 몇 주만 제외하고 임신기간이 몹시 편안했다고 한다. 하지만 어느 날 갑자기 그가 어머니 뱃속에서 미친 듯이 발차기를 하기 시작했다. 앨런의 아버지는 세월이 흘러 아들의 50번째 생일파티에서 앨런이 어머니 뱃속에서 스푸트니크 호 발사에 대한 사람들의 이야기를 듣고 빨리 밖으로 나와 우주 탐사를 하고 싶은 마음에 조급해졌던 것 같다고 주장했다.

앨런은 어렸을 때부터 과학, 우주 탐사, 천문학에 관심을 보였다. 우주와 천문학에 대해 닥치는 대로 책을 읽다 보니 나중에는 도서관의 어른들 도서 코너에조차 더 이상 읽을 책이 없을 정도였다.

열두 살 때 앨런은 텔레비전에서 뉴스 앵커 월터 크롱카이트 Walter Cronkite가 NASA의 상세한 비행계획서를 들고 초창기에 발사된 아폴로 호의 착륙과정을 설명하는 모습을 지켜봤다. 앨런은 이렇게 말했다.

"텔레비전 화면으로 계획서를 읽을 수는 없었지만, 수백 쪽에 달하는 계획서에 상세한 내용이 분 단위로 모두 기록되어 있다는 사실은 알 수 있었다. 나는 그 계획서를 구해보고 싶었다. 우주비행을 실제 어떻게 계획하는지 알고 싶었기 때문이다. 그래서 '크롱카이트가 NASA에서 저 계획서를 한 부 얻었으니, 나도 얻을 수 있지 않을까' 하고 생각했다."

앨런은 NASA에 편지를 보냈지만, "자격을 인정받은 기자"가 아니라는 이유로 계획서를 보낼 수 없다는 답장이 오자 이 문제해결에 더욱 힘을 기울이기로 했다. 그래서 1년 동안 자료조사를 해서 130쪽 분량의 책을 손으로 썼다. 제목은《무인우주선: 내부의 시각》이었다. 앨런이 가장 먼저 지적했듯이, "철저한 외부인으로서 아직 배우는 중이던 아이에게 어울리지 않는, 아주 웃기는 제목"이었다.

하지만 이 방법이 효과를 발휘했다. 앨런은 NASA에서 아폴로 호의 비행계획 일체를 받아봤을 뿐만 아니라, 휴스턴에서 NASA의 홍보를 담당하고 있는 존 매클리시John McLeish의 눈에 들게 되었다. 매클리시는 당시 텔레비전에 자주 나와 아폴로 계획에 대해 설명하던 사람인데, 앨런에게 아폴로 계획의 기술 관련 문서들을 꾸준히 보내주기 시작했다. 비행계획뿐만 아니라 사령선 운전 안내서, 달착륙선 지상 절차 등 수많은 자료들이었다. 앨런은 우주와 관련된 일을 하기로 홀린 듯이 마음을 굳혔으나, 대학을 졸업한 뒤 10년 동안 공부를 더 하며 그런 일에 맞는 지식을 쌓아야 한다는 사실을 알고 있었다.

175년 만에 찾아온 기회

매클리시와 친분을 쌓던 그 시기에 《내셔널 지오그래픽National Geographic》 1970년 8월호가 앨런의 손에 들어왔다. 토성의 위성에서 본 토성의 모습을 상상한 그림이 표지에 실려 있었다. 여러 개의 고리에 둘러싼 거대한 행성이 비스듬히 기울어진 채 검은 우주공간에서 얼음처럼 차갑고 여기저기 구덩이가 파인 외계 풍경을 배경으로 떠 있는 모습은 현실인 동시에 완전히 환상처럼 보였다. 여기에 실린 커버스토리 〈행성들로 가는 항해〉는 앨런 또래의 많은 행성 연구자들의 어린 시절 기억 속에 남아 있다. 여기에는 요즘의 해리 포터 이야기에 버금가는 마법 같은 이야기, 즉 무인우주선의 우주 여행 이야기가 실려 있었다.

이 기사에 따르면, NASA는 앞으로 수십 년에 걸쳐 일련의 무인우주선을 발사해서 모든 행성을 탐사할 계획을 갖고 있었다. 아직 과학소설 속의 상상에만 존재하는 행성들에 관한 지식을 실존하는 행성들을 찍은 사진으로 바꿔놓겠다는 계획이었다.

이 기사에서 태양계 탐사는 계속 이어지는 일련의 여행으로 묘사되었다. 칼 세이건Carl Sagan을 포함한 1세대 행성학자들, 즉 행성을 향해 떠난 첫 항해를 구상하고, 우주선을 발사하고, 거기서 보내온 데이터를 해석한 사람들의 프로필도 함께 실려 있었다. 1970년까지 NASA가 지구 너머의 다른 행성들로 발사한 우주선은 고작 일곱 대였다. 그중 세 대는 금성으로 갔고, 네 대는 화성으로 갔다. 이 초창기 행성여행은 모두 플라이바이로, 우주선이 엄청난 속도로 행성을 지나친 것에 불과했다. 궤도에 진입하거나 착륙하기 위해 속도를 줄일 능력이 없었으므로, 행성에 가장 가까이 접근할 수 있는 몇 시간 동안 최대한 많은 사진을 찍고 데이터를 수집하는 것이 전부였다.(주의: 여기서 '불과했다'는 표현을 사용했으나, 이 책을 읽다 보면 알 수 있듯이 사실 그렇게 간단히 넘겨버릴 수 있는 일이 아니다)

《내셔널 지오그래픽》의 이 기사는 1970년대가 "행성 조사의 시대"가 될 것이라면서, NASA가 태양계의 다른 행성들을 인류의 눈앞에 가져다놓기 위해 계획하고 있는 야심찬 탐사계획의 목록을 실었다. 먼저 1971년에 화성을 향해 한 쌍의 궤도선이 발사될 예정이었다. 그다음은 당시 태양계 외행성이라고 불리던, 광대한 미지의 영역을 향한 첫 번째 탐사계획이었다. 이를 위해 파이어니어 10호와 11호가 1973년과 1974년에 목성에 도달한 뒤 여행을 계속해, 멀게만 느껴지는 1979년에 토성에 도착할 예정이었다.

그 직후에는 매리너 10호가 금성을 이용해서 최초의 수성 여행에 나설 터였다. 우주선이 금성에서 사상 최초로 '중력의 도움'을 이용하는 계획이었는데, 그 뒤로 이 방법은 태양계 여행에서 없어서는 안 되는 재치 있는 요령이 되었다. 행성의 중력을 이용하려면 먼저 우주선을 해당 행성과 거의 충돌할 것 같은 궤도로 쏘아 보낸다. 그러면 행성이 중력으로 우주선을 끌어당겼다가 다음 목적지를 향해 고속으로 쏘아 보내게 된다. 마치 뭔가를 공짜로 주겠다고 떠들어대는 말처럼 너무 근사해서 믿기 힘든 방법이지만, 궤도 역학에 관한 방정식은 거짓말을 하지 않는다. 우주선에 도움을 준 행성에서는 그로 인해 공전속도가 아주 조금 줄어들지만 그 차이가 워낙 미미해서 별로 영향을 미치지 못한다. 그러나 우주선은 그 덕분에 가고자 하는 목적지를 향해 터무니없이 커다란 속력을 낼 수 있게 된다. 파이어니어 11호는 목성 플라이바이 중에 바로 이 방법을 이용해서 토성까지 여행을 계속할 예정이었다.

NASA의 이 모든 탐사계획이 성공을 거둔다면, 1970년대가 끝나기 전에 지구의 우주선들이 고대에도 알려져 있던 다섯 개 행성(수성부터 토성까지)을 모두 방문하게 되는 셈이었다. 게다가 파이어니어 10호와 11호는 목성과 토성에 접근해 비행하면서 궁극적으로 태양의 중력에서 완전히 벗어날 수 있을 만큼 속도를 얻을 터였다. 인류가 만든 물건이 사상 처음으로 태양계를 벗어나게 되는 것이다.

그럼 그다음에는? 아직 탐사하지 못한 세 행성, 즉 천왕성, 해왕성, 명왕성이 남아 있겠지만, 이들이 워낙 멀리 있는 탓에 엄두를 내기 힘들었다. 다만…….

《내셔널 지오그래픽》의 이 기사는 중력의 도움을 여러 차례 이용해서 이 세 행성을 방문하는 야심찬 '대여행' 계획을 설명했다.

이론적으로는 목성을 향해 발사된 우주선이 거기서 힘을 얻어 토성으로 가고, 또 거기서 힘을 얻어 더 멀리 있는 행성으로 가는 것이 가능했다. 그러면 가장 멀리 있는 명왕성에 도달하는 데에도 10년이 채 걸리지 않았다. 만약 이 방법을 쓰지 않는다면 수십 년이 걸릴 거리였다.

하지만 아무 때나 이 방법을 쓸 수는 없다. 각각 자기만의 궤도에서 움직이며 태양의 주위를 도는 행성들이 지구에서부터 명왕성까지 줄에 꿰인 구슬처럼 일정한 위치에 와야만 가능하기 때문이다. 아주 잠깐만 나타났다 사라지는 비밀통로처럼 행성들이 이렇게 늘어서는 것은 175년마다 한 번씩 있는 일이다.

이런 희귀한 기회가 마침 곧 다가올 참이었으므로,《내셔널 지오그래픽》은 여기에 '대여행'이라는 이름을 붙였다. 이 길을 이용하면 1970년대 말에 발사된 우주선이 태양계 끝까지 빠르게 움직이면서 외행성을 차례로 들른 뒤 1980년대 말에 명왕성에 도착할 수 있었다. 인류가 다른 행성으로 우주선을 보내는 방법을 막 알아낸 20세기 말에 이렇게 희귀한 기회가 도래할 예정이라는 것은 참으로 예기치 않은 우연이었다.

여기서 젊은 독자들을 위해 한마디 하자면, 물리학 법칙은 때로 우리의 친구가 될 수 있다. 다른 방식으로는 결코 닿을 수 없는 일이라 해도, 물리학 법칙을 이용하면 가능성이 생긴다. 때로는 여러 가지 조건이 우연히 맞아떨어져서 좋은 기회를 제공해주기도 한다. 만약 그 기회를 붙잡지 못한다면, 앞으로 아주 오랫동안 기회가 없을 수도 있다.

《내셔널 지오그래픽》의 기사에는 과거 우주선들이 찍어 보낸 화성과 금성의 사진들이 함께 실려 있었다. 아직 탐사하지 못한 행성들의 상상도도 있었다. 태양계의 아홉 개 행성 모두에 대해 인류가 알고 있는 사실들을 요약해놓은 표도 하나 있었는데, 그중 한 행성이 유난히 눈에 띄었다. 그 행성의 모든 것이 신비에 싸여 있기 때문이었다. 표에서 명왕성과 관련된 칸들은 대부분 물음표 하나로만 채워져 있었다. 멀고 광대한 궤도(그 궤도를 한 바퀴 도는데 지구시간으로 248년이 걸린다)와 하루의 길이(지구시간으로 6.4일마다 한 번씩 자전한다)에 대한 정보만이 상세했다. 위성의 개수는? 미상. 행성의 크기는? 미상. 대기는? 표면의 구성은? 둘 다 미상. 명왕성 지상의 모습을 짐작해볼 만한 단서가 별로 없었다. 앨런은 이 기사와 이 표를 보면서 언젠가 우주선이 모든 행성 중 가장 멀고 가장 알려지지 않은 명왕성을 탐사하는 상상을 했다. 지금도 그 상상을 기억하고 있다.

뉴호라이즌스, 새로운 지평을 향한 여정

20세기가 이루지 못한 꿈

당시 다른 행성으로 향하는 우주선들은 대부분 한 쌍으로 발사되었다. 한 대가 혹시 실패할 가능성에 대비하기 위해서였다. 똑같은 우주선을 한 대 더 제작할 때는 설계나 기획을 거의 그대로 가져다 쓰면 되기 때문에 비용이 크게 절감된다는 점에서도 이런 방식은 논리적이었다. 실제로, '붉은 행성' 화성의 면모를 마침내 우리에게 상세히 밝혀준 화성 궤도선 매리너 9호는 성공을 거뒀지만, 이 우주선의 쌍둥이인 매리너 8호는 로켓 이상으로 대서양 바닥에 추락하고 말았다. 매리너 1호도 비슷한 운명을 맞았지만 매리너 2호는 금성에 성공적으로 도착했고, 매리너 3호는 실패했지만 매리너 4호는 화성에 도착했다.

NASA는 거대행성의 대여행을 기획할 때에도 똑같은 우주선을 두 쌍 만들어 각각 행성 세 개를 방문하게 할 예정이었다. 1977년에 발사될 한 쌍은 목성을 플라이바이한 뒤 거기서 얻은 힘을 이용해 토성과 명왕성으로 향할 것이다. 그리고 1979년에 발사될 다른 한 쌍의 목적지는 목성, 천왕성, 해왕성, 명왕성이었다. 이 대여행이 성공한다면, 세이건이 "태양계의 첫 정찰"이라고 명명했던 일이 완성되는 셈이었다.

훌륭한 계획이었지만, 우주선 네 대를 각각 세 개의 행성에 보내는 비용이 너무 비쌌다. 우주선을 설계하고 제작해서 날려 보낸 뒤 10년이 넘는 기간 동안 역사상 어느 우주선도 가보지 못한 먼 곳까지 조종하는 작업에 드는 비용은 지금의 화폐가치로 60억 달러가 넘었다. 그러나 안타깝게도 당시 NASA의 예산은 줄어드는 추세였기 때문에 돈이 많이 드는 탐사계획이 선정될 가망은 별로 없었다. 결국 이 웅대한 대여행은 계획단계를 벗어나지 못하고 취소되고 말았다.

과학계는 행성들이 필요한 순서대로 늘어서는 기회가 자신들의 생애에 다시는 오지 않을 것임을 알아차리고, 비용을 줄여 대여행 계획을 구출하는 일에 황급히 나섰다. 그 결과 만들어진 것이 규모를 줄인 '매리너 목성-토성' 탐사계획이었다. 이 계획은 태양계 외행성 중 가장 크고 가장 가까운 목성과 토성만을 탐사목표로 삼았다. 지금의 화폐가치로 25억 달러가 조금 안 되는 예산이 드는 이 쌍둥이 우주선 탐사계획은 1972년에 승인받았다. 공모를 통해 정해진 이 우주선의 이름은 보이저 1호와 2호였다. 1977년 8월과 9월로 예정된 발사시기까지 겨우 몇 달밖에 남지 않았을 때의 일이었다.

비록 원래 대여행 계획은 취소되었지만, 보이저 1호와 2호의 발사시기와 비행경로는 토성을 지난 뒤에도 중력의 도움을 이용해 다른 행성들을 모두 방문할 수 있게 정해졌다. 우주선에 탑재된 핵 에너지원도 '1차 탐사'를 마친 뒤 오랫동안 우주선이 충분히 비행할 수 있게 설계되었다. 따라서 이 우주선들은 나중에 비행기간이 늘어난 만큼 필요한 돈이 마련되기만 한다면, 천왕성, 해왕성, 명왕성까지 여행을 계속할 수 있는 잠재력을 갖고 있었다.

보이저 계획은 목성과 토성 및 그 위성들의 탐사에만 성공해도 완벽한 성공작으로 불릴 수 있었다. 그러나 기획자들은 아직은 장담할 수 없는 지원이 장차 이뤄지고 운이 따른다면 계획보다 더 오랫동안 수십억 킬로미터를 더 비행해서 처음 대여행이 겨냥했던 목표를 모두 이룰 수 있는 가능성을 마련해두었다. 실제로도 두 보이저 호는 이런 잠재력을 모두 발휘했다. 1970년대 말에 발사된 두 보이저 호는 1981년까지 각각 토성에서 1차 탐사를 마쳤고, 발사 이후 40년이 흐른 지금도 여전히 작동하고 있다. 보이저 2호는 천왕성과 해왕성 쪽으로 움직였지만 명왕성과는 방향이 맞지 않았고, 보이저 1호는 명왕성 쪽을 향했다.

그렇다면 왜 보이저 1호가 계속 명왕성으로 가지 않았을까? 보이저 호가 거둘 수 있는 커다란 성과이자 이 탐사계획의 성공 여부를 가늠하는 공식적인 척도 중 하나는 토성의 독특하고 정체 모를 거대 위성 타이탄 탐사였다. 타이탄은 태양계 위성들 중 유일하게 두터운 대기를 지니고 있다. 타이탄의 대기는 심지어 지구 대기보다도 두텁고, 우리가 호흡하는 공기와 마찬가지로 주로 질소로 구성되어 있다. 따라서 타이탄은 당연히 과학자들이 더 자세히 알고 싶어 하는 곳 중에서도 유난히 두드러신다. 타이탄의 유기 화학적 구성도 흥미롭다.(지구에서 생명이 존재할 수 있게 해주는 탄소가 여기에 포함되어 있다) 타이탄의 대기에는 탄소가 함유된 기체 형태의 메탄이 포함되어 있다고 알려져 있었다. 이런 사실들을 1944년에 알아낸 천문학자 제러드 카이퍼Gerard Kuiper는 현대 행성학의 개척자 중 한 명으로, 그 이름이 이 책에서 곧 다시 등장할 예정이다.

하지만 타이탄 탐사에 문제가 하나 생겨서 다른 계획을 어렵게 포기해야 했다. 보이저 1호가 토성에서 플라이바이를 한 직후에 다시 타이탄을 플라이바이한다면 훌륭한 탐사가 가능했다. 그러나 이로 인해 우주선은 대여행 코스에서 영원히 벗어나 행성들의 궤도가 있는 곳으로부터 급격히 멀어질 터였다. 명왕성을 향해 계속 여행하는 것이 불가능해진다는 뜻이었다. 당시에는 보이저 1호가 타이탄을 건너뛰어야 한다는 주장을 설득력 있게 내놓은 사람이 하나도 없었다. 명왕성에 비해 타이탄은 비교적 가까이에 있었고, 과학자들은 타이탄이 매혹적인 곳이라는 사실을 알고 있었다. 반면 위험을 무릅쓰고 5년 동안 더 여행해야 닿을 수 있는 명왕성은 알려진 것이 너무나 적어서 그만큼 노력을 기울일 가치가 있다고 확신하는 사람이 전혀 없었다. 따라서 명왕성을 버리고 타이탄을 선택하는 것은 논리적이고 훌륭한 결정이었다. 오늘날에도 이때의 결정을 후회하는 사람은 하나도 없다. 실제로 타이탄에서 메탄 구름, 비, 호수, 유기물이 함유된 광대한 모래언덕 지역 등 놀라운 사실들이 발견되었기 때문에 더욱 그렇다. 타이탄은 확실히 지금까지 탐사한 천체 중에서 가장 매혹적인 곳에 속한다. 그러니 타이탄을 선택한 것은 옳은 결정이었지만, 그로 인해 인류가 20세기에 명왕성을 방문할 기회가 사라진 것 또한 사실이다. 명왕성 방문은 다른 시기에 다른 세대가 해야 하는 일로 남았다.

"명왕성 연구를 해보지 않겠나?"

앨런은 1978년 12월에 텍사스 대학에서 학부를 마쳤다. 보이저 호가 목성에 접근하고 있던 1979년 1월에는 항공우주공학 대학원 과정을 시작했다. 그는 여전히 우주 탐사에 매혹되어 있었지만, 자신이 과학자가 될 것이라는 생각은 하지 않았다. 보이저 1호가 더 오랫동안 위험을 무릅써야 하는 명왕성 여행을 시도하지 않고 타이탄을 연구하기로 했다는 소식을 들었을 때의 기분을 그는 지금도 생생히 기억하고 있다.

"그때 이런 생각을 했던 기억이 난다. '현명한 선택이지만 아쉽네. 아무래도 다시는 명왕성을 볼 기회가 없을 것 같은데.'"

앨런은 우주선을 이용한 탐사계획에 계속 커다란 관심을 갖고 있었지만 NASA의 우주비행사 프로그램에 선발될 수 있는 이력서 구성을 전략적인 목표로 삼아 궤도역학을 중심으로 대학원 수업을 들었다. 그리고 학위를 마친 뒤에는 이 목표를 위해 또 어떻게 움직이는 것이 가장 적합할지 고민했다.

앨런은 NASA에 다재다능한 사람으로 보이고 싶어서 행성대기 전공으로 두 번째 석사과정을 시작했다. 나중에 알게 되었지만 이때의 이 선택이 결정적이었다. 다음은 앨런의 회상이다.

텍사스 대학에서 행성학을 가르치던 젊고 유능한 교수 래리 트래프턴Larry Trafton도 꿈이 우주비행사였다. 그는 칼테크 출신으로 상당히 중요한 연구성과를 몇 건 내놓은 적이 있었다. 엄격하고 만만치 않다는 평판도 있었다. 내가 트래프턴의 연구실을 찾아가 문을 두드리며 그의 명성에 한껏 겁을 먹었던 기억이 난다. 그래도 나는 우리 둘이 함께할 수 있는 일이 있기만 하다면 공짜로 일해도 상관없다고 그에게 말했다. 그는 자신이 얼마 전에 완성한 명왕성 관련 논문에 대해 말했다. 명왕성의 대기가 우주공간을 향해 빠르게 탈출하는 현상에 대해 계산한 논문이었는데, 이 계산에 따르면 명왕성은 태양계가 존재하는 동안 완전히 증발해 사라졌어야 옳았다. 물론 말이 되지 않는 소리였다. 명왕성은 여전히 존재하고 있었으니까. 즉 우리가 알지 못하는 모종의 일이 벌어지고 있다는 뜻이었다. 1980년 대 말에 내가 문을 두드리고 들어가 훌륭한 연구주제가 없느냐고 물었을 때 트래프턴은 마침 이 문제를 고민하던 중이었다. 그래서 그는 이렇게 말했다. "명왕성 연구를 해보지 않겠나?" 결국 그것이 내 석사논문의 주제가 되었다. 우리는 명왕성의 대기에 대해 기본적인 물리학 연구를 실행했다. 지금의 기준으로 따지면 아주 간단한 컴퓨터 모델링이었지만 당시에는 상당한 성과를 안겨줬다.

18개월 뒤 두 번째 석사학위를 손에 쥔 앨런은 콜로라도로 가서 항공우주업계의 거대기업인 마틴 마리에타에서 NASA 및 국방 프로젝트 관련 업무를 담당했다. 그러나 18개월 뒤 그곳을 떠나 콜로라도 대학에서 평생에 한 번 찾아오는 핼리혜성의 1986년 출현 때 혜성의 구성을 연구하기 위해 우주왕복선에서 위성을 발사하는 계획의 프로젝트 과학자(NASA에서 수석연구자(이하 PI)로 불리는 프로젝트 리더의 수석보좌)가 되었다. 나중에는 탄

도비행 탐사계획을 진행하고, 우주에서 핼리혜성의 사진을 찍기 위해 우주왕복선에서 여섯 차례 실시될 실험도 이끌었다. 그가 PI로 활약한 첫 번째 연구였다.

그러나 이런 일들을 하는 동안 내내 앨런은 박사학위 없이 이 업계에서 얼마나 올라갈 수 있을지 고민하고 있었다. 이미 결혼해서 가정이 있고 직장도 있었던 만큼, 과거 텍사스 대학 시절에 박사과정 진학을 선택하지 않았을 때 이미 기회를 놓쳐버린 것인지도 모른다는 생각이 들었다.

그런데 1986년 1월에 비극이 일어났다. 우주왕복선 챌린저호가 발사된 지 73초 만에 폭발해 그 안에 타고 있던 우주비행사 일곱 명이 모두 목숨을 잃은 사건이었다. 이 사고는 앨런이 3년 동안 푹 빠져 있었던 두 가지 프로젝트, 즉 핼리혜성의 구성을 연구하기 위한 위성과 그가 PI로 처음 맡은 실험까지 파괴해버렸다. 그뿐만 아니라 NASA가 추진하던 다른 계획들도 많이 박살났고, 우주왕복선 계획의 미래도 장담할 수 없게 되었다.

당시 우주 탐사에 관여하던 거의 모든 사람들은 챌린저 호가 폭발했을 때 자신이 어디에 있었는지 지금도 기억하고 있다. 어떤 사람들은 NASA가 처음으로 우주에 보낸 교사였던 크리스타 매콜리프Christa McAuliffe를 비롯해서 그 추운 날 아침 플로리다에서 목숨을 잃은 사람들을 생각하며 지금도 눈물이 글썽해지곤 한다.

그날 우주왕복선 발사 광경을 생방송으로 지켜보던 사람이 많았다. 앨런은 케이프커내버럴에서 동료들과 함께 발사를 지켜보고 있었다.

폭발사고 이후 앨런은 황망함을 벗어나지 못했다.

"텔레비전이든 신문이든 어디서도 그 사건에서 도망칠 길이 없었다. 몇 주, 몇 달 동안 언론매체들이 폭발 장면을 자꾸만 다시 보여줬다."

이 일로 인해 앨런은 자신의 인생과 직업의 미래에 대해 다시 생각해보았다. NASA는 당시 금성에 보낼 마젤란 호 계획과 목성에 보낼 갈릴레오 호 계획을 추진하고 있었다. 궤도선인 이 두 우주선은 우주왕복선에서 발사될 예정이었으나 폭발사고로 인해 보류되었다. NASA의 다른 탐사계획도 거의 모두 같은 상황이었다. 앨런은 우주왕복선이 하늘을 다시 날게 될 때까지는 우주탐사 분야에서 새로운 일이 추진될 것 같지 않다는 결론을 내리고, 대학원으로 돌아가 박사학위를 따기로 결단을 내렸다.

이렇게 해서 앨런은 1987년 1월에 콜로라도 대학 천체물리학과 박사과정에 등록했다. 챌린저 호 폭발사건으로부터 딱 1년이 지난 시점이었다. 그는 박사논문을 위해 혜성의 기원을 연구했다. 하지만 이미 명왕성이 그의 삶에 들어온 뒤였다. 그가 처음 과학연구를 제대로 맛본 것이 명왕성을 통해서였으므로, 1980년대 후반에 대학원을 다니면서 벌써 명왕성 탐사만을 위해 우주선을 보내는 것이 가능할지 고민해보기 시작했다. NASA는 왜 명왕성 탐사계획을 더 깊게 생각해보지 않은 걸까?

앨런은 또한 박사학위로 가는 길을 조금 멀리 돌아온 탓에 직선 코스를 걸어온 동료들에 비해 자신이 몇 년 뒤처졌다는 사실을 깨달았다. 그의 또래들은 이미 대학원을 졸업했거나, 아니면 사람들이 보이저 호의 성과에 흥분하던 시기에 마침 대학원에 다니고 있었다. 혹시 앨런은 아직 탐사한 적이 없는 행성을 사상 처음으로 탐사하는 계획에 참여할 마지막 기회를 놓쳐버린 것일까? 아니, 만약 명왕성 탐사계획이 실행되고 그가 거기에 참여한다면 이야기가 달라질 수 있었다.

그가 행성을 연구하는 선배 학자들에게 이 이야기를 꺼냈을 때, 그들의 반응은 그리 달갑지 않았다. 다음은 앨런의 회상이다.

과학연구와는 별개로, 탐사 그 자체에 대해 흥분한다는 점에서 나는 우리 분야에 종사하는 대부분의 사람들과 다른 것 같다. 박사과정에 있을 때 나는 명왕성 탐사라는 아이디어를 띄우기 시작했다. "해왕성에서 아주 많은 성과를 거뒀으니, 명왕성 탐사를 하면 어떨까?" 선배 과학자들이 명왕성 탐사 자체만으로는 굳이 실행할 가치가 없다고 주장한다는 사실을 알고 나는 실망했다.

바로 이때 앨런은 NASA가 탐사계획에 관해 실제로 결정을 내리는 경위와 대중의 눈에 비치는 NASA의 노력 사이에 기본적으로 단절된 부분이 있음을 경험했다. NASA는 대중을 상대로 손을 뻗을 때 보통 탐사계획의 내재적인 가치와 짜릿한 기대를 강조한다. "지금껏 아무도 가보지 못한 곳으로 대담하게 나아간다"◆는 식이다.

그러나 NASA의 제한된 예산 범위 내에서 무인우주선의 탐사계획을 평가하고 우선순위를 결정하는 위원회들은 전인미답의 천체를 탐사하는 가장 멋진 계획을 추구하지 않는다. 그보다는 정확히 어떤 과학적 성과가 예정되어 있는지, 우선순위가 높은 과학적 의문들 중 구체적으로 어떤 의문의 답을 찾아볼 예정인지, 그 탐사계획이 해당 분야의 발전에 어떻게 기여할 수 있는지를 상세히 요구한다. 따라서 순전히 탐사의 기쁨과 경이를 맛보기 위해 정말로 가고 싶은 곳이라 해도, 일단은 과학적 성과에 대한 조사를 통과할 수 있을 만큼 압도적인 근거를 먼저 제시할 필요가 있었다.

앨런은 1980년대 말에 있었던 일을 떠올렸다.

"나보다 한참 선배인 누군가가 이렇게 말했다. '명왕성에 가

◆ 미국의 SF 텔레비전 드라마 시리즈 〈스타트렉Star Trek〉의 오프닝 멘트를 차용한 말.

는 것을 탐험으로만 이야기한다면 절대 NASA를 설득할 수 없을 것이다. 과학계를 움직여서, 그들이 명왕성 탐사계획이 구체적인 분야에서 아주 중요하고 시급한 일이라고 선언하게 만들 방법을 찾아내야 한다.'"

행성 X를 찾아서

전통적으로 우리에게 알려진 모든 행성 중에서 명왕성은 단순히 가장 먼 행성, 가장 늦게 탐사대상이 된 행성만은 아니었다. 발견 시기도 가장 늦어서, 지금 살아 있는 사람들 중에 많은 사람이 이미 태어난 뒤였다. 명왕성은 1930년에 정식으로 이 분야를 공부하지 않은, 캔자스 주의 시골 청년 클라이드 톰보Clyde Tombaugh에 의해 발견되었다. 고집과 끈기가 커다란 성공으로 이어진 고전적인 사례다.

1906년에 일리노이 주에서 근근이 먹고사는 농촌 가정에서 태어난 클라이드는 자라면서 다른 행성들을 상상하는 데 매혹되었다. 그는 1980년에 출간된 자전적인 글✦에서 이렇게 썼다.

✦ 클라이드 톰보, 패트릭 무어Patrick Moore, *Out of the Darkness* (Harrisburg, PA: Stackpole Books, 1980).

"초등학교 6학년 때 어느 날 문득 이런 생각이 들었다. 다른 행성들의 지형은 어떻게 생겼을까?"

나중에 가족을 따라 캔자스 주의 농촌으로 이주한 그는 아버지가 시어스 로벅 백화점 카탈로그로 그에게 주문해준 2.25인치짜리 망원경으로 열심히 하늘을 살폈다. 그리고 스스로 렌즈를 갈아 새 망원경을 만들고, 목성과 화성에서 관찰한 것들을 정성들여 그림으로 그려가며 천문학을 독학했다. 그는 동네 도서관에서 천문학과 행성에 관한 책을 죄다 찾아 읽었으며, 부유하고 카리스마가 뛰어난 보스턴의 천문학자 퍼시벌 로웰Percival Lowell이 화성에서 '발견'해서 널리 알린 '운하'에 대한 논란을 주시했다. 해왕성 너머에 아직 발견되지 않은 행성이 하나 더 있다는 로웰의 예언도 글로 읽어서 알고 있었다.

로웰은 해왕성의 궤도를 주의 깊게 조사한 결과, 거기에 약간의 불규칙성이 존재하는 것으로 보아 멀리 있는 아홉 번째 행성의 인력이 약간의 힘을 발휘하고 있다는 결론을 내렸다. 클라이드는 로웰이 애리조나 주 플래그스태프의 산 위에 천문대를 설립했다는 소식을 접하고는, 자신도 언젠가 대학에 가서 천문학자가 되는 상상을 했다. 하지만 그의 삶과 그런 상상은 마치 멀리멀리 떨어진 두 행성 같았다. 시기가 좋지 않아서, 그가 농촌을 떠나 꿈을 추구할 수 있을 만큼 집에 돈이 생길 것 같지가 않았다.

그래도 언제나 희망을 잃지 않은 그는 자신이 그린 화성 스케치 중 최고의 작품 몇 점을 골라 로웰 천문대의 천문학자들에게 우편으로 보냈다. 그리고 1928년 말의 어느 날 놀랍게도 천문대장인 베스토 슬리퍼Vesto Slipher 박사에게서 답장이 왔다. 천문대에서 조수를 한 명 구하는 중인데 혹시 생각이 있느냐는 내용이었다.

그거야 물어볼 필요도 없는 일이었다! 1929년 1월에 클라이드는 옷가지와 천문학 책이 가득한 트렁크 하나와 어머니가 싸주신 샌드위치를 들고 서쪽의 애리조나로 가는 열차에 몸을 실었다. 스물세 번째 생일을 3주 앞둔 그는 한껏 들뜨고 신이 났으면서도 가족을 두고 떠나게 된 것을 조금 슬퍼하며 캔자스의 평평한 농경지 풍경이 사막으로, 소나무가 가득한 숲으로 차례차례 변하는 것을 지켜봤다. 기차는 캔자스를 벗어나 애리조나의 산악지대로 칙칙폭폭 올라가고 있었다. 비록 당시 그는 모르고 있었지만, 이 기차가 그를 싣고 도착한 곳은 바로 역사적인 인물이 되는 길이었다.

목적지에 도착한 뒤 클라이드는 자신이 '행성 X'에 대한 조사를 새로이 실시하기 위해 13인치짜리 최신 망원경을 쓸 수 있는 자리에 고용되었다는 사실을 알게 되었다. 저 유명한 로웰이 시작한 탐색을 계속 이어나가는 일을 맡게 되었다는 사실이 그에게는 놀랍기만 했다. 로웰은 찾으려던 것을 끝내 찾지 못한 채 1916년에 세상을 떠났다. 이제 그 일을 다시 시작해서 이어나가는 것은 클라이드의 몫이었다.

행성 X를 찾아내기 위해 제작된 신형 망원경은 로웰이 과거에 사용하던 것보다 성능이 좋았다. 또한 애리조나 북부의 산악지대에서 2133미터 높이에 위치한 천문대에서는 어둡고 건조한 하늘이 잘 보였다. 클라이드에게 맡겨진 탐색 작업은 품이 많이 드는 일이었다. 그는 추운 겨울 내내 난방이 되지 않는 망원경 돔 안에서 밤을 보내며, 궤도 계산 결과 새 행성이 있을 것으로 예상되는 구역의 하늘을 아주 조금씩 차례로 사진으로 찍었다.

클라이드가 찾고 있는 행성은 아주 희미할 것으로 짐작되었다.(육안으로 볼 수 있는 천체에 비해 밝기가 수천 분의 1, 또는 수만 분의 1밖에 되지 않을 수 있었다) 따라서 사진 한 장을 찍을 때마다 사진판을 한 시간 넘게 노출시켜야 했다. 그동안 그는 지구의 자전으로 인한 변화를 보정해서 사진 속 별들의 위치가 고정되게 망원경을 조심스레 움직였다. 각각의 사진에는 수천 개의 별들, 가끔 눈에 띄는 은하들, 수많은 소행성들이 점점이 박혀 있었다. 가끔 혜성이 찍힐 때도 있었다.

그 수많은 빛의 점들 중에서 무엇이 행성인지 클라이드가 어떻게 알 수 있을까? 여러 날 동안 연달아 같은 지역의 밤하늘 사진을 찍어, 해왕성 너머에 궤도가 있음을 짐작하게 하는 속도로 움직이는 희미한 점을 찾아내는 것이 관건이었다. 그가 사진들을 분석하기 위해 사용한 장치는 당시 기술로는 최신 장비이던 '블링크 콤퍼레이터'였다. 이 장비 덕분에 그는 여러 날 동안 연달아 찍은 밤하늘 사진들을 번개처럼 빠르게 비교해볼 수 있었다. 그러다 보면 한자리에 고정되어 있는 별들 사이에서 움직이는 행성을 찾을 수 있을 터였다.

이 작업이 얼마나 지루하고 힘들었을지 아무리 강조해도 지나치지 않다. 지금은 이 모든 일을 컴퓨터가 해주지만, 당시에는 사람이 일일이 직접 해야 했다. 그래서 클라이드는 날씨가 허락하는 한 매일 밤 망원경 돔으로 갔다. 보름달 때문에 어두운 밤하늘이 사라져버리는 날도 관측이 불가능했으므로, 그는 28일인 달의 주기에 맞춰 생활했다. 보름달 때문에 하늘이 너무 밝아져서 희미한 행성을 찾기 위한 사진을 찍을 수 없는 날은 사진을 현상해서 열심히 비교하며 조사하는 일을 했다.

결코 성공이 보장된 연구라고 할 수는 없었다. 몇몇 선배들은 그에게 시간낭비라고 말했다. 행성이 더 있다면 전에 조사했을 때 이미 찾지 않았겠느냐는 것이었다. 클라이드가 기운이 빠져 자기회의에 시달린 것도 무리가 아니다. 그래도 그는 포기하지 않았다.

뉴호라이즌스, 새로운 지평을 향한 여정

이렇게 고군분투하며 거의 1년을 보낸 1930년 1월 21일에는 하늘이 맑았다. 체계적으로 하늘을 살피던 클라이드의 망원경이 이날 향한 곳은 쌍둥이 별자리 안의 어떤 구역이었다. 그런데 갑자기 강한 바람이 불어오는 바람에 관측을 하기에는 아주 끔찍한 밤이 되고 말았다. 바람은 망원경을 흔들어대는 데서 그치지 않고, 하마터면 문짝까지 날려버릴 뻔했다. 따라서 그가 찍은 사진도 너무 흐려서 아무 짝에도 쓸모가 없을 것 같았다. 하지만 나중에 알고 보니, 클라이드가 그토록 오랫동안 찾아 헤매던 것, 로웰이 찾으려 했던 행성 X가 바로 그 사진에 찍혀 있었다.

　21일 밤의 날씨 사정이 워낙 좋지 않았기 때문에 클라이드는 1월 23일과 29일에 다시 그 구역의 사진을 찍기로 했다. 행운의 결정이었다.

　몇 주 뒤인 2월 18일, 거의 다 차오른 달 때문에 희미한 관측 대상들을 관찰하기가 또 불가능해졌을 때 클라이드는 1월에 찍은 사진들에서 지금까지 알려진 행성들보다 훨씬 더 멀리에 있음을 짐작케 하는 속도로 움직이는 물체가 있는지 찾아보기 시작했다. 그동안의 시행착오를 통해 그는 초당 약 3회의 속도로 사진들 사이를 오가며 살펴보는 방법이 가장 효과가 좋다는 사실을 알고 있었다. 그렇게 1월 사진들을 살펴보던 중, 그가 원하는 조건에 들어맞는 것이 발견되었다. 3밀리미터 남짓 되는 간격 사이를 춤추듯 오가는 아주 작고 희미한 점 하나. 해왕성 너머에 있는 천체라고 보기에 딱 알맞은 움직임이었다.

'이거야!'

그는 속으로 이렇게 생각했다.

엄청난 전율이 일었다. 나는 셔터를 앞뒤로 움직이며 사진들을 유심히 살펴봤다……. 그 뒤 약 45분 동안 나는 평생 그 어느 때보다도 흥분한 상태였다. 완벽한 확신을 얻기 위해서는 더 자세히 확인할 필요가 있었다. 미터법 단위가 표시된 자로 그 간격을 다시 재어보니 3.5밀리미터였다. 그다음에는 사진 하나를 1월 21일에 찍은 사진으로 바꿨다. 그 점이 1월 23일의 위치에서 동쪽으로 1.2밀리미터 이동한 것을 즉시 알아볼 수 있었다. 처음 내가 살펴봤던 두 장의 사진에서 그 점이 6일 간격으로 해당 거리를 오간 것과 완벽히 일치하는 결과였다……. 이제 나는 100퍼센트 확신했다.◆

클라이드는 사냥감을 확실히 손에 넣었음을 확신했다. 자신이 수십 년 만에 처음으로 새로운 행성을 발견한 사람이 되었다

◆ 같은 책.

는 사실도 깨달았다.[*] 제자리에 정지해 있는 수많은 별들에 에워싸인 채, 검은 판 위의 벼룩처럼 정해진 거리 사이를 오가는 그 작고 창백한 점을 찾아냄으로써 그는 그때까지 인간의 눈이 한 번도 보지 못한 모종의 천체를 처음으로 본 사람이 되었다.

그곳에 새로운 행성이 있었다! 길게만 느껴지던 몇 분 동안 클라이드는 지구상에서 그 사실을 아는 유일한 사람이었다. 그는 상사에게 이 사실을 알리기 위해 마침내 천천히 복도를 걸어갔다. 그러면서 머릿속으로 할 말을 다듬었다. 그러나 그가 천문대장의 방에 들어가 한 말은 아주 간단했다.

"슬리퍼 박사님, 제가 행성 X를 찾아냈습니다."

슬리퍼는 몹시 꼼꼼하고 주의 깊은 클라이드의 성격을 잘 알고 있었다. 그런 클라이드가 이런 주장을 한 적은 처음이었으므로, 상당한 근거가 있다고 봤다. 슬리퍼는 다른 조수와 함께 사진들을 살펴본 뒤 클라이드의 결론에 동의했다. 그러나 당분간은 천문대에서 함께 근무하는 소수의 동료들 외에는 아무에게도 이 사

---

[*] 톰보 이전에는 1781년에 천왕성을 발견한 윌리엄 허셜William Herschel과 1846년에 해왕성을 발견한 요한 갈레Johann Galle가 있었다. 갈레와 함께 위르뱅 르 베리에Urbain Le Verrier에게도 공이 돌아갈 때가 많은데, 그가 천왕성의 궤도에 나타난 불규칙성을 바탕으로 시행한 계산을 통해 해왕성의 정확한 위치를 예측하고 그 결과를 갈레에게 알려줬기 때문이다.

실을 알리지 않고 비밀을 유지하기로 의견을 모았다. 그동안 클라이드는 지속적인 관측을 통해 자신이 내린 결론을 다시 확인하고, 그 천체의 정체와 움직임에 대해 더 자세한 정보를 알아내려고 했다. 나중에 그의 결론이 자칫 틀린 것으로 판명된다면, 이루 말할 수 없는 결과가 뒤따를 터였다.

천문대 사람들은 한 달이 넘도록 이 새로운 행성의 존재와 움직임을 살피고 또 살피며 그 행성이 해왕성보다 더 먼 곳에 있다는 계산결과가 옳다는 사실을 확인했다. 이 행성은 그들이 새로 찍은 모든 사진에 등장했으며, 계산결과에 딱 맞아떨어지는 속도로 움직였다. 천문대 사람들은 또한 그 기간 동안 이 새로운 행성 주위를 도는 위성이 있는지 찾아보고,(하나도 발견되지 않았다) 더 강력한 망원경을 이용해서 이 행성을 점이 아닌 원반 형태로 관찰해보려고 했다. 그래야 이 행성의 크기를 짐작할 수 있기 때문이었다. 그러나 강력한 망원경으로도 행성의 원반 형태를 볼 수 없었기 때문에, 행성의 크기가 몹시 작은 것으로 짐작되었다.

마침내 완전히 확신을 얻은 그들은 천왕성 발견 149주년이자 로웰의 탄생 75주년인 1930년 3월 13일에 연구결과를 발표했다.

이 놀라운 소식은 즉시 전 세계로 퍼져나갔다.《뉴욕 타임스》

는 커다란 활자로 〈태양계 끝에서 아홉 번째 행성 발견, 84년 만에 처음〉이라는 제목을 달았고, 헤아릴 수 없이 많은 신문과 라디오 방송에서도 역시 이 소식을 보도했다.

이 행성의 발견은 로웰 천문대의 엄청난 업적이었다. 따라서 천문대 측은 다른 사람들이 나서기 전에 서둘러서 이 행성의 이름을 지어야 한다는 압박감을 느끼게 되었다. 퍼시벌 로웰의 아내인 콘스턴스 로웰Constance Lowell은 세상을 떠난 남편이 행성 탐색을 위해 이 천문대에 기부한 돈을 빼앗으려고 10년째 싸움을 벌이고 있었으나, 이제는 그 행성에 '퍼시벌'이나 '로웰'이라는 이름을 붙여야 한다고 주장하고 나섰다. 나중에는 자신의 이름을 따서 그 행성을 '콘스턴스'로 불러야 한다는 주장까지 내놓았다. 그 이름을 원하는 사람은 당연히 아무도 없었지만, 로웰 가문에 여전히 재정을 의지하고 있는 천문대 입장에서는 난감한 상황이었다.

그동안 천문대에는 새로운 행성의 이름을 제안하는 편지들이 1000여 통이나 쏟아져 들어왔다. 다른 행성들의 이름과 어울리게 신화를 바탕으로 미네르바, 오시리스, 유노 등의 이름을 제안한 사람이 있는가 하면, '전기' 같은 현대적인 이름을 제안한 사람도 있었다. 또한 기괴하거나 채택하기 힘든 제안도 있었다. 예를 들어, 알래스카의 한 여성은 클라이드 톰보를 기념해서 그 행성에 '톰보이'라는 이름을 붙여야 한다며, 이 주장을 뒷받침하는 시까지 보내왔다. 일리노이의 어떤 사람은 로웰 천문대가 애리조나 주 플래그스태프에 있으니 머리글자를 따서 이 행성을 '로웰로파'로 불러야 한다고 주장했다. 뉴욕의 어떤 남자는 직스멀zyxmal◇이라는 이름을 제안했다. 이것이 사전 맨 마지막에 있는 단어이니 "행성들 중 마지막"에 딱 맞는다는 것이 이유였다.

'플루토Pluto'라는 이름을 제안한 사람은 영국에 사는 열한 살짜리 소녀 버니셔 버니Venetia Burney였다. 로마 신화에서 저승을 다스리는 왕 플루토의 이름을 딴 것인데, 버니셔의 할아버지가 손녀의 아이디어를 친구인 천문학자에게 말했고 이 천문학자는 로웰 천문대로 운명적인 전신을 보내 이 제안을 알리면서 다음과 같이 말했다.

새로운 행성의 이름으로 플루토를 생각해주시길. 버니셔 버니라는 어린 소녀가 어둡고 우울한 행성의 이름으로 제안한 겁니다.

클라이드뿐만 아니라 로웰 천문대의 고참 천문학자들도 이

◇ 두 사람이 길에서 마주쳤을 때 서로 상대를 피해가려다가 오히려 계속해서 동시에 같은 방향으로 움직이게 되는 상황을 뜻하는 단어.

뉴호라이즌스, 새로운 지평을 향한 여정

이름이 마음에 들어서 미국 천문학회와 영국 왕립천문학회에 제안서를 제출했다. 두 천문학회 역시 이 이름에 호감을 보였다. 로웰 천문대의 천문학자들은 플루토라는 이름이 고대 신화 속의 신 이름을 적절히 골라서 행성의 이름으로 삼는 전통에 어울릴 뿐만 아니라, 플루토의 첫 두 글자인 PL이 천문대의 설립자이자 후원자인 퍼시벌 로웰을 기념하는 역할을 할 수 있다는 점에서도 완벽하다고 봤다.

제2장
명왕성 탐험가들

명왕성을 사랑하는 사람들

1960년대에 실제로 행성을 탐사하는 시대가 도래하면서, 망원경 렌즈를 통해 어렴풋하게 보이는 빛의 점에 불과하던 행성들이 우리의 고향 행성인 지구를 연구하며 새로이 발전한 강력한 도구와 기법으로 정찰하고 연구해야 할 현실 속 존재가 되었다. 행성에는 바위도 있고, 얼음도 있고, 지형과 날씨와 구름과 기후도 있었다. 따라서 여러 행성을 파악하려는 연구에 지질학자, 기상학자, 자기磁氣권 전문가, 화학자는 물론 심지어 생물학자까지 참여하게 되었다. 워낙 복잡한 연구이다 보니, 특히 모험적인 성향이 강해서 학문의 경계를 넘나드는 새로운 도전을 즐기는 과학자들이 관심을 보였다. 그렇게 해서 행성학이라는 새로운 학문이 태어나 뚜렷이 자리를 잡았다.

모든 행성 중 가장 멀어서 닿기도 가장 힘든 명왕성은 여전히 가장 많은 비밀에 싸여 있었으며, 연구하기도 가장 힘들었다. 따라서 행성학자들이 좋아하는 도전과 수수께끼가 아주 많은 곳이기도 했다. 학자들에게는 알고자 하는 충동, 지식에 기여하고자 하는 충동이 있다. 명왕성에는 파헤칠 수수께끼가 아주 많았으므로, 과학자들 사이에 단호한 의지로 명왕성을 사랑하는 사람들의 무리가 만들어지기 시작했다. 새로운 정보에 굶주린 그들은 멀리 떨어진 지구에서라도 어떻게든 명왕성의 수수께끼를 풀어보기 위해 가장 정교한 망원경을 비롯해서 여러 첨단 도구들을 동원했다.

1930년에 처음 명왕성이 발견된 직후 아직 원시적인 수준이던 당시의 도구들을 이용한 연구에서 가장 먼저 밝혀진 사실 중 하나는 명왕성 궤도의 크기와 형태였다. 당시 알려져 있던 다른 행성들에 비해 명왕성의 궤도는 아주 거대할 뿐만 아니라 정말로 이상한 형태를 하고 있었다. 사람들은 태양과 지구 사이의 거리가 너무 멀어서 상상하기도 힘들 정도라고 생각한다. 실제로도 그렇다. 약 1억 5000만 킬로미터나 되니까. 이런 숫자를 들었을 때 우리 뇌가 이해할 수 있는 것은 그저 엄청, 엄청 큰 숫자라는 것뿐이다. 따라서 우리는 흔히 비유를 이용한다. 예를 들어, 지구의 크기가 야구공만 하다고 가정하면 태양까지의 거리가 2.88킬로미터라고 설명하는 식이다. 그러나 명왕성의 궤도와 태양 사이의 평균 거리는 이보다 약 40배나 된다. 지구를 야구공으로 봤을 때, 명왕성은 무려 115.2킬로미터나 떨어져 있다는 뜻이다!

이처럼 멀리 떨어져 있는 탓에 태양의 중력이 훨씬 약하게 작용하고, 행성이 궤도를 도는 속도도 몹시 느리다. 그 결과 명왕성이 태양 주위를 한 바퀴 도는 데에는 248년이 걸린다. 이런식으로 한 번 생각해보자. 명왕성 시간으로 약 1년 전 지구에서

뉴호라이즌스, 새로운 지평을 향한 여정

는 제임스 쿡James Cook 선장이 영국에서 막 첫 항해를 시작했고, 명왕성 시간으로 3분의 1년 남짓 전에는 클라이드가 로웰 천문대에서 사진들을 비교하며 작은 점 명왕성을 처음으로 발견했다.

명왕성의 궤도는 또한 심한 타원형이다. 태양계 다른 행성들의 궤도보다 훨씬 심하다. 이 때문에 명왕성은 처음 발견된 때로부터 1980년대 말까지 서서히 안쪽으로 향하면서 태양, 지구와 계속 가까워졌다. 따라서 명왕성의 밝기가 점점 증가했고, 게다가 천체의 밝기를 정밀하게 측정할 수 있는 새로운 도구들도 차츰 개발된 덕분에 1950년대에는 명왕성의 '광도곡선', 즉 명왕성이 축을 중심으로 자전하는 동안의 밝기 변화를 처음으로 자세히 측정할 수 있었다. 이러한 분석으로 밝혀진 사실은, 지구시간으로 정확히 6.39일을 주기로 명왕성의 밝기가 맥동하듯 밝아졌다 흐려지기를 반복한다는 것이었다. 느리지만 꾸준히 이어지는 이 리듬은 곧 명왕성의 하루를 의미했다. 지구가 한 바퀴 자전하는 데 24시간이 걸린다면, 명왕성은 비교적 위엄 있는 속도로 자전하기 때문에 6.4배의 시간이 걸린다. 금성과 수성을 제외하면, 태양계 행성들 중 가장 느린 속도다.

1970년대 초에 기술이 발전하면서, 행성을 연구하는 천문학자들은 명왕성의 스펙트럼을 어설프게나마 최초로 기록하는 데 성공했다. 다시 말해서, 명왕성의 밝기를 파장의 함수로 정리하는 데 성공했다는 뜻이다. 명왕성은 대체로 불그스름한 색조를 띠는 것으로 밝혀졌다.

1976년에는 하와이의 산꼭대기 천문대에서 명왕성의 표면을 관찰하던 천문학자들이 메탄 서리(얼어붙은 천연가스!)의 희미한 스펙트럼 지문을 발견했다.[✦] 명왕성의 표면이 정말로 이색적인 물질로 이뤄졌음을 처음으로 보여준 증거였다. 명왕성에서 메탄을 발견한 연구 팀은 이것이 명왕성의 크기와 관련해서도 중요한 의미를 지닌다는 사실을 깨달았다. 당시는 아직 명왕성의 크기가 밝혀지기 전이었다. 당시 학자들이 아는 것은 명왕성이 전체적으로 반사하는 빛의 양뿐이었다. 만약 명왕성 표면의 반사율을 알 수 있다면,(또는 추정할 수 있다면) 이 정보를 바탕으로 명왕성의 크기를 추론할 수 있었다. 메탄 서리는 밝아서 반사율이 높기 때문에, 표면에서 메탄이 발견되었다는 사실은 명왕성의 크기가 작을 가능성이 크다는 것을 의미했다.

1978년 6월에는 미국 해군 천문대의 천문학자 제임스 짐 크리스티James Jim Christy가 명왕성을 찍은 사진들 중 일부에서 '융기'

✦ 이 새로운 발견과 더불어 명왕성의 크기 및 반사율에 대한 훌륭한 추론을 제시한 고전적인 논문으로 1976년 11월 19일자《사이언스Science》에 실린 데일 크룩섕크Dale Cruikshank, 칼 필처Carl Pilcher, 데이비드 모리슨David Morrison의 〈명왕성: 메탄 서리의 증거〉가 있다.

뉴호라이즌스, 새로운 지평을 향한 여정

를 발견했다. 이것이 정말로 존재하는 것일까? 아니면 사진이 잘 못 찍힌 것일까? 크리스티는 같은 사진들 속의 다른 천체에는 그런 융기가 없다는 것을 알아차렸다. 오로지 명왕성에만 융기가 존재했다. 그래서 그는 융기가 나타나는 간격을 분석한 결과 친숙한 숫자를 얻었다. 지구시간으로 6.39일. 명왕성의 자전주기와 같았다! 크리스티의 연구에 자극을 받은 다른 학자들도 비슷한 관측결과를 얻었다. 크리스티가 발견한 것은 명왕성의 자전주기와 정확히 일치하는 공전주기를 지닌 위성이었다. 명왕성과 아주 가까운 거리에 위치한 이 행성에 크리스티는 카론Charon('샤론'이라고 읽는 사람들이 많다)이라는 이름을 붙였다. 그리스신화에서 죽은 사람들을 플루토의 저승으로 데려다주는 뱃사공의 이름을 딴 것이다. 이 이름을 선택한 덕분에 크리스티는 명왕성의 위성에 아내의 이름 샬린Charlene과 비슷한 이름을 붙여줄 수 있었다. 결국은 과학자들도 인간이다.✦

크리스티가 발견한 카론은 명왕성에 대해 더 많은 것을 알아낼 수 있는 풍요로운 광맥이 되었다. 카론의 위치와 밝기 변

✦ 이 위성을 발견한 관측결과를 처음으로 분석한 사람이 로버트 해링턴Robert Harringtom 과 크리스티임을 밝혀둬야 할 것 같다. '융기'의 존재를 처음으로 알아차리고 위성의 존재를 추론해낸 사람은 크리스티였지만, 논문에서는 크리스티와 해링턴이 위성 발견의 공을 정당하게 나눠 가졌다.

화를 주의 깊게 관측한 결과 카론의 궤도 크기가 밝혀졌다. 여기에 물리법칙을 적용하자, 그동안 쉽사리 손에 잡히지 않던 명왕성의 질량을 마침내 밝혀낼 수 있었다. 그런데 그 결과가 좀 충격적이었다. 로웰과 클라이드를 비롯해서 그 뒤를 이어 명왕성을 연구한 많은 학자들은 명왕성의 질량이 대략 지구와 비슷하거나 더 클 것으로 예상했다. 그러나 실제로 밝혀진 명왕성의 질량은 지구 질량의 약 400분의 1에 불과했다. 명왕성은 해왕성 같은 거대행성이 아니라, 그때까지 발견된 모든 행성 중 가장 작은 행성이었다.

놀라운 점은 이것만이 아니었다. 명왕성에 비하면 카론은 아주 거대한 위성이었다. 질량이 명왕성 질량의 10퍼센트에 육박할 정도였다. 따라서 이 둘은 문자 그대로 이중행성(때로 쌍행성이라고도 불린다)이었다. 우리 태양계에서 처음으로 이중행성이 발견된 것이다! 카론이 발견될 때까지 이중행성은 행성학에서 완전히 미지의 영역이었다. 새로운 사실이 밝혀질 때마다 명왕성은 점점 더 이색적으로 변해가는 것 같았다.

이런 사실들 외에, 카론은 기이하지만 과학적으로는 편리한 특징을 하나 지니고 있었다. 카론이 발견되었을 때, 카론의 궤도는 기하학적으로 매우 이례적인 상태로 들어가기 직전이었다. 간단히 말하자면, 카론은 똑바로 우리를 향하기 직전이었다. 이상하게 들리는 말인 줄은 안다. 실제로도 이상하다. 명왕성이 천천히 태양 주위를 도는 동안 카론의 궤도 기울기는 안정적으로 유지된다. 따라서 가끔 아주 잠깐 동안 카론이 (우리 관점에서 봤을 때) 명왕성 바로 앞을 지나간 뒤 명왕성 뒤를 지나가는 행동을 되풀이할 때가 있다. 카론이 이런 위치에 오는 기간은 지구시간으로 248년이나 되는 명왕성의 공전주기 중 겨우 몇 년에 불과하다. 그런데 카론이 발견된 지 겨우 몇 년 뒤에 놀랍게도 바로 그 위치에 오게 되었다. 따라서 지구에서 새로 발견된 이 위성과 행성이 계속해서 서로를 가리는 현상을 관찰하게 된 것은 우리에게 순전히 행운이었다. 이 과학적인 행운 덕분에 우리는 멀고 먼 행성 명왕성과 커다란 위성 카론에 대해 많은 것을 알아낼 수 있었다.

추정치에 따르면, 이 둘이 서로를 가리는 현상은 1985년부터 시작되어(몇 년의 오차는 있을 수 있다) 약 6년 동안 계속될 것 같았다. 이 '상호 이벤트 시즌' 중에 둘 중 하나가 상대를 가리는 현상은 3.2일마다 한 번씩 일어날 터였다. 6.4일인 카론의 공전주기 중 절반에 해당하는 시간이었다. 이렇게 두 천체가 반복적으로 서로를 가리는 현상을 통해 학자들은 두 천체의 크기와 형태를 처음으로 밝혀내고, 그 밖에도 두 천체의 표면 밝기, 구성, 색깔, 대기가 존재할 가능성 등에 대해 많은 단서를 얻을 수 있을 것으로 기대했다. 기묘한 행운의 우연들 중에서도, 카론이 상호 이벤트 시즌으로 돌입하기 직전에 발견되었다는 사실(이 다음 시즌은 한 세기 넘게 흐른 뒤에야 시작될 터였다)은 행성들이 딱 알맞은 시기에 딱 알맞게 늘어서서 인류의 명왕성 대여행을 도운 우연과 맞먹는다.

명왕성을 사랑하는 사람들 중에서 마크 뷔Marc Buie라는 젊은 과학자는 이 상호 이벤트를 관측할 준비가 되어 있었다. 어렸을 때 사람을 실은 로켓이 불길을 뿜으며 발사되는 광경을 흑백 텔레비전으로 보고 영원히 남을 깊은 인상을 받은 우주시대의 아이 중 한 명인 그는 대학시절 명왕성 연구라는 병에 감염된 뒤 끝내 벗어나지 못했다.

마크는 대학을 마치고 투산의 애리조나 대학 대학원에 진학했다. 그가 1985년에 박사학위를 받은 것은 시기적으로 완벽했다. 명왕성과 카론이 서로를 가리는 시기가 시작되기 직전이었기 때문이다. 다음은 마크의 말이다.

상호 이벤트 직전에 카론이 발견된 것은 우리에게 행운이었다. 그 덕분에 우리는 6년 동안 놀라운 관측을 할 수 있었다. 그때부터 명왕성은 중요한 행성학 학회에서 항상 주제로 채택되었고, 과학자들의 집단의식 속에서 한 단계 높은 자리를 차지하게 되었다.

1980년대 중반에 여러 관측 팀이 예정된 상호 이벤트를 기다리고 있었지만, 첫 번째 이벤트가 정확히 언제 시작될 지 아는 사람은 하나도 없었다. 1985년 2월에 이벤트의 시작을 처음으로 감지한 사람은 리처드 릭 빈젤Richard Rick Binzel이라는 젊은 과학자였다. 이렇게 명왕성과 카론이 3.2일마다 한 번씩 서로에게 그림자를 드리우는 이벤트가 시작되었다는 사실이 알려지자, 더 많은 학자들이 관측에 뛰어들어 새로운 결과들을 홍수처럼 쏟아냈다. 그중에는 두 천체의 표면에 나타난 흥미로운 특징들과 두 천체 사이의 놀라운 차이점에 대한 힌트들도 포함되었다. 마크의 표현을 인용하자면, 이 상호 이벤트 덕분에 "명왕성이 중앙 무대를 차지했다."

언더그라운드

1980년대가 끝나갈 무렵, 보이저 2호는 거대행성들을 탐사하는 기념비적인 여행의 끝에 이르러, 해왕성과 위성 트리톤의 플라이바이라는 절정을 앞두고 있었다.

네 개의 거대행성을 탐사하는 보이저 호의 여행이 끝을 향해감에 따라, 이제 막 활동을 시작한 일단의 젊은 과학자들은 신화와 맞먹는 보이저 호의 성공에 힘입어 이 기세를 잃지 않고 사상 최초의 탐사를 계속할 방법, 보이저 호보다 더 멀리 나아가 명왕성을 탐사하는 방법을 궁리하기 시작했다.

1988년에 아직 대학원생이던 앨런도 명왕성으로 탐사선을 보내는 가능성에 대해 생각해보기 시작했다. 이 계획에 시동을 거는 데 첫 번째 장애물이자 어떤 의미에서 가장 큰 장애물은 기술이나 과학 분야보다는 사회와 정치 쪽에서 등장할 것임을 이때부터 이미 알 수 있었다.

계획이 성공하기 위해서는 NASA와 과학계 내부에서 충분한 지지를 얻을 필요가 있었다. 앨런은 명왕성과 카론의 상호 이벤트에서 쏟아진 놀라운 결과들이 명왕성의 인상을 바꿔놓아서, 명왕성이 대단히 이국적인 행성이 되었음을 알고 있었다. 거기에 1980년대 말에 명왕성의 대기가 발견되자 이런 분위기가 더욱 힘을 얻었다. 명왕성에 대한 과학계의 관심이 이렇게 점점 높아지다 보면, 탐사선을 보내는 계획도 지지를 얻을 수 있을 것 같았다.

하지만 NASA도 이런 것들을 알고 있었을까? 그렇지 않은 것 같았다. 명왕성은 NASA의 정책을 이끄는 영향력 있는 위원회들의 보고서에서 우선순위가 높은 후보로 거론된 적이 한 번도 없었다.

보이저 호를 명왕성에 보내지 않기로 결정한 것은 명왕성의 대기와 거대한 위성이 발견되기 전이었다. 명왕성의 표면이 복합적이고 다양하다는 증거들도 아직 쌓이지 않았을 때였다. 보이저 호의 결정이 내려진 뒤로 세월이 흐르는 동안 명왕성은 훨씬 더 매혹적인 곳이 되어 있었다.

게다가 6년에 걸친 상호 이벤트 시즌을 통해 이미 많은 사실이 밝혀졌다. 명왕성 표면의 밝은 구역과 어두운 구역 사이에 나타나는 극적인 변화들, 명왕성과 카론의 표면이 놀랍게도 몹시 다양한 종류의 얼음으로 이뤄져 있다는 사실도 거기에 포함되었다. 명왕성의 표면에는 얼어붙은 메탄이 있는 반면, 카론의 표면은 물이 얼어서 생긴 얼음으로 이뤄져 있었다. 또한 '성식星飾', 즉 앞을 지나가는 명왕성 때문에 별들의 밝기가 일시적으로 희미해지는 현상을 지속적으로 관찰한 결과, 다소 이상한 대기구조가 밝혀졌다. 저고도에 안개가 존재할 가능성이 있는 것으로 보아, 이 역시 명왕성이 놀라울 정도로 복잡한 행성임을 암시하는 듯했다.

앨런은 이런 요소들을 모두 감안해서, 명왕성이야말로 이다음 탐사대상이 되어야 한다는 결론을 내렸다. 행성학자들 사이에서 명왕성 탐사에 대한 지지를 얻어낼 수 있는지 확인해보기에 마침 시기도 좋은 것 같았다.

구체적인 방법에 대해서는 확실한 계획이 없었지만, 우선 첫 단계로 많은 관심을 받는 과학 포럼에서 명왕성 연구자들을 한자리에 모으면 좋을 것 같았다. 당시 활발하게 활동하는 행성학자는 약 1000명 수준이었는데, 그중 대부분이 매년 봄과 겨울에 열리는 미국 지구물리학회(이하 AGU) 회의에 참석했다. 일주일 동안 열리는 이 학회에서 학자들은 각각 다양한 주제를 놓고 이야기를 나누는 '세션'에 참가했다. 앨런은 동료 몇 명과 함께 명왕성에 관해 새로 발견된 사실들을 중심으로 전문적인 세션을 조직하기로 했다. 그들은 1989년 5월에 볼티모어에서 열릴 AGU 봄 학회 조직위원회에 이 안을 제출할 예정이었다.

앨런은 이 세션에 참여할 다른 과학자들을 모으기 위해 젊고 유능한 영국의 행성학자 프랜 배지널Fran Bagenal에게 도움을 청했다. 보이저 호 과학 팀과 관련된 활약으로 높은 평가를 받은 바 있는 프랜은 콜로라도 대학 대기 및 행성학과 초임 교수로 '진정한 직장생활'을 막 시작한 참이었다. 앨런은 당시 이 대학에서 대학원 과정을 마치기 직전이었고, 데이비드는 머지않아 이 대학의 교수가 되었다.

프랜은 명왕성을 사랑하는 사람이 아니었다. 사실 처음에 앨런은 AGU에서 명왕성 세션을 여는 것이 일리 있는 일임을 그녀에게 열심히 납득시켜야 했다. 당시 프랜은 명왕성을 단순히 멀리 있는 호기심의 대상 정도로 여기고 있었으며, 자신이 과학자로서 특별히 마법을 부릴 수 있는 분야, 즉 자기장 연구와도 관련이 없다고 보았다. 행성을 볼 때 멋들어진 자기磁氣구조부터 눈에 들어오는 사람에게 명왕성처럼 너무 작아서 자기장이 있을 것 같지 않은 얼음덩어리가 무슨 의미가 있었겠는가? 다음은 프랜의 말이다.

솔직히 말해서 나는 명왕성을 그리 대단하게 생각하지 않았다. 명왕성은 태양계 외곽에 있는 작은 물체일 뿐이었다. 자기장도 없을 가능성이 높았다. 이 행성은 태양풍과 어떤 상호작용을 주고받을까? 그걸 굳이 연구해야 할 이유가 있나? 이 너덜너덜한 얼음덩어리를 연구하겠다고 그 먼 곳까지 갈 가치가 있을까?

그러나 프랜은 행성학계의 떠오르는 별이었으므로, 앨런은 그녀를 팀원으로 데려오고 싶었다. 프랜은 당시를 되돌아보며, 자신이 처음 그 일에 참여한 것은 보이저 호 이후 대담하고 새로운 탐사계획에 대한 욕구와 앨런의 주상이 복합적으로 삭용한 결과였다고 말한다.

앨런은 명왕성 연구에 여러 사람을 끌어들이는 중이었다. 당

시 내가 이런 생각을 했던 기억이 난다. '아, 보이저 호의 여행이 곧 끝날 텐데, 이제 뭘 하지?'

이렇게 해서 프랜은 앨런의 열렬한 권유로 명왕성 연구모임에 몇 번 참석한 뒤, 곧 '명왕성 병'에 걸리고 말았다.

생각에 변화가 있었다. 1989년 5월에 AGU 학회가 열리기 전에 일어난 일이다. 똑똑한 사람들이 명왕성의 대기와 표면을 관찰하며 신기한 것들을 발견해왔음을 알게 된 나는 랠프 맥넛Ralph McNutt을 끌어들였다. 우리는 함께 앉아서 자료를 살펴본 결과, 명왕성과 태양풍 사이에 상당히 흥미로운 상호작용이 존재할 가능성이 있음을 깨달았다. 그렇게 해서 우리는 명왕성에서 어떤 물리적 작용들이 일어나고 있을지 호기심을 품게 되었다.

프랜과 랠프는 MIT 대학원 시절에 처음 만났다. 자기장을 연구하는 두 사람은 당시 보이저 호 플라즈마 장치 팀에서도 함께 일했다. 랠프는 뉴멕시코의 샌디아 국립연구소(핵무기를 개발하는 곳)에서 한동안 '어두운 일'을 한 뒤 다시 MIT로 돌아와 교수가 되었다. 보이저 호가 천왕성과 해왕성 플라이바이를 할 때도 그는 MIT 교수였다. 다음은 랠프의 회상이다.

앨런의 강력한 권유로 프랜과 나는 1989년의 그 AGU 학회에 명왕성과 태양풍 사이의 상호작용 가능성을 다룬 초록抄錄을 제출했다. 프랜이 발표자로 나섰고, 우리 둘이 함께 논문을 썼다. 명왕성의 대기에서 메탄이 증발하는 현상과 태양풍 사이의 상호작용이 정말로 중요한 연구주제라는 생각이 차츰 들었다. 그러다 보니 이 점을 분명히 밝혀내려면 탐사선을 보낼 필요가 있음을 알게 되었다. 나도 그 팀의 일원이 된 것이다. 그 뒤로는 언제 어디서든 누가 내게 명왕성을 언급하면 나는 이렇게 말하곤 했다. "그곳에 우주선을 보내야 합니다. 태양계 탐사를 완성해야 해요. 그것도 아주 제대로 해내야 합니다." 프랜과 앨런처럼 명왕성의 과학적 잠재력을 알아차린 여러 사람들의 열정이 나를 이렇게 물들였다. 우리들은 누구의 반대에도 굴하지 않았다. 우리 모두 아주 젊은 나이였으므로, 그저 노력하는 것 외에 더 좋은 방법이 생각나지 않았다.

랠프의 격려와 협조를 받으며 프랜은 앨런과 함께 AGU 최초의 명왕성 세션을 준비했다. 그러고는 명왕성을 연구하는 과학자들에게 발표할 내용을 제출하고 명왕성 세션에 참석해서 명왕성 탐사계획에 관심을 표명해달라는 말을 퍼뜨렸다.

이런 요청을 받은 사람 중에 윌리엄 빌 매키넌William Bill McKinnon

이라는, 인습에 구애받지 않는 똑똑한 지구물리학자가 있었다. 바로 얼마 전 세인트루이스의 워싱턴 대학에 조교수로 채용된 그의 전문분야는 행성물리학이었다. 그가 지구의 내부구조와 움직임을 연구하는 데 사용되는 지식과 기법을, 다른 행성과 위성에 적용해서 연구하는 사람이라는 뜻이다. 지구물리학을 아직 빛의 점에 불과한 명왕성 같은 천체에 적용하려면 약간의 상상력과 용기가 필요했다. 그러나 빌은 거대행성과 멀고 먼 명왕성의 위성들 같은 얼음 천체의 기원과 지질학적 특성에 매혹되어 있었다.

빌은 키가 몹시 크고 조금 여윈 편이며, 각진 얼굴에 검은 머리를 길게 기르고 있어서 프랭크 자파Frank Zappa◆와 조금 비슷해 보였다. 그 정도는 아니라 해도 최소한 행성학회보다는 자파의 콘서트장에서 더 쉽게 마주칠 것 같은 모습이었다. 빌은 예나 지금이나 록 음악의 열렬한 팬이며, 약간 어둡고 건조한 유머감각을 지니고 있다. 그는 또한 세상에서 가장 똑똑한 사람 중 하나이고, 과학에 관한 이야기를 영원히 함께 나누고 싶은 사랑스러운 공부벌레이기도 하다.

빌은 1984년 《네이처Nature》지에 〈트리톤과 명왕성의 기원에 관해〉라는 중요한 논문을 발표했다. 수십 년이 흐른 지금도

◆ 미국의 작곡가 겸 기타리스트.

이 논문은 여전히 고전으로 평가된다. 그는 이 논문에서 명왕성의 기원에 관해 당시 흔히 받아들여지던 주장, 즉 명왕성이 처음에는 해왕성의 위성(트리톤의 쌍둥이)이었다가 탈출해서 태양 주위를 돌게 되었다는 주장을 반박했다. 그는 이 천체들 사이에서 일어났을 가능성이 있는 중력과 조력潮力의 작용을 모두 모델로 만들고 계산을 실시해서, 트리톤과 명왕성의 기원을 정확히 정반대로 보는 것만이 타당성 있는 가설임을 설득력 있게 증명했다. 그의 주장에 따르면, 이 두 천체의 기원에서 핵심은 탈출이 아니라 포획이었다. 명왕성이 해왕성에서 도망친 위성이라기보다는, 트리톤이 처음에 명왕성처럼 자유로이 태양 주위의 궤도를 도는 소형행성이었으나 거대한 해왕성의 중력에 포획되어 궤도로 끌려들어 갔다고 봐야 한다는 것이다. 그가 논문에서 내린 결론은 이러했다.

"가장 간단한 가설은 트리톤과 명왕성이 태양계 외곽에 존재하는 미소 행성들을 각각 독립적으로 대표한다고 보는 것이다."

1980년대 내내 빌은 명왕성의 기원에 관한 연구를 계속하면서, 만약 우리가 명왕성에 갈 수만 있다면 훨씬 더 많이 발견하리라는 확신을 얻었다. 명왕성을 통해 우리 태양계 전체의 구성에 관해 아직 알려지지 않은 정보를 품고 있는 새로운 행성들의 왕국, 그 베일 너머를 언뜻 볼 수 있을 것 같았다. 따라서 그는 명왕성에 탐사선을 보내야 한다고 설득할 필요가 없는 사람이었다. 그는 앨런이 AGU 세션을 준비 중이라는 소식을 듣고 〈명왕성-카론 이중행성의 기원에 관해〉라는 제목의 발표를 하기로 했다.

AGU 세션의 준비는 순조로웠다. 많은 학자들이 발표자로 나섰고, 명왕성을 연구하는 저명한 학자들이 거의 모두 참석하겠다고 했다. 이처럼 성공이 눈에 보이는 상황에서 앨런은 지금이야말로 NASA 본부에 명왕성 탐사계획의 씨앗을 심을 때인 것 같다는 생각을 했다.

그래서 볼티모어에서 AGU 학회가 열리기 약 한 달 전에 앨런은 당시 NASA의 태양계 탐사 부장이던 제프 브릭스Geoff Briggs 박사에게 일대일 면담을 요청해서 허락받았다. 그것은 평범한 대학원생의 평범한 면담 요청이 아니었다. 앨런은 일반적인 대학원생보다 나이가 많고 항공우주 엔지니어로 직장생활을 한 경험도 있어서 브릭스와 아는 사이였기 때문에 그 친분을 이용했다.

AGU 학회가 열리기 전주에 앨런은 워싱턴에 있는 NASA 본부의 브릭스 사무실로 그를 만나러 갔다. 그 자리에서 그는 다가올 AGU에서 명왕성 세션이 열린다는 것, 명왕성의 새로운 학문적 가능성이 크다는 것, 명왕성에 관심을 갖는 사람이 점점 늘어나고 있다는 것을 브릭스에게 알린 뒤 이렇게 물었다.

"보이저 호의 여행도 끝나가고 있는데, 태양계 탐사를 완수하는 건 어떻습니까? 명왕성에 탐사선을 보내는 방법을 연구하는 데에 자금지원을 해주실 수 있을까요?"

브릭스는 놀랍게도 주저 없이 곧장 긍정적인 대답을 내놓았다.

"지금껏 아무도 내게 그런 걸 물어본 사람이 없었는데, 정말 훌륭한 생각이군요. 꼭 그렇게 해야겠습니다."

탐험단을 꾸리다

오만 가지 일들이 항상 어딘가에서 싹을 틔운다. 때로는 작게 싹을 틔운 일이 아주 커지기도 한다. 많은 시간이 흐른 뒤 거의 10억 달러 규모로 커진 명왕성 탐사선 뉴호라이즌스 호 계획은 1989년 5월의 어느 날 밤 볼티모어의 리틀이털리에 있는 평범한 이탈리아 식당에서 시작되었다. AGU 최초의 명왕성 세션을 위해 많은 행성학자들이 볼티모어에 와 있었다. 쟁쟁한 학자들이 10여 회 발표를 하기로 예정되어 있는 이 세션에는 100여 명의 학자들이 참석해서 상당한 화제가 되었다. 앨런과 프랜은 명왕성과 관련된 핵심인물들이 모두 그곳에 오리라는 것을 알고 있었으므로,

쇠뿔도 단 김에 빼라는 말을 실행에 옮기고 싶었다. 그래서 명왕성 세션이 있던 날 저녁에 핵심인물들의 만찬을 기획했다. 명왕성 탐사선 발사계획을 앞으로 어떻게 추진해나갈지 토의하기 위해서였다. 앨런, 프랜, 마크, 랠프, 빌, 그 밖에 아홉 명의 과학자가 그 자리에 참석했다. 당시에는 그들 중 누구도 그날 저녁 역사적인 일이 움트고 있다는 사실을 상상조차 하지 못했다.

그들은 미트볼, 파스타, 포도주를 먹고 마시며 명왕성에 탐사선을 보내려면 어떤 노력이 필요한지에 대해 논의하기 시작했다. 이것은 확실히 기가 질릴 만큼 엄청난 계획이었다. 당시 명왕성 탐사선 계획은 전혀 고려되지 않았고, 이미 다른 수많은 계획들이 저마다 차례를 기다리는 중이었다. 그리고 그 계획들마다 각각 지지자들이 있었다. 화성 지지자, 금성 지지자, 카시니 연구자,(확실한 약속을 받았지만 몹시 많은 비용이 드는 토성 궤도선 계획 지지자) 혜성에서 표본을 채취해오는 꿈을 꾸는 사람. 그들 각자 아주 오래전부터 밀고 있는 자기들의 계획을 위해 훌륭한 설계도를 갖고 있었다. 그러나 NASA의 예산이 워낙 한정적이기 때문에 1980년대를 통틀어 새로 시동이 걸린 행성 탐사계획은 딱 두 건뿐이었다.

그날 저녁식사에 참석한 사람들은 자신들의 능력만으로는 해결할 수 없는 일이라는 사실을 알면서도, 명왕성 탐사야말로 어떻게든 반드시 실행해야 하는 중요한 일이라는 확신을 공유

뉴호라이즌스, 새로운 지평을 향한 여정

했다. 앨런이 그동안 고심해서 짠 공략계획을 설명하자 다들 열심히 귀를 기울였다. 앨런은 NASA 본부에서 브릭스를 만나 탐사계획을 위한 연구가 필요하다는 주장에 놀라울 정도로 쉽사리 동의를 얻어낸 과정을 설명했다.

그렇다면 다음 문제는 이거였다. 명왕성 탐사계획을 지지하는 사람이 많다는 사실을 NASA에 보여주기 위해 행성학자들을 어떻게 설득할 것인가? 그들은 자유롭게 수많은 아이디어를 내놓고 토론하며 냅킨에 실행계획을 끼적거렸다. 우선 그날 AGU에서 열린 명왕성 세션의 성과를 담은《지구물리학 연구 저널*Journal of Geophysical Reseach*》특별호를 발간하자는 아이디어가 있었다. 명왕성 탐사계획 연구를 지원하겠다는 말이 실제로 이뤄지도록 각자 NASA 본부의 아는 사람들을 설득하자는 아이디어도 있었다. 행성 탐사계획의 우선순위에 관해 NASA가 조언을 구하는 다양한 위원회에 명왕성 탐사계획 지지자들을 추천하는 방안도 있었다. 동료들에게 편지 쓰기 캠페인을 벌여, 그들에게 NASA에 연락해서 탐사계획 지지의사를 밝혀달라고 부탁하자는 아이디어도 나왔다.

명왕성을 사랑하는 사람들이 대부분 이제 막 공부를 마치고 일을 시작한 젊은 사람들이라는 점이 도움이 되었다. 커다란 포부를 품은 이 20~30대 우주 공부벌레들은 아폴로 호, 매리너 호, 바이킹 호, 보이저 호를 보며 자라났기 때문에, 기존 질서를 무시하고 명왕성 탐사계획을 대담하게 추진해보자는 생각이 너무 엄청나다고 여기면서도 동시에 짜릿한 전율을 느꼈다. 이것이 설사 풍차를 향해 달려든 돈키호테 같은 일이 될지라도 재미는 있을 것 같았다. 불리한 상황에 맞서서 기성체제를 들이받아보자는 생각이 마음에 들었다.

그들이 그날 밤부터 명왕성 언더그라운드The Pluto Underground라는 이름을 사용한 것은 아니다. 사실 그 이름이 언제 생겨났는지 정확히 기억하는 사람은 없지만, 하여튼 여러모로 그들에게 잘 맞는 이름이었다. 처음에는 화성에 유인기지를 건설하자는 공격적이고 창의적인 계획으로 NASA를 뒤흔들었던 열정적인 과학자들의 모임인 '화성 언더그라운드'를 장난스럽게 변형시킨 이름이었음이 분명하다. 화성 언더그라운드의 활동에 자극을 받은 NASA는 실제로 새로운 세대의 화성 탐사선들을 계획했다. 하지만 그런 점 외에도, '언더그라운드'라는 단어가 명왕성 광팬들에게 훨씬 더 잘 어울렸다. 명왕성 탐사계획이 처음에는 아직 준비를 제대로 갖추지 못한 반항아들이 급조해낸 반항적이고 비현실적인 계획처럼 보였기 때문이다.

마크는 그날 이탈리아 식당에서 자신의 생각이 바뀌어, 탐사계획의 실행을 위한 임무를 띤 채 식당을 나섰다고 회상한다.

뉴호라이즌스, 새로운 지평을 향한 여정

그날 그 저녁식사가 아주 중요한 순간이었다고 생각한다. 그냥 복도에 삼삼오오 모여서 아이고, 저런, 등등의 추임새와 함께 나누던 이야기들이 뭔가를 성취하기 위한 체계적인 공략 계획으로 바뀐 전환점이 바로 그때였다. 그곳을 나설 때 내게는 임무가 부여되어 있었다. 다른 과학자들을 설득해서 NASA에 편지 쓰기 캠페인을 벌일 것. 나는 연구실로 돌아가 편지를 써서 노소를 막론하고 그 분야의 생각나는 사람 모두에게 발송했다. NASA 본부에 편지를 보내 "명왕성에 가는 문제를 진지하게 생각해봐야 한다"고 말해달라는 부탁이 담긴 편지였다.

마크가 맡은 편지 쓰기 캠페인은 NASA의 정상적인 자문 과정을 조금 에두르는 방법이었다. 꼭 그렇지는 않더라도, 최소한 약간 모험적인 방법이기는 했다. 또한 이 캠페인은 그들이 벌인 운동의 게릴라적인 성격을 잘 보여주는 전형적인 사례이기도 했다. 마크는 이로 인해 조금 곤란한 처지가 되었다. 당시 그는 볼티모어 우주망원경 연구소의 젊은 과학자로 허블우주망원경을 이용한 모든 행성관측의 최전선에서 활동하고 있었다. 그런 그가 "친애하는 동료 과학자들에게"로 시작되는 편지를 보냈다는 사실이 우주망원경 연구소 전체를 관장하는 위압적인 연구소장 리카르도 지아코니Riccardo Giacconi(그는 얼마 뒤 노벨상을 받았다)

의 귀에 들어갔다.

"그가 나를 자기 방으로 불러서 내가 편지 쓰기 캠페인으로 로비를 벌였다며 크게 질책했다. 나는 '로비가 뭔지는 저도 아는데, 제가 한 일은 로비가 아닙니다. 저의 학문적 관심사에 대해 동료들과 이야기를 나눌 수는 있는 것 아닙니까'라고 말했다."

마크의 편지 쓰기 캠페인 덕분에 NASA에 수십 통의 편지가 쏟아지면서, 학계의 민초들을 동원하려는 명왕성 언더그라운드의 노력이 금방 효과를 나타내기 시작했다. 매년 열리는 행성학회 중 가장 규모가 큰 것을 꼽는다면 'DPS 회의'(DPS는 미국 천문학회 행성학 분과의 이니셜을 딴 것)가 있다. 그해 가을에 열린 DPS 회의에서 NASA의 소속 관리들이 나와 행성학자들에게 앞으로 실행할 탐사계획을 소개하고 의견을 구하는 저녁 세션이 열렸다. 이 자리에서 브릭스는 거의 1000명이나 되는 행성학자들을 상대로 NASA 본부에 명왕성 탐사를 위한 연구가 필요하다고 촉구하는 편지들이 쏟아졌다고 밝혔다. 그리고 NASA가 학계의 이런 관심에 놀라 그 주제를 좀 더 진지하게 고려하게 되었다고 설명했다.

이 DPS 회의가 열린 것은 앨런이 NASA 본부에서 브릭스를 만난 지 겨우 넉 달 뒤였다. 그러나 이 편지 캠페인 덕분에 브릭스는 명왕성 탐사계획의 가능성을 검토해보는 NASA 최초의 공식적인 연구에 자금을 지원했다. 그는 대학원을 갓 졸업한 앨런과 보울더에서 교수로 처음 강의를 맡은 프랜에게 그 연구의 선임연구원 자리를 맡기면서, 대단히 경험이 많고 뛰어난 NASA의 엔지니어 로버트 파커Robert Farquhar 박사를 그 팀에 붙여줬다. 두 사람보다 한 세대 위인 파커가 연구의 감독을 맡을 예정이었다. 좋은 징조였다. 파커는 혁신적이고 창의적인 계획 설계자로 전설적인 평판을 누리고 있었다.

타이밍 또한 당시 NASA의 행성 탐사계획을 휩쓸고 있던 또다른 흐름과 우연히 맞아떨어졌다. NASA에 규모가 작은 탐사계획이 더 많이 필요하다는 인식의 변화가 바로 그것이었다.

예산의 한계를 감안하면, 보이저 호 같은 대형 탐사계획을 새로 추진할 돈이 부족했다. 보이저 호 다음으로 각각 수십억 달러의 예산이 들어간 거대행성 궤도선 갈릴레오 호와 카시니 호가 당시 중대한 문제들을 겪고 있기 때문이었다. 바로 얼마 전 목성 궤도를 향해 발사된 갈릴레오 호의 경우에는, 중심 안테나가 고장 나서 지구로 데이터가 전송되는 속도가 급격히 줄어든 것이 문제였다. 결국 갈릴레오 호의 성과에 대한 기대치와 목표를 낮춰 잡아야 한다는 뜻이었다. NASA가 당시 제작 중이던 토성 궤도선 카시니 호는 비용이 점점 풍선처럼 늘어나는 바람에 아예 취소될 위험이 있었다. 이 두 우주선은 업계 용어로 '크리스마스트리'라고 불렸다. 엄청나게 많은 기능과 관측장비가 탑재되어 있다는 뜻이었다. 비용이 수십억 달러나 든 것도 이 때문이었다.

1990년대 초의 예산 상황을 생각하면, 이런 대규모 계획은 이제 가망이 없었다. 따라서 브릭스를 비롯한 NASA 사람들은 대형 계획 대신 비용이 싸고 목표가 확실한 소형 계획을 독려했다. 대형 계획에 비하면 훨씬 적은 장비와 기능을 탑재해서 비용이 아주 적게 들고, 적은 비용으로 야심 찬 일들을 실행하기 위해 창의적 사고가 필요한 계획이었다.

파커가 이끄는 명왕성 탐사계획 연구는 1년 뒤인 1990년 말에 마무리되었다. '명왕성 350'이라고 불린 이 연구는 보이저 호 무게의 약 절반인 350킬로그램의 소형 우주선을 중점적으로 살펴봤다. 이 연구로 만들어진 설계도에 따르면, 이 우주선에 실릴 장비들의 무게는 보이저 호에 비해 훨씬 줄어들었지만 대신 장비들을 현대적으로 아담하게 설계해서 무게 대비 과학적 성과를 최대화하게 되어 있었다. 명왕성의 표면을 사진으로 찍고 지도를 작성할 카메라와 적외선 분광계, 대기를 조사할 자외선 분광계, 태양풍과의 상호작용을 측정할 플라즈마 장비 등이 여기에 포함되었다.

파커(명왕성 플라이바이를 직접 목격하고 고작 몇 달 뒤인 2015년 말에 안타깝게도 세상을 떠났다)는 궤도 역학의 천재였으며, 누구도 상상하지 못할 만큼 적은 양의 연료로 행성에서 행성으로 이동하는 기발한 방법들을 생각해내는 능력 또한 전설적이었다. 그는 주로 행성의 중력을 영리하게 이용하는 방법을 썼다. 명왕성 350의 비용을 크게 낮춰준 그의 혁신적인 아이디어 중 하나는 비교적 소형 로켓인 델타 II로 우주선을 발사하자는 안이었다. 그러나 이 로켓으로는 목성까지 곧장 날아갈 속도를 얻기 힘들다는 점이 문제였다. 우주선이 명왕성까지 날아가려면 목성의 중력을 이용해야 하기 때문이다. 그래서 파커는 먼저 명왕성 350이 태양 쪽으로 날아가다가 금성과 지구의 중력을 차례로 이용해서 속도를 얻어 목성에 도달하는 계획을 짰다. 그러면 작은 로켓으로도 우주선을 명왕성까지 보낼 수 있었으나, 명왕성 350이 명왕성에 도달하는 데 15년이 걸리고 차가운 명왕성까지 그 긴 여행을 위해 먼저 금성의 뜨거운 열기를 감당해야 한다는 점이 또 문제가 되었다. 그래도 연구 팀이 목표로 삼은 빠듯한 예산에 비용을 맞춘다는 장점이 있을 뿐만 아니라 그 뛰어난 독창성 덕분에 많은 관심을 끌었다.

그해 가을 파커와 앨런은 이 계획을 정리한 논문 〈변경을 넘어: 명왕성-카론을 향한 탐사계획〉을 《행성 리포트*Planetary Report*》에 발표했다. 칼 세이건이 주로 행성 탐사에 대한 대중의 지원을 얻기 위해 창간한 《행성 리포트》는 수만 명의 회원을 거느린 행성협회의 회보로 사진이 풍부하게 들어가고 편집이 매끄럽다. 많은 사람들이 읽은 파커와 앨런의 논문은 다음의 문장으로 시작되었다.

"지난 30년 동안 인류는 명왕성을 제외하고 우리 태양계의 모든 행성에 우주선을 보냈다."

마지막 문장은 다음과 같았다.

"인류가 매혹적인 한 쌍을 이루고 있는 이 두 천체(명왕성과 카론)를 탐험하는 데 기꺼이 자원을 투입할 준비가 되어 있는지는 알 수 없으나, 반드시 우리가 결정해야 하는 문제다."

이 논문은 우리가 명왕성을 탐사해야 하는 이유와 마침 시기가 적절하다고 생각하는 이유, 그리고 비용이 적게 드는 소형 우주선으로 이 계획을 실행할 수 있다는 점을 명왕성 350 연구가 증명한 경위를 설득력 있게 설명했다. 앨런과 파커는《행성 리포트》에 이 논문을 발표함으로써 대중의 관심이 늘어나고 행성협회가 명왕성 탐사를 지원하게 되기를 바랐다.

이 논문이 발표될 무렵, NASA는 명왕성 350 연구결과를 발표하기 위한 기자회견을 열었다. 앨런과 프랜을 비롯한 여러 사람이 이 자리에 초대되어 이 연구의 과학적 잠재력에 대해 발표했다. 이례적으로 많은 사람들이 이 자리에 참석한 것을 보고 NASA는 AGU나 DPS 때처럼 명왕성이라는 주제가 사람을 끌어들인다는 사실을 차츰 인식하게 되었다.

　명왕성 언더그라운드 멤버들은 마이크 앞에서, 번쩍이는 플래시 불빛과 텔레비전 카메라의 조명 앞에서 서로를 바라봤다. 이렇게 많은 사람이 북적이는 광경을 믿을 수 없었다. 첫 번째 목표는 달성되었다. 이제 그들은 지상으로 올라왔으며, 기본적인 검증을 거친 설계도도 마련되었다. 그러나 두 번째 목표는 이보다 훨씬 더 어마어마했다. 과연 NASA를 설득해서 실제 자금지원으로까지 이어질 수 있는 포괄적인 탐사계획 연구에 진지하게 시동을 걸 수 있을까?

제3장
황야에서 보낸 10년

새로운 프로젝트의 청신호?

태양계 외곽을 향해 전진! 명왕성 350 연구의 성공과 흥행 이후, 명왕성을 사랑하는 사람들은 아직 미지의 영역인 해왕성 너머의 영역을 향해 순풍이 불고 있다는 생각이 들었다. 그 순간만은 그들의 꿈이 순항 중인 듯했다.

그러나 그들의 꿈과 우주선이 지구를 벗어나 우주로 날아가려면 먼저 위험지대를 통과해야 했다. 명왕성을 사랑하는 젊은 과학자들에게는 익숙하지도 않고, 대처할 준비도 제대로 되어 있지 않은 영역이었다. 다른 행성으로 우주선을 발사하기 전에 그들이 반드시 통과해야 하는 이곳, 즉 워싱턴의 복잡한 정치지형은 바로 먼 우주 탐사에 필요한 돈이 배분되는 곳이었다. 명왕성을 사랑하는 사람들이 워싱턴의 이 늪지대를 통과해 승리를 거두는 데에는 실제로 우주선이 지구에서 명왕성까지 여행하는 기간보다 더 오랜 시간이 걸렸다. 어떤 의미에서는 우주 여행보다 더 힘들고 험난한 과정이기도 했다.

명왕성 350 기자회견 직후에 앨런과 프랜은 다시 NASA 본부로 가서 브릭스를 비롯한 NASA 관리들과 함께 앉아 명왕성 350을 실현하기 위한 다음 단계가 무엇인지를 놓고 의견을 나눴다. 그들에게 궁극적으로 필요한 것은 업계 용어로 '새로운 시작'

이라고 불리는, 프로젝트 승인이었다.

탐사계획을 구상하고, 순위를 매기고, 연구하는 일은 늘 이뤄진다. 중요한 것은 NASA가 예산을 배정하고 의회에 제안서를 제출해서 의지를 표명하는 것이다. 이렇게 우주선의 설계와 제작에 예산이 배정된 뒤에야 비로소 프로젝트가 새로운 시작을 할 수 있게 된다. NASA의 관리들은 앨런과 프랜에게 새로운 시작을 보장하려면 태양계 탐사소위원회, 즉 SSES의 승인이 필요하다고 말했다.

"과학이 중요해요. 그러니 그냥 합시다"

당시 탐사계획을 둘러싼 NASA의 정치세계에는 새로운 프로젝트가 청신호를 얻는 데 중요한 역할을 하는 핵심적인 자문위원회가 몇 개 있었다. 이 장애물을 통과하지 못하면 아무리 훌륭한 계획이라 해도 실패할 수밖에 없었다. 그중에서 SSES는 1990년대와 2000년대 초에 행성 탐사전략 및 새로운 시작에 대해 NASA가 자문을 구하던 가장 영향력 있는 집단이었다. 태양계 어디든 우주선을 보내려면 그들의 승인을 얻어야 했다.

요다를 비롯해 현명한 장로들이 웅장한 창문으로 코러산트

행성이 내다보이는 대회의실에 모여 은하계의 중요한 문제들을 결정하던 제다이 최고위원회를 생각하면 안 된다. 하지만 당시 NASA의 행성 탐사계획과 관련해서는 SSES가 제다이 최고위원회와 가장 흡사한 역할을 했다. NASA가 임명한 10여 명의 SSES 위원들은 대개 워싱턴의 NASA 본부에서 비교적 장식이 없고 창문도 없는 회의실에 모여 회의를 열었다. 그들은 모르는 것이 없는 장로들이라기보다, 일부러 자신의 시간을 할애해 행성 탐사전략에 관해 조언하는 과학자들이었다. 하지만 수많은 훌륭한 아이디어를 지원하기에는 언제나 예산이 모자랐다.

SSES 위원들은 대개 각각의 탐사계획에 대해 그 계획이 해당 분야에 어떤 기여를 할 수 있는지, 비용이 얼마나 드는지를 자세히 설명한 보고를 들은 뒤 토론을 통해 우선순위를 결정하고, '로드맵 서류'를 준비했다.

1991년 2월 말에 SSES는 명왕성 탐사선이라는 아이디어에 대해 판단을 내려달라는 요청을 받았다. 그들은 앨런과 프랜이 동료들과 함께 작성한 문서와 명왕성 350 보고서를 받아봤다. 앨런과 프랜은 문서에서 명왕성을 탐사해야 하는 과학적 이유를 자세히 설명하고, 명왕성 350이 해결할 수 있는 과학적 의문의 목록을 제시했다. 그 의문들 중 일부를 예로 들면 다음과 같다.

- 해왕성의 위성으로 크기가 행성과 맞먹는 트리톤과 명왕성을 비교한다면? 그들은 초창기에 다수 존재하던 얼음 왜소행성의 잔재로 쌍둥이 같은 존재인가?
- 명왕성의 표면에 나타난 무늬들이 시사하는 것처럼, 표면 구성이 정말로 다양한가? 지역에 따라 정말로 구성물질이 완전히 다른가?
- 명왕성에 존재하는 휘발성 얼음의 깊이와 이동성은 어느 정도인가? 단순히 얼음이 표면을 얇게 덮고 있을 뿐인가, 아니면 두꺼운 얼음층이 형성되어 있는가?
- 명왕성 내부에서 활발한 활동이 벌어지고 있을 가능성이 있는가?
- 명왕성의 위성인 카론의 지질활동과 명왕성의 지질활동을 비교하면 어떨까?
- 명왕성의 대기구조는? 대기가 행성에서 탈출하는 속도가 어느 정도인가?
- 강렬한 특징을 지닌 명왕성의 계절들이 표면과 대기에 어떤 영향을 미치는가? 표면의 여러 지역들이 강한 대조를 보이고 북극과 남극에도 현저한 차이가 나타나는 것이 계절의 영향인가? 명왕성에서 카론과 마주보는 쪽이 가장 어둡고 반대쪽이 가장 밝은 것도 계절의 영향으로 설명할 수 있는가?

뉴호라이즌스, 새로운 지평을 향한 여정

- 명왕성-카론 쌍은 어떻게 생겨났을까? 지구와 달이 한 쌍으로 묶일 때처럼 강력한 충격이 있었을까?

명왕성을 사랑하는 사람들은 SSES에 보낸 보고서에서 훌륭한 장비를 갖춘 우주선이 플라이바이를 한다면 명왕성에 대한 지식이 혁명적으로 늘어나 목록에 포함된 흥미로운 의문들뿐만 아니라 더 많은 의문들을 연구할 수 있게 될 것이라고 설득력 있게 주장했다. 거의 2년 동안 다듬어온 주장이었으므로 근거가 탄탄해서 쉽사리 무시할 수 없었다. 당시 SSES 위원장은 조너선 루나인Jonathan Lunine이었다. 젊은 나이에 인상적인 성과를 올린 그는 건방지게 느껴질 정도로 자신감이 넘쳤으며, 애리조나 대학의 교수로서 널리 존경받고 있었다. 또한 명왕성을 사랑하는 사람 중의 하나임을 딱히 숨기지 않는 인물이기도 했다. 그러나 SSES의 일부 위원들은 명왕성 탐사계획이 아직 실행단계에 이르지 못했으며, 오랫동안 추진된 다른 아이디어들과 동일선상에 놓고 고려하기에는 너무 이르다고 생각했다. 또 다른 위원들은 이 계획을 완수하는 데에 너무 오랜 세월이 필요하다는 점을 걱정하면서, NASA가 더 빨리 성과를 거둘 수 있는 프로젝트에 제한된 자원을 집중해야 한다고 주장했다. 비행시간이 짧은 근거리 천체 탐사에 집중해야 한다는 뜻이었다.

그러나 다행히도 커다란 영향력을 지닌 인물들이 명왕성 탐사계획에 목소리를 보탰다. NASA에서 태양계 탐사를 총괄하는 브릭스는 앨런에게 몹시 중요한 기회를 마련해준 뒤 물러났다. 그의 후임자인 웨스 헌트레스Wes Huntress는 뛰어난 행성 천체화학자로서 JPL에서 오랫동안 행성 대기를 연구하다가 NASA 본부로 올라와 행성 탐사계획을 담당했다. 1991년 2월에 열린 SSES 회의에서 헌트레스는 과학계와 대중이 명백히 관심을 보이고 있다는 점을 감안하면, NASA가 새로운 시작 목록에서 명왕성을 최우선순위 그룹에 포함시켜야 한다고 주장했다.

그러나 헌트레스의 이러한 지원에도 불구하고, SSES 회의에서는 젊은 과학자들이 대부분인 명왕성 지지자들과 그보다는 나이가 위인 과학자들이 대부분인 명왕성 반대자들 사이에 폭발적인 토론이 벌어졌다. 앨런의 회상에 따르면, 그 토론에서 나이가 많은 학자들 중 핵심적인 인물 한 명이 명왕성을 위해 나섰다. 예순여덟 살의 도널드 헌텐Donald Hunten이었다. 대기 물리학자인 헌텐은 행성학자들 사이에 살아 있는 전설이었으며, 행성 대기의 활동을 설명하고 이해하는 데 사용된 수학적 장치들을 만드는 데 크게 기여했다. 진지하고 과묵한 캐나다인인 그는 존재감이 대단했다. 나직하게 으르렁거리는 듯한 그의 목소리는 평소 간신히 들을 수 있을 정도로 작은 편이었지만, 화가 나면 엄청 커졌다. 그

뉴호라이즌스, 새로운 지평을 향한 여정

는 비록 위압적인 존재감을 자랑했지만, 한편으로는 엄정하고 공정한 사람으로 평판이 높았다. 또한 과학자로서의 직관도 흠잡을 데 없었기 때문에 모두가 그의 의견을 높이 평가했다. 간단히 말해서 헌텐은 아는 것이 무지하게 많고 항상 옳은 소리만 하는 사람처럼 보였다.

SSES 회의에서 헌텐은 토론 중 중요한 순간에 앞으로 나섰다. 앨런이 다음번 새로운 시작의 후보로 명왕성 탐사계획을 꺼내 들었다가 공격을 받은 뒤였다. 화성이 더 중요하고 지구에서 가기도 쉽기 때문에 명왕성은 나중으로 미뤄도 된다고 누군가가 주장하자 헌텐은 자리에서 일어나 회의실 안을 한번 둘러본 뒤 명왕성에 탐사선을 보내야 하는 모든 과학적 이유들을 요약해서 발언하기 시작했다. 그러고는 크게 소리치는 듯한 목소리로 다음과 같이 선언했다.

"젠장! 탐사선이 명왕성에 도착할 때쯤 나는 세상에 없을 겁니다. 설사 살아 있다 해도 그런 상황을 의식할 수 있는 상태가 아닐 거예요. 그래도 이건 우리가 해야 하는 일이 맞습니다. 과학이 중요해요. 그러니 그냥 합시다."

헌텐의 말과 무게감이 흐름을 바꿔놓았다. 회의가 끝난 뒤 SSES는 명왕성 플라이바이를 1990년대의 새로운 탐사계획 중 가장 우선순위가 높은 그룹으로 분류한 보고서를 내놓았다. 이 보고서의 영향력이 크다 해도 명왕성 탐사계획이 반드시 새로운 시작을 따낼 수 있을 거라고 보장해주지는 못했지만, 그래도 명왕성 탐사라는 아이디어가 어느 날 갑자기 나타난 천둥벌거숭이에서 진지한 경쟁자의 위치에 온전히 올라섰다는 뜻은 되었다. 이제 명왕성 탐사계획은 NASA가 자금지원을 고려할 때 가장 높은 순위에 위치한 후보 중 하나가 될 터였다.

일이 착착 진행되고 있었다. 명왕성을 사랑하는 사람들은 반드시 필요했던 SSES의 지원을 얻어냈다. 그 결과로 헌트레스는 명왕성 탐사계획을 다음 단계로 인도해줄 새로운 고위급 과학 자문위원회인 외행성 연구 워킹그룹(이하 OPSWG)을 만들고 앨런을 위원장으로 임명했다.

무엇이든 할 수 있는 우주선

앞에서 언급했듯이 1990년대 초에 NASA 내부에는 정교한 관측장비를 싣고 "온갖 일을 수행하는" 수십억 달러 규모의 탐사선을 10년에 한 번쯤 발사하기보다 돈이 덜 들고 크기도 작은 우주선을 비교적 자주 발사해서 소수의 임무에 집중시키자는 쪽으로 흐름을 바꾸려는 노력이 있었다. 규모가 작고 임무가 딱 정해진 명왕성 350 계획은 이런 분위기를 이용하기에 알맞았다.

그러나 행성 탐사 관련자들 사이에는 정반대 방향의 움직임도 동시에 존재했다. 일부 우주선 설계자들과 NASA의 관리자들은 행성 탐사선을 새로 제작할 때마다 모든 것을 무에서 다시 시작하는 것 같다고 지적했다. 그렇다면 여러 행성에 맞게 다양한 장비와 구성요소를 장착할 수 있는 표준형 우주선을 개발하는 것이 어떨까? 그러면 우주선을 발사할 때마다 돈을 절약해서 더 많은 탐사계획을 실행에 옮길 수 있지 않을까? 이 멋진 목표가 구현된 것이 매리너 마크 II호 아이디어였다.

헌트레스는 규모가 작은 우주선을 미는 쪽에 공감했다. 그러나 매리너 마크 II호의 지지자가 많다는 사실 또한 알고 있었다. 특히 JPL에 지지자가 많았다. NASA의 행성 탐사계획 개발센터 중 가장 많은 경험을 축적하고 있는 JPL은 헌트레스가 NASA 본부로 오기 전에 오랫동안 근무한 곳이기도 했다.

따라서 OPSWG가 만들어진 직후 그는 앨런에게 명왕성 350보다 훨씬 더 큰 명왕성 탐사선을 연구해보라고 지시했다. 장차 토성을 향하게 될 거대한 카시니 매리너 마크 II 궤도선이나 NASA가 매리너 마크 II호를 이용해서 혜성의 궤도에 올려놓을 또 다른 대형 탐사선에 모두 적용될 수 있는 우주선 설계도를 마련해보라는 뜻이었다.

카시니와 혜성 궤도선은 대량의 장비를 실은 대형 탐사선으로 계획되고 있었으므로, 이 두 우주선을 중심으로 명왕성 탐사선의 틀을 짜는 것은 '제한된 임무만 집중적으로 수행하는 소규모 우주선을 만들자'는 명왕성을 사랑하는 사람들의 주장과 어긋나는 일이었다. 헌트레스의 지시는 사실상 앨런과 OPSWG에게 명왕성 350의 간결한 설계를 버리고 거대한 '크리스마스트리'형 명왕성 탐사선을 만들어보라는 요구였다. 이 우주선은 명왕성 350에 비해 무게가 열 배 이상 나가고 훨씬 더 많은 장비를 싣게 될 테니 발사하는 데에도 훨씬 더 커다란 로켓이 필요하고 제작비도 엄청나게 높아질 터였다.

앨런은 마음에 들지 않았지만 사실상 상사나 다름없는 헌트레스의 지시에 거역할 수 없었다.

"내 생각에는 말도 안 되는 짓이었다. 작고 간결해서 돈이 많이 들지 않는 명왕성 350에 자금지원을 얻어내는 것도 운이 좋아야 가능한 일이었다. 그런데 이렇게 훨씬 더 많은 돈이 들고 '무엇이든 할 수 있는' 명왕성 탐사선을 행성학자들이 과연 지지해줄 것인가? NASA에 그런 여유가 있을 것인가?"

매리너 마크 II 명왕성 연구를 1991년 말에 마무리한 OPSWG는 20억 달러가 넘는 비용이 들 것이라는 결론을 내렸다. 감당할 수 없는 금액이었다. 따라서 OPSWG는 NASA에 간결한 명왕성 350과 가까운 탐사선을 추진해보라고 권고했다. 1992년 초에 헌트레스는 다른 예산 문제들도 자신의 책상 위로 올라오자 매리너 마크 II호를 이용한 명왕성 탐사계획에서 한 발 물러섰다. 덕분에 명왕성을 사랑하는 젊은 과학자들은 안도의 한숨을 내쉬었다. 이제 매리너 마크 II호 문제가 해결되었고, 지난해에 SSES가 명왕성 350의 우선순위를 높게 배치했으므로 그들은 모든 장애물이 사라져서 프로젝트를 시작할 수 있을 것이라는 희망을 품었다.

하지만 그것은 모르는 소리였다. 캘리포니아에서 발생한 심각한 문제 때문이었다.

햄스터 만한 우주선

보이저 호의 거대행성 탐사임무가 끝난 뒤인 1991년 10월에 미국 우편국은 미국이 행성 탐사에서 거둔 수많은 성공을 축하하는 기념우표 9종을 발행했다. 태양계의 모든 행성을 각각 하나씩 담은 기념우표 세트였다. 우표에는 해당 행성의 사진과 함께 그 행성을 처음으로 탐사한 우주선의 이름이 적혔다. 그러나 우주선이 간 적이 없는 유일한 행성인 명왕성 우표에는 화가

가 짐작해서 그린 모호한 그림과 함께 "아직 탐사되지 않은 명왕성"이라는 문구만 실려 있었다.

이 우표 세트는 JPL에서 첫 발행 행사와 함께 발표되었다. 그 자리에서 JPL의 젊은 우주선 엔지니어 두 명은 "아직 탐사되지 않은 명왕성"이라는 문구를 도전으로 받아들였다. '명왕성을 탐사하는 게 왜 안 돼?'라는 심정이었다. 이 똑똑하고 젊은 엔지니어 중 한 명인 롭 스테일Rob Staehle은 기존의 관습에 살짝 반항적인 성향을 지닌 프로젝트 매니저였다. 다른 한 사람인 스테이시 와인스틴Stacy Weinstein은 궤도역학을 전공한 탐사선 설계자로, 성공을 거둔 행성 탐사계획에 이미 여러 차례 참여한 경험이 있는 재능 있는 엔지니어였다. 두 사람은 아직 탐사되지 않은 행성이라는 명왕성의 지위를 바꿔놓는 데 도전하기로 의기투합했다. 지난 2년 동안 과학자들이 명왕성에 탐사선을 보내기 위해 노력해왔다는 사실을 까맣게 모르는 두 사람은 기념우표 세트를 들고 당시 JPL의 행성 탐사 팀장이던 찰스 엘라치Charles Elachi를 찾아가 명왕성 탐사연구가 당장 필요하다고 역설했다.

스테일과 와인스틴이 원한 것은 완전히 '초소형' 우주선을 명왕성에 보내는 가능성에 대한 연구였다. 그들은 우주선 무게 35킬로그램을 목표로 삼았다. 이미 몹시 작은 우주선에 속하는 명왕성 350에 비해 10분의 1밖에 안 되는 무게였다. 두 사람은 새로운 소

뉴호라이즌스, 새로운 지평을 향한 여정

형화 기술을 활용해서 소형 행성에 보낼 소형 우주선을 설계할 계획이었다. 이 기술 중 일부는 스테일이 참여했던 국방부 프로젝트에서 빌려온 것이었다. 두 사람은 우주선의 무게가 가벼운 만큼 현존하는 로켓으로도 엄청난 속도에 도달할 수 있을 것이라고 보았다. 그렇다면 명왕성에도 아주 빠르게 닿을 수 있을 터였다. 명왕성 350이 둥글게 에둘러 가는 경로를 채택해서 금성, 지구, 목성 플라이바이를 통해 명왕성까지 거의 15년에 이르는 비행을 감당할 에너지를 얻는 것과 달리, 두 사람의 우주선은 곧바로 명왕성으로 향할 테니 시간도 절반밖에 걸리지 않는다는 계산이 나왔다. 두 사람은 이 우주선 아이디어에 '명왕성 고속 플라이바이'라는 이름을 붙였다. 엘라치는 이 아이디어를 들여다볼 가치가 있다는 두 사람의 주장을 받아들였다.

엘라치는 초벌 설계도를 마련하는 데 필요한 예산을 두 사람에게 할당했다. 우주선은 아주 간결하고 능력도 제한되어 있었다. 이곳에 실릴 관측장비는 딱 두 종류뿐이었다.

OPSWG는 이 우주선 아이디어를 듣고 별로 반가워하지 않았다. 스테일과 와인스틴의 주장처럼 적은 돈으로 빠르게 목적지에 도달할 수 있을 것 같지 않았다. 그러나 이보다 더 중요한 것은, 우주선의 기능을 너무 간결하게 줄인 나머지 과학적 성과를 거두기 힘들 것 같다는 점이었다. '무엇이든 할 수 있는' 매리너 마크 II호 같은 우주선을 명왕성에 보내자는 주장을 기껏 물리쳤더니, 이제는 명왕성에 햄스터 우주선을 보내자는 주장이 나온 셈이었다. OPSWG는 명왕성 350이 무엇이든 할 수 있는 우주선과 햄스터 사이의 딱 적당한 우주선이므로 더 이상 지체하지 않고 계획을 실행해야 한다고 NASA 본부에 주장했다.

영화 같은 첩보 작전

그다음에 벌어진 일은 할리우드 영화만큼 비현실적이었다. 실제로 그 일이 벌어진 장소도 비벌리힐스의 영화예술과학아카데미 본부 안에 있는 화려한 강당이었다. 스테일은 OPSWG가 자신의 계획을 거부한 것에 화가 났다. 그가 보기에 명왕성 언더그라운드는 이제 보수적인 기성집단으로 변해 있었다. 그들은 진정한 혁신의 기회를 거부하고 이미 충분히 증명된 방법만 쓰려고 했다. 동시에 그는 자신의 주장에 공감해줄 새로운 책임자들이 곧 NASA에 부임할 예정이라는 사실을 알고 있었다.

　새로운 책임자들은 다음과 같았다. 1992년 4월 1일에 댄 골딘Dan Goldin이 조지 부시George H. W. Bush 대통령에 의해 신임 NASA 국장으로 임명되어 업무를 시작했다. 앞에서 언급했듯이 이 시기에 NASA는 규모가 작고 포부가 지나치게 크지 않은 행성 탐사선의 개발을 독려하고 있었다. 목표가 제한적이고 탑재된 장비 수도 적은 이 소형 우주선들은 과거의 대형 우주선보다 자주 발사할 수 있었다.

골딘은 항공우주 정책의 책임자로서 NASA의 문화를 뒤흔들고 싶어 했다. NASA가 값비싼 대형 우주선에 너무 집착하고 있다고 생각했기 때문이다. 골딘은 소형 우주선 개발을 독려하는 일 외에 더욱 모험적인 계획 또한 격려하고자 했다. 만약 NASA가 소형 우주선을 자주 발사한다면, 모험을 덜 두려워하게 될 수 있다는 것이 그의 논리였다. 다시 말해서 NASA의 우주선 중 하나가 실패하더라도 다른 우주선이 많이 있기 때문에 그 영향이 적을 것이라는 뜻이었다. 골딘은 또한 이렇게 모험을 많이 하게 된다면, 엄격하게 시험을 거듭하는 NASA의 전통, 시험을 거치지 않은 새로운 기술을 채택할 때 보수적이고 조심스러운 태도를 보이는 경향이 줄어들어서 돈을 더 절약할 수 있을 것이라고 보았다. 그렇게 해서 태어난 골딘의 구호가 당시 NASA의 방향을 결정하는 철학적 기반이 되었다. "더 빨리, 더 좋게, 더 싸게Faster, Better, Cheaper." 이 구호는 머리글자를 따서 FBC로 널리 알려졌다.

헌트레스의 회상에 따르면, 새로 상사가 된 골딘이 잠시도 지체하지 않고 그에게 이 새로운 철학을 설명해줬으며, 현실에 대해서 약간 순진한 생각을 드러냈다고 한다. 다음은 헌트레스의 말이다.

나를 소개받은 댄은 내 눈을 뚫어버릴 듯 바라보고, 가슴을 손가락으로 찌르며 이렇게 말했다. "아하, 행성 탐사 담당자로군. 우주선이 명왕성에 가서 표면에서 샘플을 채취해 지구로 보내는 계획을 추진하시오. 비행기간은 10년 안쪽, 비용은 1억 달러 이하로." 나는 너무 충격을 받아서 대략 이런 말을 불쑥 내뱉었다. "정말로 힘든 과제를 던져주셨습니다. 한 번 살펴보겠습니다." 나는 그 일이 도저히 불가능하다고 그에게 말하고 싶었다. 하지만 말하지 않은 덕분에 내 자리를 보전할 수 있었던 것 같다. 댄이 부임한 뒤 1년 동안 해고당한 부국장들과 고위급 직원들의 수를 보면 그런 생각이 든다.

스테일은 골딘이 자신의 아이디어에 대해 알게 되기만 한다면 틀림없이 받아들여줄 것이라고 확신했다. 그러기 위해서는 공식적인 채널을 에둘러서 골딘에게 직접 아이디어를 제시할 방법을 찾아야 했다. 스테일에게 그 기회를 제공해준 사람은 영화예술과학아카데미 극장에서 안내원으로 일하는 친구였다. JPL에서 멀지 않은 LA의 아카데미에서 열릴 행사에 골딘이 참석할 예정이라고 그녀가 스테일에게 알려준 것이다.

그녀가 전화로 내게 말했다. "롭, 여기 아카데미에서 곧 벌어질 행사에 네가 관심이 있을 것 같아서 말이야. 너희 새 국장이 온대." "우리 새 국장이라니?" "그, 신임 NASA 국장, 댄 골딘. 누군지 알지?" "그럼, 알지. 하지만 직접 만난 적은 없어. 그 사람에 대해 아는 것도 거의 없고." "어쨌든 그 사람이 어느 날 NASA의 자기 사무실에 출근해서 책상서랍을 열었더니 그 안에 황금빛 오스카 트로피가 있더라는 거야. 전임자인 딕 트룰리Dick Truly의 쪽지와 함께. 거기 적힌 말은 '이것을 영화예술과학아카데미에 돌려줄 기회가 미처 없었습니다. 대신 처리해주면 고맙겠습니다'였다는군."

그 트로피는 그해 초 아카데미상 시상식의 축제 분위기 속에서 우주 셔틀을 타고 우주에 다녀온 물건이었다. 셔틀 승무원들은 스티븐 스필버그Steven Spielberg가 조지 루카스George Lucas에게 평생 공로상을 수여하는 순간에 무중력 공간에서 둥둥 떠 있는 그 오스카 트로피와 함께 화면으로 시상식에 등장했다. 그래서 골딘이 셔틀에 탔던 우주비행사 몇 명과 함께 그 트로피를 돌려주러 올 예정이라는 것이었다. 스테일의 친구는 그 행사의 초대장을 한 장 구해줬다.

스테일은 행사가 끝난 뒤 골딘에게 다가갔다. 할리우드 인사들과 소수의 NASA 사람들이 주변에 가득한 가운데 그는 골딘에게 자신을 소개하고 대략 이런 내용의 말을 건넸다.

"국장님, 저는 JPL에서 명왕성 탐사계획 연구를 맡고 있습니다. 혁명적인 기술을 이용해 낮은 비용으로 탐사를 해낼 수 있는 방법을 찾아냈습니다만, 기성체제가 허락해주질 않습니다. 저는 아주 작은 우주선을 1990년대 말까지 명왕성에 보낼 수 있습니다. 제가 지금 들고 있는 것은 그 사실을 증명한 연구결과인데, 저를 도와주시겠습니까?"

골딘은 이렇게 대답했다.

"내가 좀 살펴볼 수 있겠나?"

스테일은 탐사계획을 상세하게 설명한 자신의 연구보고서를 그에게 건넸다. 골딘은 그날 저녁에 읽어보겠다고 스테일에게 약속했다.

골딘은 곧 스테일의 명왕성 고속 플라이바이 아이디어를 받아들였다. 워싱턴으로 돌아온 그는 헌트레스에게 이렇게 말했다.

"자네가 이걸 좀 해줘야겠네."

헌트레스는 이 새로운 상사가 지시에 반발하는 사람들을 해고하는 경향이 있음을 다시 상기하며 앨런에게 연락해서 OPSWG

가 명왕성 350 계획을 포기해야 할 것 같다고 말했다. NASA가 이 계획 대신 스테일의 명왕성 고속 플라이바이 계획을 추진할 예정이기 때문이었다. 헌트레스는 이렇게 말했다.

"국장님 지시야. 그러니 우리가 따라야지."

앨런은 이 말을 듣자마자 이것이 결코 좋은 소식이 아님을 알아차렸다.

나는 속으로 생각했다. '우린 다 망했어. 이건 가망이 없는 계획이야.' 이 계획을 실행하려면 개발 과정에서 수많은 기적이 필요하다는 사실을 금방 알 수 있었다. 그러니 결국 비용이 너무 많이 늘어나거나, 아니면 부피가 늘어나서 롭의 팀이 골딘에게 약속한 것만큼 속도를 낼 수 없게 되거나, 아니면 SSES가 이 우주선의 기능이 너무 약하다는 것을 깨닫고 손을 떼고 물러나게 될 터였다. 그 결과로 우리는 이 계획에 1년 남짓한 시간을 쏟고도 아무것도 얻지 못하게 될 것 같았다. 알다시피 실제로 그런 상황이 정확히 벌어졌다.

헌트레스는 골딘의 지시로 스테일에게 명왕성 고속 플라이바이 아이디어를 더욱 발전시킬 자금을 지원해줬다. 그러나 이 아이디어가 처음 JPL 연구에서 구상했던 것처럼 실현될 수 없음을 스테일의 팀이 1년도 채 되지 않아 스스로 증명했다. 35킬로그램짜리 우주선은 불가능했다. 아무리 기능을 줄여서 뼈만 남기고 장비를 두 대(명왕성의 대기를 탐사할 전파신호 장치와 카메라)만 탑재하더라도 무게가 100킬로그램이 넘었다. 그나마 이것도 우주선이 10년에 가까운 비행을 감당할 수 있게 만들어주는 백업 시스템을 제외한 무게였다.

백업 시스템이 없으면 장기간의 비행이 너무 위험해진다는 치명적인 비판에 맞서서 스테일의 팀은 좀 더 보강된 안을 내놓았다. 하지만 그러다 보니 당연히 무게가 늘어나서 164킬로그램이 되었다. 명왕성 350의 절반이나 되는 무게였지만 기능은 한참 떨어졌다. 예상 비용도 꾸준히 늘어나서 처음에는 4억 달러이던 것이 이제 10억 달러를 넘었다. 이것도 명왕성 350의 비용과 비슷했다.

스테일의 팀은 1992년 워싱턴에서 열린 세계 우주회의에 우주선의 실물 크기 모형을 가져왔다. 그들은 정말로 대단한 성과를 올렸다고 생각했으나, 골딘은 우주선의 무게와 비용이 급격히 늘어났다는 소식을 듣고 벌컥 화를 냈다.

"35킬로그램은 어떻게 된 거야?"

어쩌면 골딘은 자신이 불량품에 속았다고 생각했을지도 모른다. 사람들을 깜짝 놀라게 할 명왕성 고속 플라이바이를 적

뉴호라이즌스, 새로운 지평을 향한 여정

은 비용으로 실행하겠다는 그의 아름다운 꿈은 연기가 되어 날아 갔다. 스테일의 아이디어는 명왕성 연구자들에게도 악몽이었다. 그동안 지시에 따라 다른 대안 없이 이 아이디어만 연구해야 했 기 때문이다.

앨런에 따르면, 골딘은 이 무렵 명왕성 연구자들(그에게는 스 테일이 이들의 대표였다)이 그동안 거짓약속을 했다는 결론을 내 렸다. 골딘과 헌트레스는 현재 자신들이 명왕성에 최대한 빨 리 탐사선을 보내는 데 힘을 쏟았다고 주장하지만, 앨런은 이 때 골딘이 명왕성 탐사계획에 염증을 내게 되었다고 믿고 있다.

그 결과로 명왕성 탐사선 연구가 완전히 중단되지는 않았지 만, 길이 더 험해지기는 했다. 대외적으로 골딘은 여전히 명왕성 의 우선순위가 높다고 말했으나, 그의 사무실에서부터 새로운 연 구와 장애물이 계속 쏟아져나왔다. 그렇게 해서 탐사선 연구, 취 소, 새로운 탐사선 연구, 또 취소가 한도 끝도 없이 반복되는 갑갑 한 세월이 이어졌다.

이 무렵 설상가상으로 두 가지 커다란 장애물이 또 등장했 다. 하나는 예산 참사고, 다른 하나는 로켓 사고였다. 1993년 2월 에 발표된 대통령의 1994년 예산안에서 행성 탐사 예산은 간신 히 전년 수준을 유지했다. 헌트레스는 예산이 증가할 것을 기대하 고 태양계 외곽으로 날아갈 새로운 탐사선 연구에 그 돈을 쓸 예정이었으나, 예산 증가는 전혀 없었다. 두 번째 장애물은 겨우 몇 달 뒤인 1993년 8월에 발생했다. NASA의 화성 옵저버 호가 화성 궤도에 진입하기 위해 엔진을 점화하기 사흘 전에 폭발해버린 사고였다. 이 궤도선은 NASA가 1975년에 발사한 바이킹 호 이후 오랫동안 잠잠했던 화성탐사에 다시 눈을 돌리면서 의기양양하게 계획한 것이었으나, 이제 태양 주위를 도는 우주 쓰레기가 되고 말았다.

화성 옵저버 호 사고에 대해 골딘은 평소 성격대로 대담하게 대응했다. 화성에 우주선 여러 대를 보내는 새로운 프로그램에 시동을 건 것이다. 앞으로 수 년간에 걸쳐 연달아 발사될 이 우주선들은 옵저버 호가 미처 완수하지 못한 연구뿐만 아니라 더 많은 연구를 하게 될 터였다. 골딘은 이 새로운 화성 프로그램을 이용해서 자신의 "더 빨리, 더 좋게, 더 싸게"라는 구호를 실천에 옮길 계획이었다. 즉 장비의 시험과 중복에 돈을 덜 쓰고, 자주 우주선을 발사하는 대신 더 많은 모험을 하게 될 것이라는 뜻이었다. 골딘은 이 계획에 필요한 자금을 확보하기 위해 최대한 돈을 끌어모았다. 다음은 앨런의 회상이다.

골딘은 우리에게 이렇게 말했다. "난 명왕성을 사랑하지만, 새로운 화성 프로그램에 자금이 필요하니까 자네들은 발사비용을 포함해서 총 비용을 4억 달러 수준까지 줄여줘야겠네." 우리가 보기에는 도저히 불가능한 요구였다. 명왕성 350에는 이보다 훨씬 더 많은 비용이 들었고, 기능을 최소한으로 줄인 스테일의 탐사선조차 10억 달러가 넘는 비용이 들었다. 당시 발사 비용만 해도 4억 달러에 육박했다. 골딘의 새로운 지시는 명왕성에 탐사선을 보낼 수 있는 모든 가능성을 막아버린 것이나 마찬가지였다. 우리가 그가 정한 비용제한을 벗어날 기발한 방법을 생각해내지 않는 한.

러시아 계책

앨런의 OPSWG와 스테일의 JPL 명왕성 탐사실은 NASA 본부를 통해 아직 일부가 연결된 상태였다. 그리고 골딘이 새로 제시한 비용제한이 전혀 말이 되지 않는다는 점에 대해서는 둘이 보조를 함께했다. 보이저 호 계획에는 거의 열 배나 되는 비용이 들었다. 그런데 명왕성 탐사를 어떻게 고작 4억 달러로 해낼 수 있겠는가? 발사비용만으로도 명왕성 여행이 불가능해질 정도였다. 그러니 발사비용을 줄이기 위해 해외에서 파트너를 찾아야 했다.

당시 냉전 종식 이후 닥쳐온 경제붕괴 때문에 구소련의 우주계획은 빈사상태였다. 과거 수십 년 동안 달과 금성에 우주선을 착륙시키고 핼리혜성에 접근해 관측하는 등 커다란 성공을 거뒀던 소련의 행성 탐사 프로그램은 생명유지 장치에 기대 간신히 목숨만 붙어 있는 꼴이었다. 그들에게는 유능한 과학자와 프로톤이라고 불리는 크고 믿을 만한 로켓이 있었으나, 이 로켓들에 실어 다른 행성으로 보낼 우주선이 없었다. 우주선을 새로 제작할 자원도 없었다. 게다가 NASA와 달리, 태양계 외행성들에 탐사선을 보낸 경험도 없었다.

앨런이 보기에 미국과 러시아는 각각 서로에게 필요한 부분을 보완해줄 수 있었다. 그래서 러시아가 강력한 발사용 로켓 프로톤을 제공하고, 미국은 우주선을 제작해서 날리는 공동 프로젝트를 구상했다. 이 프로젝트의 영광도 미국과 러시아 공동의 몫이었다. 앨런은 과거 라이벌이었던 두 나라가 인류에게 알려진 행성들 중 마지막으로 남아 있는 가장 먼 행성인 명왕성에 공동으로 탐사선을 보낸다면, 태양계 행성들의 첫 탐사 시대를 승리로 마무리할 수 있을 것이라고 봤다.

4억 달러 이하의 금액으로 명왕성에 탐사선을 보내야 한다는 불가능한 요구에 진저리를 치던 앨런은 발사 로켓을 무료로 제공받을 수 있을지도 모른다는 생각에 들떠서 새로운 길을 개척하기로 했다. 스테일 외에는 거의 누구에게도 알리지 않은 상태로 그는 러시아 사람들에게 손을 뻗었다. 누구의 허락도 미리 받지 않고 무작정 모스크바로 날아가 러시아 판 JPL이라고 할 수 있을 만큼 선구적이고 저명한 연구소인 우주연구소의 알렉 갈레예프Alec Galeev 소장을 찾아간 것이다. 다음은 앨런의 말이다.

나는 그 사람을 한 번도 만난 적이 없었지만, 그의 권한이 대단하다는 사실을 알고 있었다. 골딘이 정한 비용으로 명왕성에 탐사선을 보내기 위해서는 그에게 희망을 걸어야 했다. 그래서 나는 그에게 내 생각을 피력했다. 대략 다음과 같은 말을 했던 것 같다. "러시아는 한 번도 외행성에 나가보지 못했습니다. 지금 우리나라에서 대단히 주목받고 있는 명왕성 탐사계획에 합류하십시오. 명왕성 탐사는 행성 탐사의 에베레스트라고 할 수 있습니다. 러시아에서는 발사 로켓을 내어주시면 됩니다. 그러면 러시아의 행성 탐사 프로그램을 부활시키는 데 도움이 될 겁니다. 우리는 러시아의 엔지니어들을 우리 프로젝트에 초청하겠습니다. 외행성 탐사에 대해 우리가 모든 것을 가르쳐드리겠습니다. 러시아는 또한 가장 마지막 행성에 최초의 탐사선을 보냈다는 자부심과 공을 누릴 수 있을 겁니다."

헌트레스는 앨런이 모스크바로 떠나기 직전에 JPL 쪽으로부터 이야기를 전해 듣고 그를 말리려고 했다. 앨런이 공항에서 비행기를 기다리고 있을 때였으니, 문자 그대로 떠나기 직전이었다. 다음은 앨런의 말이다.

전화가 걸려 와서 받았더니 이런 말이 들려왔다. "그 비행기 타지 마! 러시아인들을 만나도 된다는 허락을 받지 않았잖나!"

헌트레스의 말.

NASA 본부에서 국제업무를 담당하는 사람들 중 일부가 앨런의 행동에 화가 났던 것 같다. 그가 제멋대로 러시아에 가서 행성 탐사를 함께하자고 말하다니. 이게 무슨 짓인가? 절차를 제대로 따르지도 않고. NASA 본부 사람들이 화가 난 것이 바로 그 점 때문이었다. 나는 그냥 커피를 한잔하면서 쿡쿡 웃었다.

그러나 발사 로켓을 무료로 빌리지 못한다면 골딘이 지정한 예산에 맞춰 일을 진행하기가 불가능했다. 이럴 때 규칙만 지켜서는 아무것도 해낼 수 없었다. 다음은 앨런의 회상이다.

뉴호라이즌스, 새로운 지평을 향한 여정

그래서 나는 비행기에 올라 러시아로 가서 내 의견을 피력했다. 그러나 갈레예프와 그의 동료들은 내 제안을 거절했다. 갈레예프는 자신들에게 돌아오는 몫이 충분하지 않다면서, 탐사계획의 모든 것을 미국이 맡고 자신들은 첫날 발사에만 이용당하는 것이 마음에 들지 않는다고 말했다. 내 기억에 그때가 1994년 1월이었는데, 모스크바에는 심한 눈보라가 몰아치고 있었다. 날씨가 정말 끔찍해서 명왕성만큼이나 춥게 느껴졌다.

하지만 나는 다음 날 다시 갈레예프를 만나러 갔다. 그는 이렇게 말했다. "우리가 새로운 제안을 하겠습니다. 당신들 미국 우주선에 러시아 탐사장치를 실을 수 있겠죠. 그 장치는 나중에 따로 분리되어 명왕성의 대기로 진입할 겁니다. 그리고 명왕성 표면에 추락하기까지 짧은 순간 동안 질량분석기로 탐사할 겁니다." 이 방법을 채택한다면 러시아가 명왕성 탐사에서 아주 독특한 관측을 시행할 수 있을 것이고, 우리가 아니라 자기들이 실제로 명왕성 표면에 가닿았다고 자랑할 수 있을 터였다. 갈레예프는 이렇게 말했다. "우리 제안을 받아들인다면, 내가 프로톤 로켓을 제공해드리겠습니다." 나는 귀국해서 관련자들을 설득할 수 있을 것 같다고 말했다. 그래서 우리는 거기서 이야기를 멈추고 보드카와 조지아산 적포도주로 연회를 즐겼다.

러시아가 명왕성의 대기를 탐사하겠다는 아이디어 덕분에 나의 여행이 성공을 거둔 것 같았다. 나는 몹시 흥분해서 콜로라도의 집에는 들르지도 않고 곧바로 JPL로 가서 스테일, 와인스틴 및 그들의 팀원 전체와 마주 앉았다. 나는 이렇게 설명했다. "이러면 그 일을 해낼 수 있습니다. 냉전을 끝내는 겁니다. 러시아와 미국이 마지막 행성을 함께 연구하는 거예요." 그들도 내 생각을 반기면서 나처럼 승리감을 느꼈다. 골딘이 정한 불가능한 예산에 맞춰 일을 진행할 수 있는 방법이 생겼기 때문에.

앨런은 그다음 순서로 NASA 본부의 헌트레스에게 러시아의 제안을 알렸다. 헌트레스는 앨런이 멋대로 러시아와 접촉한 것에 화가 났지만, 러시아와 협력한다는 아이디어는 사실 몹시 마음에 들었다. 그래서 헌트레스는 NASA 대표단을 러시아 과학아카데미로 보내서 공동 탐사계획을 진행하자고 골딘을 설득했다. 몇 달 뒤 헌트레스는 앨런을 비롯한 명왕성을 연구하는 과학자들과 함께 모스크바로 가서 명왕성 탐사계획의 장점을 피력했다.

"러시아 최초의 외행성 탐사계획이자, 태양계의 시베리아 탐사계획입니다!"

명왕성 탐사계획이 자금지원과 승인을 얻어내려면 그렇지

않아도 복잡한 과정을 거쳐야 하는데 여기에 국제관계와 외교까지 끼어들었으니 사실 이것은 예측할 수 없는 수많은 변수들을 새로 고려해야 하는 대담한 도박이었다. 그런데도 헌트레스는 한번 시도해볼 가치가 있다고 생각했다.

그러나 헌트레스가 이 계획에 발을 올리자마자 러시아는 발사 로켓을 공짜로 제공할 수 없다고 나왔다. 비록 그들이 미국 로켓을 이용할 때보다 상당히 낮은 가격을 제시하기는 했지만, 어쨌든 공짜는 아니었다.

당시 NASA 같은 미국의 정부기관들은 러시아 로켓을 돈을 내고 이용하는 것이 법으로 금지되어 있었다. 따라서 러시아 프로톤 로켓에 사용료를 지불하려면 제3의 국가를 끌어들여야 했다. 앨런은 여기저기 수소문해본 결과 독일 우주국이 어쩌면 흥미를 보일 수도 있다는 정보를 얻었다. 물론 독일 과학자들이 목성의 위성 이오를 연구할 수 있게, 탐사선이 독일 탐사장비를 싣고 가다가 목성 플라이바이를 할 때 떨어뜨려 달라는 조건이 달려 있었다.

하지만 미국 쪽에서 훨씬 더 복잡한 문제가 제기되었다. NASA 내부에서 탐사선에 핵 에너지원을 반드시 탑재할 수밖에 없는데 그것을 러시아의 로켓에 실어 발사해도 괜찮겠느냐고 걱정하는 목소리가 나온 것이다. 국방부나 에너지국, 환경보호

국처럼 핵에너지를 이용하는 우주선에 대해 권한을 행사할 수 있는 미국 정부기관들이 이 계획을 결코 승인해주지 않을 것이라고 생각하는 사람이 많았다.

이젠 무리였다. 대단히 유망해 보였던 러시아 로켓 이용계획은 곧 무산되었다. 1996년인데 그들은 다시 원점으로 돌아와 있었다.

거듭된 좌절

명왕성을 사랑하는 사람들에게 1990년대 말은 기운이 빠지는 시기였다. 그들은 6년 넘게 매주 이 일에 매달려 있었다. 1991, 92년에는 꿈이 금방 이뤄질 것처럼 보였지만, 그 뒤로 몇 년 동안 이어진 것은 좌절감으로 점철된 미로였다. 골딘의 부임 초기에는 명왕성 탐사계획이 신속히 추진될 것처럼 보였으나, 이제는 더 이상 반짝이는 신선한 아이디어가 아니었다. 여기저기 상처가 가득하고 닳아버린 아이디어에 불과했다.

사실 태양계 외곽의 천체들 중 목성의 위성인 유로파Europa가 이미 새로운 스타로 자리 잡고 있었다. 목성 궤도선 갈릴레오 호가 유로파에 바다가 존재할 가능성이 크다는 사실을 밝혀낸 덕분이었다. 지구가 아닌 곳에서 바다가 발견되는 경우는 당시 전례가 없는 일이었다. 행성을 연구하는 많은 사람들은 골딘이 이 점에 흥미를 보이는 것을 보고, 광대한 바다에 혹시 생명체도 존재할지 알아보기 위해 유로파에 궤도선을 보내는 것을 최우선 과제로 삼아야겠다고 생각하기 시작했다.

명왕성 지지자들은 좌절했다. 앨런의 OPSWG와 스테일의 명왕성 팀이 골딘의 요구에 맞춰 탐사계획을 수정할 때마다 규칙이 새로 바뀌었다. 그들은 SSES와 헌트레스(당시 그는 우주연구를 총괄하고 있었다)에게서 여러 차례 승인을 얻어냈으나, 항상 골딘 국장이 새로운 과제로 그들에게 좌절감을 안겼다. 다음은 앨런의 말이다.

나는 몇 년이 흐른 뒤에야 그 패턴을 알아냈다. 골딘이 항상 우리 계획에 관심이 많다면서 명왕성 탐사기술과 탐사선 설계연구에 매년 약 3000만 달러의 예산을 배정했기 때문이다. 하지만 그는 단 한 번도 우리를 목록의 맨 앞에 놓아주지 않았으며, 우주선을 제작할 수 있는 새로운 시작도 허락해주지 않았다. 우리가 꿈에 가까이 다가갈 때마다 그는 더 많은 연구가 필요하다며 우리를 되돌려 보낼 새로운 이유들을 찾아냈다.

한번은 골딘이 우리에게 이런 말을 하기도 했다. "난 이 계획에 전적으로 찬성이야. 하지만 핵에너지 없이 이 일을 해낼 방법을 자네들이 찾아내야 하네." 기가 막혔다. "뭐라고요? 그게 무슨 말씀이십니까? 핵에너지 없이 그렇게 먼 곳까지 어떻게 우주선을 보낼 수 있겠어요?" 어쩌면 내가 지나친 생각을 한 것일 수도 있지만, 어쨌든 이 시점에서 나는 골딘이 우리를 갖고 놀고 있다는 의심이 들었다. 그는 결코 우리 탐사계획을 허락해줄 것 같지 않았다. 그는 언제나 계획을 미룰 이유, 또 다른 아이디어를 연구해봐야 할 이유를 새로 찾아냈다. 그래서 1996년 말쯤 나는 골딘이 우리에게 공연히 이런저런 일을 시키고 있다고 의심하기 시작했다. 이런 생각을 하는 사람은 나뿐만이 아니었다. 그가 새로 내미는 과제들을 해결하는 데는 매번 6개월이나 1년이 걸렸다. 그는 우리들을 이 연구의 감옥에서 꺼내줄 생각이 없는 것 같았다. 그렇다고 우리가 이 일을 그만둘 수도 없었다. 우리가 손을 털고 물러서는 순간 그는 이 계획을 완전히 접어버릴 것이고, 그러고 나면 새로운 명왕성 탐사계획이 시작될 가망이 없기 때문이었다. 그래서 우리는 그가 지칠 때까지 죽치고 기다리기로 했다.

뉴호라이즌스, 새로운 지평을 향한 여정

'제3지대'의 등장

수십 년 전부터 행성학자들은 태양계 외곽에 명왕성만 혼자 외로이 존재하는 것이 아닐지도 모른다는 의심을 품었다. 사실 1930년대와 1940년대에도 이미 멀고 먼 명왕성 인근에서 다른 천체를 찾으려는 연구가 시행된 적이 있었다. 그러나 아무것도 발견되지 않았다. 그 뒤로도 여러 번 같은 시도가 있었으나 역시 결과는 없었다. 그래도 명왕성이 혼자가 아닐 것이라는 생각은 다양한 행성학자들이 명왕성과 함께 궤도를 도는 천체군이 존재할 가능성을 뒷받침하는 수학적 계산결과나 가설을 가끔 내놓을 때마다 관심을 끌었다.

보이저 2호가 천왕성과 해왕성을 탐사하던 1980년대 말에 빌은 이 생각을 지지하는 핵심적인 학자로 자리 잡고 있었다. 그는 해왕성의 위성 트리톤에 대한 분석결과를 토대로 삼았다. 특히 크기가 명왕성과 아주 흡사한 트리톤의 궤도가 그의 추론의 기반이었다. 트리톤은 원래 명왕성과 비슷한 궤도로 태양의 주위를 돌고 있었으나 해왕성의 중력에 붙들려 위성이 되었다. 이처럼 과거에 명왕성과 비슷한 트리톤이 존재했으니, 비슷한 천체가 더 존재할 가능성도 얼마든지 있지 않겠는가? 어쩌면 그런 천체가 아주 많을지도 모른다. 이것이 빌의 주장이었다.

이런 가능성은 20세기 중반에 행성학계의 선구자이자 거인이었던 제러드 카이퍼도 제기한 적이 있었다. 행성들의 기원을 알아내려고 애쓰던 카이퍼는 1950년에 지구를 비롯한 여러 행성들이 처음에 집적과정(작은 물체가 점점 커져서 커다란 물체가 되는 것)을 통해 형성될 때 엄청난 수의 '미행성체,' 즉 행성의 재료가 될 수 있는 작은 덩어리들이 가장 바깥쪽의 거대행성인 해왕성 너머에 남게 되었을 것이라는 의견을 내놓았다.

빌은 카이퍼를 비롯한 여러 학자들과 마찬가지로, 명왕성이 그저 이상하고 예외적인 존재가 아니라, 많은 천체들의 집합 중 우리 눈에 가장 먼저 보인 존재인지도 모른다고 추론했다. 이 천체들의 집합은 나중에 카이퍼대帶라는 이름을 얻었다.

1991년에 앨런은 이 가설을 더욱 발전시켜서, 〈태양계 외곽의 행성 수에 관해: 1000킬로미터 크기 천체가 상당수 존재한다는 증거〉라는 제목의 논문을 발표했다. 태양계 바깥쪽을 조사해서 얻어낸 여러 종류의 증거를 바탕으로, 일찌감치 만들어진 소행성들이 수백 개, 어쩌면 수천 개나 해왕성 너머에 모여서 태양계의 새로운 '제3지대'를 구성하고 있을 것이라는 주장을 수학적으로 뒷받침한 논문이었다.

우리는 1세기가 넘도록 목성과 해왕성 사이의 지역, 즉 보이저 호들이 탐사했던 영역을 '태양계 외곽'이라고 불렀다. 그런

뉴호라이즌스, 새로운 지평을 향한 여정

데 앨런이 1991년에 발표한 논문은 거대행성들이 자리한 이 구역이 사실은 지구 궤도가 있는 태양계 안쪽과 명왕성을 비롯한 수많은 소행성 무리가 있는 '진짜 태양계 외곽' 사이의 중간지대일지도 모른다고 주장했다.

보이저 2호가 해왕성과 조우할 무렵에는 지구의 망원경과 탐지기 성능이 크게 향상되어 만약 '카이퍼대 천체'(이하 KBO)가 정말로 존재한다면 원칙적으로 탐지가 가능한 수준이 되었다. 실제로 이 천체들을 찾아내는 데에는 몇 년이 걸렸으나, 새로 개발된 촬영장치(오늘날 모든 휴대전화에 들어 있는 CCD 카메라)와 광범위한 컴퓨터 탐색(옛날에 클라이드가 감당해야 했던 수고스러운 작업을 대신했다)이 상황을 완전히 바꿔놓았다. 행성학자들은 1992년부터 KBO들, 즉 명왕성의 동료들을 찾아내기 시작했다!

처음에는 소수에 불과했으나, 곧 점점 더 많은 천체들이 발견되었다. 1990년대에 발견된 KBO들은 궁극적으로 1000개가 넘었으며, 카이퍼대라는 이름으로 불리게 된 해왕성 너머의 넓은 지역에 흩어져 있었다. 대부분의 천체는 대략 카운티 크기 정도로 작았지만, 그보다 훨씬 큰 천체들도 있었다. 심지어 크기 면에서 명왕성과 견줄 만한 천체들, 즉 대륙 크기만 한 천체들도 소수 있었다. 지금까지 발견된 천체들의 수, 그리고 인력 및 자금의 부족으로 아직 살펴보지 못한 지역이 엄청나게 광활하다는 점을 감안하면, 지름이 80킬로미터 이상인 천체가 10만 개 이상 존재할 것으로 추정된다. 그보다 작은 천체들은 훨씬 더 많아서 숫자를 알 수 없다.

프랜은 이 천체들의 발견이 명왕성 탐사계획에 불을 붙이는 새로운 연료가 되었다고 회상한다.

> 우리가 카이퍼대 천체들을 실제로 볼 수 있게 되자 관심이 폭발적으로 늘어났다. 전에는 태양계 가장자리에 외롭게 존재하는 매혹적인 명왕성에 관심을 가진 한 무리의 사람들만이 명왕성 탐사의 필요성을 강력히 주장하는 것 같았다. 그런데 갑자기 '이건 완전히 새로운 미개척지야!'라는 분위기가 되었다. 대학의 내 연구실에 앉아서 명왕성 탐사를 주장하기 위한 회의를 할 때가 생각난다. 빌도 그 자리에 있었는데, 그가 창밖의 로키산맥을 손으로 가리키며 이렇게 말했다. "아직 탐험하지 못한 서부의 땅이 새로 나타난 것과 같아요. 우리가 꼭 가서 탐험해야 합니다. 거기에 뭐가 있는지." 그의 말이 옳다는 것을 깨달은 내 안에서 불끈 불길이 치솟았다.

카이퍼대의 발견은 명왕성 탐사의 우선순위를 다시 맨 꼭대기로 밀어 올릴 과학적 추진력을 새로이 제공했다. 명왕성 탐

뉴호라이즌스, 새로운 지평을 향한 여정

사를 추진하는 사람들은 자신들이 바라는 탐사계획이 단순히 명왕성만이 아니라 태양계의 제3지대 전체를 탐사하게 될 것이라는 점을 강조하기 위해 계획의 이름을 '명왕성 카이퍼 익스프레스'(이하 PKE)로 바꿨다.

PKE는 명왕성 탐사를 실현하기 위한 다섯 번째 시도였다. 처음 명왕성 350으로 명왕성 탐사를 위해 노력하기 시작한 사람들은 그동안 거듭해서 기본 틀과 이름을 바꿔가며 바뀐 환경에 적응하고, NASA의 자금지원을 받아낼 수 있는 열쇠를 찾아내려고 애썼다. 끈기라면 남부럽지 않게 갖고 있는 명왕성을 사랑하는 사람들은 JPL이 새로 제시한 PKE 아이디어를 명확히 규정하는 일에 정력적으로 나섰다.

PKE에 살을 붙이고 탐사선에 실릴 관측장비 제안서 모집을 준비하기 위해 헌트레스는 명왕성과 카이퍼대 전문가들로 과제정리 팀(이하 SDT)을 구성했다. 명왕성 탐사선의 공식적인 목표를 규정하고, 이 목표들을 달성하기 위해 탐사선에 실릴 장비의 기본사양을 정하는 것이 SDT의 임무였다. 매우 좋은 징조였다.

이 팀이 구성되었다는 것은 NASA가 명왕성 탐사를 다시 진지하게 고려한다는 신호였다. NASA가 탐사의 새로운 시작을 위해 공식적인 기획에 시동을 걸 때 이용하는 것이 SDT이기 때문이었다. 과거에 SSES 위원장이었던 행성학자 루나인은 헌트레스에게서 SDT의 팀장 자리를 제의받았다. 루나인은 SDT에 앨런을 비롯해서 과거 명왕성 언더그라운드와 OPSWG에 속했던 많은 사람들을 팀원으로 데려왔다. 또한 카이퍼대 전문가인 새 얼굴들도 팀에 포함시켰다. 루나인의 SDT는 거의 1년 동안 활동하면서 탐사의 근거를 탄탄하게 제시했으며, 꼭 필요한 관측장비와 있으면 좋은 장비의 목록을 작성했다. 탐사의 필요성에 대한 상세한 과학적 주장도 마련했다. 그들의 보고서를 본 다양한 전공의 행성 연구자들은 격찬을 쏟아냈다.

이렇게 해서 다시 희망이 보이기 시작했다. 그런데 1998년 말 오랫동안 명왕성 탐사를 지지해준 NASA 본부의 과학담당자 헌트레스가 NASA를 떠났다.(헌트레스는 명왕성 플라이바이 탐사계획의 새로운 시작을 확보하지 못하고 NASA를 떠난 것이 가장 큰 후회로 남았다고 2016년에 우리에게 소회를 밝혔다) 그의 뒤를 이어 과학 담당 부국장으로 취임한 천문학자 에드워드 웨일러Edward Weiler는 안타깝게도 명왕성 탐사에 헌트레스만큼 헌신적이지 않았다.

그러나 웨일러가 자금을 어느 정도 유지해주기는 했다. 루나인의 SDT가 보고서를 내놓은 뒤인 1999년에 웨일러는 여러 팀들이 PKE에 실릴 장비의 제안서를 제출해서 경쟁을 벌여 제작비 지원을 받아내게 하는 절차를 시행할 것이라고 발표했다. 이

것 역시 희망적인 징조 같았다. 실제로 탐사선에 실려 명왕성까지 날아갈 장비의 제작비가 언급되었기 때문이다. PKE의 구조를 생각하면, 센서 네 종류(카메라, 구성성분 분광계, 대기 분광계, 대기 온도와 압력을 조사할 전파신호 장비)가 필요하지만 최종 당선자의 자리는 두 개뿐이었다. 앞에 있는 탐지기 세 종류('원거리 탐지 세트')를 한꺼번에 담당할 팀, 그리고 다른 장비와는 종류가 달라서 함께 분류하기 힘든 전파신호 장비를 담당할 팀. 제안서 경연은 명왕성을 향해 떠나는 유일한 교통편이 될 이 우주선에 올라타기 위한 '총력전'이 되었다. 이 경연에서 이기는 팀은 죽을 각오로 임해야 했다. 전국의 여러 연구소와 대학에서 이 경연에 참가하기 위한 팀이 만들어졌다. 그리고 각각의 팀에는 우리가 앞에서 지적했듯이 NASA가 PI라고 부르는 팀장이 있었다.

앨런의 팀은 촬영장비, 분광계 세트에 대한 제안서를 마련했다. 이 팀에는 명왕성 언더그라운드와 OPSWG에서 활약하던 젊은 과학자들이 많이 포함되어 있었다. 앨런은 JPL의 보이저 호 베테랑들이 만든 팀이 가장 막강한 경쟁자가 될 것이라고 보았다. 이 팀의 팀장은 미국 지질조사국에서 행성지질학을 연구하는 래리 소더블롬Larry Soderblom으로, 행성학계 전체에서 가장 존경받는 인물 중 하나였다. 당시에는 이 분야의 신이라고 해도 될 정도였다. 비교적 젊은 학자들로 이뤄진 앨런의 팀이 어떻게 경험 많은 소더블롬 팀과 겨룰 수 있을까? 앨런은 먼저 자신이 신처럼 우러러보던 유진 슈메이커Eugene Shoemaker를 영입했다. 슈메이커는 행성지질학 분야의 창시자로 여겨지는 인물로, 거의 모든 행성 탐사계획에 참여한 경험이 있었다. 그야말로 이 분야에서 가장 널리 존경과 사랑을 받는 인물이라고 해도 과언이 아니었다. 슈메이커만큼 무게감 있는 인물은 없었다. 다음은 앨런의 말이다.

래리는 '내부자' 같은 느낌이 있었다. NASA 본부에도 아는 사람이 많고, JPL 최고의 엔지니어들이 그의 팀원이었다. 그는 정말로 경이로운 연구 팀을 이끌고 있었다. 우리 팀도 훌륭했으나, 대가이신 래리 선생에 비하면 우리는 대체로 젊은 반항아 무리 같았다. 래리는 보이저 호를 비롯한 수많은 우주계획에 참여했으므로 마치 그의 팀이 이미 그 일을 맡은 듯한 느낌이었다. 내가 슈메이커를 영입하기로 한 것은 이런 상황을 타개하기 위해서였다. 우리는 1998년 말이나 1999년에 경연이 벌어질 것으로 예상하고 팀을 구성했다. 당시 그는 예순아홉 살이었기 때문에 앞으로 15년이나 20년이 걸릴 프로젝트에 참여해주십사 설득하기가 쉽지 않았다. 그래도 그는 결국 내 제안을 받아들였다. 그때 그가 했던 말이 생각난다. "10년 전 토성 궤도선 카시니 호 제안서 작성에 참여하기에도 나이가 너무 많다고 생각했

뉴호라이즌스, 새로운 지평을 향한 여정

는데, 이건 너무 재미있어서 그냥 넘겨버릴 수가 없잖아!"

앨런의 팀은 거의 18개월 동안 지칠 줄 모르고 제안서 작성에 매달렸다. 외부의 전문가들도 데려와 제안서의 모든 면을 비평하게 했다. 설계와 운영계획, 교육과 대중홍보, 일정구성 등 여러 분야의 부족한 점을 개선하는 데에도 외부 전문가들의 도움을 받았다. 물론 경연에 참가할 다른 팀들도 모두 같은 과정을 거쳤다.

제안서의 최종 마감시한은 2000년 봄이었다. NASA는 전문가 위원회를 구성해서 모든 제안서를 검토했다. 앨런은 2000년여름에 비공식적인 채널을 통해서 카메라/분광계 세트 분야에서 자신의 팀이 우승했다는 소식을 들었다. 기운이 났지만 그 뒤로…… 아무런 소식이 들려오지 않았다. 다음은 앨런의 말이다.

우리는 우리가 우승했다고 NASA가 말해주기를 기다리고 또 기다렸다. 그런데 2000년 8월 말에 스테일이 느닷없이 전화를 걸어와 이렇게 말했다. "웨일러가 계획 전체를 취소하기로 한 것 같아요." 어떤 장비를 선택할지가 이미 결정되었고 새로운 시작을 지정할 순간이 마침내 임박한 것 같았는데, 어떻게 이런 일이 있을 수 있지? 나는 기가 막혔다.

작업중지 명령

알고 보니 NASA 본부가 장비 제안서들을 한창 검토하던 중에 JPL의 엔지니어들이 예산 괴물을 만들어냈다는 사실을 알게 된 것이 문제였다. 웨일러는 PKE의 예산이 7억 달러를 넘지 않을 것이라고 알고 있었다. 그런데 비용검토를 지시한 결과, JPL 팀의 제안서를 채택한다면 비용이 거의 두 배나 든다는 사실이 밝혀졌다. 어쩌면 그보다 더 들 수도 있었다.

웨일러는 더 이상은 무리라는 결론을 내렸다. 비용이 계속 풍선처럼 불어나는 바람에 한 번도 설계단계를 벗어나지 못하는 명왕성 탐사계획이라면 이제 넌더리가 났다. 그래서 2000년 9월 중순에 그는 NASA가 장비 제안서 경연을 취소한다고 발표했다. 결국 모두가 패자였다.

그뿐만 아니라 웨일러는 명왕성 탐사계획에 대해 '작업중지 명령'을 내려 더 이상의 연구를 막았다.

웨일러가 NASA의 모든 과학 탐사활동을 책임지고 있는 만큼, 앞으로 NASA의 돈을 명왕성 탐사계획 연구에 쓸 수 없다고 밝힌 그의 서한은 법적인 문서와 같은 힘을 갖고 있었다. 다음은 앨런의 회상이다.

뉴호라이즌스, 새로운 지평을 향한 여정

말문이 막혔다. 다섯 개 팀이 각각 노력을 기울였고, 몇 개인지 셀 수조차 없이 많은 NASA 자문위원회들이 승인했고, SDT 구성과 장비제안서 경연이 있었고, 10여 년 동안 약 3억 달러의 돈이 연구에 쓰였는데, 웨일러의 행동은 그 모든 것을 쓰레기통에 던져버렸다. 그 결정을 돌이킬 수 있을 것이라는 희망도 보이지 않았다.

JPL은 웨일러의 지시에 따라 모든 것을 캐비닛에 넣어버리고 스테일의 팀을 해체했다. 모든 것이 날아갔다.

명왕성 탐사에 매달렸던 우리들은 10년 동안 NASA 본부가 한없이 제시하는 갖가지 변수에 맞춰 이리 뛰고 저리 뛰며 지옥 같은 세월을 보냈다는 기분이 들었다. 이런 일이 몇 번이나 반복되었는지, 얼마나 많은 위원회에 출석해서 설명해야 했는지, NASA의 행성 담당자들을 도대체 몇 명이나 거쳤는지, 수시로 달라지는 것들을 얼마나 많이 견뎌냈는지 이루 말할 수 없었다. 대형 탐사선, 소형 탐사선, 초소형 탐사선, 러시아와 협업, 독일과 협업, 핵에너지를 사용하지 않는 탐사선, 명왕성만 가는 탐사선, 명왕성과 카이퍼대를 함께 살펴볼 탐사선 등등. 웨일러의 조치는 이 모든 것을 날려버렸다.

끝이었다. 그가 종지부를 찍었다. 우리가 1990년대 내내 죽음의 바탄 행진◇을 견뎌냈는데, 마침내 자유로이 풀려나 장비를 제작해서 탐사를 시작할 수 있게 될 것이라던 결승선에 도착한 뒤 목이 베어 죽어버린 것 같은 기분이었다.

웨일러의 중지명령은 사람들에게서 숨을 앗아간 것이나 마찬가지였다. 우리는 아무것도 없는 맨바닥에서 새로운 것을 시작해보려고 애쓰던 1989년으로 되돌아가 있었다.

그런데 이것만으로도 충분하지 않았는지, 웨일러는 NASA가 앞으로 10년 동안, 즉 2020년대까지 명왕성 탐사계획 연구는 아예 고려하지도 않을 것이라고 선언했다. 명왕성 탐사계획 연구는 물론 이 탐사계획에 새로운 시작을 부여하려는 모든 노력에 대해 공개적으로 '사망. 사망. 사망' 판정을 내린 것이다.

그것으로 끝이었다. 거짓 희망, 뒤집힌 결정, 새로운 조건제시로 점철된 10년 동안 남들이 보기에 지나치다 싶을 만큼 끈질기게 견뎌온 명왕성을 사랑하는 사람들이 마침내 한계에 도달했다. 골딘은 웨일러의 손을 들어줬고, 항의는 받아들여지지 않았다.

끝이었다.

◇ 1942년 일본군이 미국과 필리핀 전쟁포로를 강제로 이동시킨 사건. 일본군의 포로 학대로 많은 사망자가 발생했으며, 나중에 전쟁범죄로 규정되었다.

제4장
죽어도 죽지 않는

지금 아니면 영원히 불가능하니까

1989년부터 명왕성 탐사를 위해 기울인 모든 노력을 단번에 쓸어버린 웨일러의 조치에 사람들은 숨이 막혔다. 이것은 그때까지 있었던 연구 지연이나 뒷걸음질보다 훨씬 더 근본적인 조치였다. NASA는 이 조치로 명왕성 탐사에서 완전히 손을 떼겠다고 선언했다.

앨런은 도저히 가만히 있을 수 없었다. 너무나 많은 것이 이 일에 걸려 있고, 너무나 많은 사람이 그동안 너무나 많은 노력을 쏟았다. 그래서 그는 명왕성 언더그라운드와 함께 항상 그랬듯이 훌훌 털고 일어나서 다시 노력을 기울이기 시작했다. 처음에는 무대 뒤에서 활동했지만, 곧 또다시 전선을 열어 전면으로 나섰다. 그들은 웨일러의 조치로 자신들이 느낀 충격과 분노를 동료 전문가들은 물론 일반 대중과도 나누고 싶었다. 또한 명왕성 탐사에 관심을 보일 필요가 있음을 고비 때마다 언론에 피력하고자 애썼다. 그래서 신문의 편집자들에게 편지를 쓰고, 독자의 의견 난에도 글을 보냈다.(이때는 블로그가 등장하기 한참 전이다) 이런 노력을 통해 그들은 순전히 JPL이 탐사비용을 너무 올려놓았다는 이유만으로 모든 노력을 던져버리면 안 된다는 주장을 분명히 밝혔다.

그들은 또한 여론을 환기해서 명왕성 탐사계획에 심폐소생술을 해줄 수 있는 다른 사람들도 이 일에 끌어들였다. 이 방법은 효과적이었다. 언론과 대중이 모두 NASA의 조치를 비난하게 된 것이다. 《스페이스 데일리Space Daily》는 다음과 같이 보도했다.

"이번 조치로 많은 행성학자들이 분노하고 있다. ……명왕성은 탐사를 미룰 수 없는 연구대상이라는 점에서 사실상 독특한 존재이기 때문이다."

이 기사는 당시 행성협회장이던 루 프리드먼Lou Friedman의 말도 인용했다. 프리드먼은 "명왕성의 인기가 얼마나 큰지 NASA가 깨닫고 깜짝 놀라는 것"이 명왕성 탐사계획 부활의 결정적인 요인이 될 수 있다고 말했다.

하지만 시간이 별로 없었다. 지상과 우주의 여러 요인들로 인해, 명왕성 탐사는 '지금 아니면 영원히 불가능'할 것 같았다.

먼저 지구, 목성, 명왕성의 상대적인 움직임 덕분에 만들어지는, 발사에 적합한 기간이 따로 있었다. 태양계 대여행을 떠날 보이저 호 계획이 거대 행성들이 보기 드물게 늘어서는 기간에 제한을 받았던 것처럼, 목성의 중력을 이용해서 명왕성까지 갈 속력을 얻어야 하는 탐사선은 반드시 공전주기가 12년인 목성이 명왕성과 일직선으로 늘어설 때를 틈타야 했다. 2020년대 전에 명왕성에 도달할 계획이라면, 목성이 좋은 위치에 오는 2002~06년에 우주선을 발사하는 것이 필수였다.

여기에 공전주기가 248년인 명왕성의 움직임 중 두 가지 요소 또한 기한에 대한 압박감을 가중시켰다. 첫째, 명왕성은 1989년에 근일점(궤도에서 태양과 가장 가까운 지점)에 도달한 뒤 서서히 멀어지고 있었다. 해가 갈수록 명왕성에 도달하기가 조금씩 어려워진다는 뜻이었다. 둘째, 명왕성이 태양으로부터 점점 멀어지면서 온도 또한 내려가기 때문에 대기를 연구하기가 힘들어질 수 있었다.

1990년대 초에는 명왕성의 대기가 주로 질소분자로 구성되어 있다는 사실이 이미 밝혀져 있었다. 질소는 지구의 대기 중 가장 많은 비중을 차지하는 기체이기도 하다. 그러나 지구와 달리 명왕성의 질소 대기는 표면의 눈이 승화*해서 만들어진 것이다. 이 과정에서 기압은 표면온도에 따라 크게 좌우된다. 정확히 말하자면, 기하급수적으로 변화한다고 해야 할 것이다. 따라서 표면의 온도가 몇 도씩 내려갈 때마다 기압이 절반으로 떨어진다. 명왕성이 궤도를 따라 점점 멀어지면서 태양의 온난화 효과가 자연스레 줄어들면, 대기온도도 떨어질 것이고, 기압 또한 가

✦ 증발과 비슷한 현상이다. 액체가 가열되어 기체로 변하는 과정이 증발이라면, 얼음이 같은 방식으로 액체 단계를 거치지 않고 기체로 변하는 것을 과학용어로 승화라고 한다.

파르게 내려갈 것이다. 어쩌면 명왕성이 근일점에 있을 때의 기압에 비해 수백 분의 1이나 수천 분의 1 수준으로 떨어질 수도 있다. 이렇게 되면 대기는 사실상 존재하지 않는 것이나 마찬가지이므로 그 어떤 탐사선도 대기를 연구할 수 없을 것이다.

대기 모델에 따르면, 이러한 기압 급강하가 2010년에서 2020년 사이 어느 시점에 일어날 가능성이 있는 것으로 예측되었다. 어쨌든 그 시기 직후에는 기압 급강하가 거의 확실시되었다. 명왕성을 사랑하는 사람들의 입장에서 보면, 이것은 명왕성 플라이바이의 시한이 정해져 있다는 뜻이었다. 탐사선이 대기를 관측하려면…… 당장 계획을 추진해야 했다.

서둘러야 할 이유는 이 외에도 아주 많았다. 명왕성의 축은 궤도평면과의 각도가 122도로 심하게 기울어져 있는데,(지구 축의 기울기는 23.5도) 이로 인해 명왕성 전체에서 계절에 따라 밝기가 급격하게 변한다. 지구의 북극권과 남극권에서 한밤중에도 해를 볼 수 있는 시기와 계속 밤만 이어지는 시기가 매년 몇 달씩 된다는 사실을 생각해보라. 명왕성에서는 이와 비슷한 현상이 훨씬 더 극단적으로 일어난다고 보면 된다.

1990년대에 명왕성이 천천히 궤도를 따라 이동하는 동안 남반구에서 수십 년에 걸친 영원한 밤의 계절로 진입하는 지역이 꾸준히 늘어났다. 따라서 만약 2015년에 우주선이 명왕성에 도달한다면 표면의 약 75퍼센트만 관찰할 수 있을 터였다. 나머지 25퍼센트는 겨울을 맞은 극지방이라 밤의 어둠 속에 잠겨 있을 것이다. 그러나 2020년대 초가 되면 관찰할 수 있는 면적은 60퍼센트로 줄어든다. 해가 갈수록 어둠에 잠기는 면적이 늘어나기 때문이다. 따라서 2030년대가 되면 관찰할 수 있는 면적은 고작 50퍼센트가 된다. 다시 말해서, 탐사계획이 지연될수록 우주선이 도착해서 연구할 수 있는 명왕성의 표면이 줄어든다(정확히 말하자면 카론도 마찬가지다)는 뜻이다.

이처럼 목성의 중력을 이용할 수 있는 시기, 명왕성 대기가 사라질 가능성, 관측할 수 있는 명왕성과 카론의 표면적이 줄어드는 것이 모두 최대한 빨리 탐사계획에 시동을 걸어야 하는 이유였다.

이 싸움에서 오랫동안 강력한 동맹역할을 해준 것이 SSES였다. 2000년 핼러윈데이라는 상서로운 날(웨일러가 PKE 계획을 취소한 지 약 한 달 뒤)에 열린 SSES 회의에서 명왕성의 현황이 첫 번째 의제로 다뤄졌다.

SSES가 대표하는 행성학자들 역시 고통스러울 정도로 오랜 과정을 거쳐 최우선순위를 부여받은 탐사계획이 단번에 취소된 것에 대해 호의적이지 않았다. 그들은 전국의 대학과 연구소에서 근무하는 동료들이 명왕성 탐사의 과학적 근거를 마련하기 위해 뼈 빠지게 일하고, 탐사에 필요한 최고의 관측장비를 설계해 경연에 참가하는 모습을 지켜봤다. 웨일러의 조치는 명왕성 관련자들에게 일시적인 후퇴 이상의 의미로 다가왔다. 그래서 행성학계 전체가 이 조치에 충격을 받아, 명왕성 관련자들이 그동안 내내 경험하던 기분을 함께 느끼기 시작했다.

앨런과 루나인은 그 핼러윈데이의 SSES 회의에서 지금 당장 명왕성 탐사계획을 시작해야 하는 빈틈없는 과학적 근거를 제시하며, JPL이 내놓은 PKE 안보다 훨씬 더 저렴한 비용으로 간단하게 명왕성 탐사를 할 방법이 있음을 설명했다.

PKE의 문제는 JPL이 추정한 전체 외행성 프로그램(명왕성과 유로파 탐사계획 모두 포함)의 비용이 오늘날의 화폐가치로 거의 40억 달러까지 폭발적으로 늘어났다는 점이었다. 명왕성 탐사 비용만도 15억 달러로 늘어났으며, 어쩌면 그보다 더 높은 수준으로 늘어날 가능성도 있었다. 그러나 SSES는 정보를 수집해본 결과, 이런 비용계산에 대해 점점 더 의심을 품게 되었다.

SSES의 위원 중 핵심적인 역할을 한 인물은 존경받는 그리스계 미국인 우주과학자 스타마티오스 톰 크리미기스Stamatios Tom Krimigis였다. 키가 크고 마른 몸매에 점잖은 성격인 크리미기스는 굵직한 목소리로 그리스식 발음이 강하게 드러나는 영어를 쓴다. 고전적인 할리우드 영화에서 그리스에서 온 잘생긴 이방인 역할을 맡았다면 아주 잘 어울렸을 것이다.

크리미기스는 행성 탐사에 거의 처음부터 참여했으며, 명왕성을 제외한 모든 행성으로 여행한 우주선의 장비제작에 관여했다. 많은 소행성과 혜성을 탐사한 우주선의 장비들도 마찬가지다. 1980년대에는 NASA 최초의 탐사 PI 중 한 명으로서 오로라 현상의 기원을 이해하기 위해 인공적인 오로라를 만들어내는 연구를 했고, 1990년대에는 NASA를 도와 행성 탐사를 위한 경연제도를 개발하는 데 중요한 역할을 했다. 관측장비뿐만 아니라 우주선 전체의 설계와 제작, 지상통제, 과학연구 등 모든 것에 경쟁을 도입해서 최고의 제안서를 낸 팀을 하나 뽑는 구조였다. 이런 팀을 이끄는 과학자가 바로 PI였다.

계속 늘어나기만 하는 탐사비용, 그리고 미국의 행성 탐사 프로그램을 모두 틀어버릴 수도 있는 1990년대 말의 극단적인 예산 압박에 대응하는 것이 주된 목적 중 하나인 이 새로운 PI 모델은 행성 탐사계획을 대형 연구소(주로 JPL)에 맡기고, 우주선에 탑재될 관측장비에 대해서만 경연을 실시하며, 전문적인 프로젝트 매니저의 조종간에 프로젝트 전체를 맡기는 NASA의 기존 방식과는 다른 방식의 프로젝트 진행을 예고했다.

여기서는 크리미기스가 모든 관련자를 통틀어 누구 못지않게 신뢰받는 인물이었다고 말하는 것으로 충분할 것이다. 그러

제4장 죽어도 죽지 않는

나 크리미기스에게는 이 밖에도 관련 경험이 하나 더 있었다. 존스 홉킨스 응용물리학 연구소(이하 APL)에서 우주과학 부장으로 일하고 있다는 것. 이 연구소는 비록 몸집은 작지만 JPL에 비해 저렴한 비용으로 행성 탐사를 해낼 수 있는 경쟁자로 부상하고 있었다.

크리미기스는 2000년 10월의 그 중요한 SSES 중 한 장면을 다음과 같이 회상했다.

(JPL 프로젝트 매니저) 존 맥너미John McNamee가 회의장에 와서 명왕성 탐사계획 예산이 6억 달러에서 15억 달러로 늘어난 이유를 우리에게 말해줬다. 명왕성 탐사선이 너무 무거워서 그보다 적은 비용으로는 제작할 수 없었다는 등등의 이유였다. 그는 위에 약 2.5센티미터의 알루미늄이 덮여 있는 회로판을 사람들이 돌려볼 수 있게 했는데 그것이 실수였다. 그는 이렇게 말했다. "이것을 한 번 보십시오. 얼마나 무거운지 보세요. 우리 우주선은 명왕성으로 가는 길에 목성에서 플라이바이를 할 겁니다. 따라서 선체를 보호하기 위해 이런 차폐장치가 모두 필요해요. 그래서 이런 걸 만든 겁니다."

회로판이 탁자에 둘러앉은 사람들의 손에서 손으로 차례로 넘어갔다. 내 차례가 되었을 때 나는 이렇게 말했다. "아니, 잠깐.

명왕성 우주선의 목성 플라이바이는 보이저 호의 경우보다 훨씬 더 먼 거리에서 이뤄질 겁니다. 그러니 차폐장치가 필요 없어요. 이건 말도 안 됩니다."

알고 보니 JPL이 NASA 본부의 원칙에 따라 PKE에 유로파 탐사선의 값비싼 보호장비 설계요건을 적용한 것이 문제였다. 그로 인해 비용이 하늘로 치솟으면서 명왕성 계획 자체가 침몰해버린 것이다.

SSES는 이런 사정을 알아낸 뒤, 훨씬 적은 비용으로 명왕성 탐사가 가능하다는 결론을 내렸다. 따라서 당시 애리조나 대학의 달과 행성 연구소(미국 최대의 행성 연구기관)를 이끌던 마이크 드레이크Mike Drake 위원장의 지휘하에 SSES는 명왕성 탐사계획 취소를 받아들일 수 없으며 더 넓은 맥락에서 볼 때 미국 행성 탐사의 건전성과 미래에 대한 나쁜 징조로 보고 있다는 뜻을 웨일러에게 밝히는 서신을 작성했다. 이어 SSES는 웨일러에게 명왕성 탐사계획을 되살리되, NASA가 예전에 수없이 해온 방식대로 JPL에 곧장 일을 맡기기보다는 경쟁방식을 통해 비용을 관리할 것을 권고했다. 또한 명왕성 탐사에 필요한 자금을 확보하기 위해 필요하다면 유로파 탐사계획을 뒤로 미룰 것을 권고하며, 명왕성 탐사를 미루지 말아야 할 이유를 모두 열거했다. 유로파에는 그런 이유가 전혀 없었다.

이와 동시에 명왕성 탐사계획을 되살리기 위한 중요한 일 두 개가 별도로 모양을 갖춰가고 있었다. 첫째, 행성협회가 앨런의 설득으로 또다시 구식 편지 쓰기 캠페인을 벌였다. 이 협회의 회원들은 행성 탐사를 열광적으로 신봉하는 사람들이었으므로, 오래전부터 명왕성 탐사에 기대를 품고 있었다. 따라서 명왕성 탐사계획 취소에 항의하는 수천 통의 편지가 NASA 본부에 홍수처럼 쏟아졌다. 이와 동시에 앨런이 모르는 곳에서 테드 니콜스 Ted Nichols라는 고등학생이 무대에 등장했다. 명왕성 탐사에 강렬한 열정을 품고 있을 뿐만 아니라 홍보 능력 또한 뛰어났던 테드는 '명왕성 탐사 구하기Save-the-Pluto-mission' 웹사이트와 그 밖의 대담한 홍보활동으로 많은 주목을 끌었다. 다음은 앨런의 회상이다.

열일곱 살인 테드는 정말로 좀 귀엽게 생긴 아이였다. 그는 명왕성을 탐사하려는 노력이 물거품이 된 것을 참을 수 없다고 했다. 테드가 살고 있던 펜실베이니아는 워싱턴에서 그리 멀지 않았으므로 직접 워싱턴의 NASA 본부로 찾아가 명왕성 탐사를 실행해달라고 호소했다. 기자들까지 함께 데리고 와서. 자신을 NASA의 PKE 취소에 실망한 대중의 대표적인 얼굴로 만든 것으로 보아 그는 탁월한 전술가였다. 게다가 무슨 방법을 동원했는지 웨일러의 사무실까지 들어갈 수 있었다. 그가 무슨 말로 사람들을 설득했는지는 모르겠다. NASA는 사실 나나 행성협회가 테드에게 그 일을 시킨 줄 알았지만, 그것은 전적으로 테드가 혼자 벌인 일이었다. 나는 그때 테드가 누군지 알지도 못했다. 그런데 그 아이가 왔을 때 웨일러의 사람들이 어떻게 했는지 아는가? 열일곱 살짜리 아이를 어른 여섯 명, 즉 NASA의 관료 여섯 명과 한 방에 앉혀놓고 질문을 퍼붓기 시작했다. "이런 일을 누가 시켰니? 왜 느닷없이 여기까지 온 거지? 네 뒤에 있는 게 누구냐? 여행경비는 누가 줬어?" 그러자 그 아이는 대략 다음과 같은 말로 대답했다. "그냥 저 혼자 한 일이에요. 저는 명왕성 탐사를 보고 싶은데, 아저씨들이 내 꿈을 부쉈어요. 어떻게 그래요?"

테드 본인과 그가 말한 꿈이 언론을 통해 알려지면서, 명왕성 탐사계획 취소로 실망한 청소년들의 심정을 상징하는 이야기가 되었다. 게다가 2000년 늦가을까지 행성협회의 노력으로 NASA의 조치를 걱정하는 시민들이 NASA와 의회 앞으로 쓴 편지가 1만 통이 넘었다. 과거 칼 세이건과 함께 행성협회를 창립해서 당시 이 협회의 회장을 맡고 있던 프리드먼은 이 편지들을 모두 하나로 모아들고 캘리포니아에서 비행기에 올라 의 사당까지 직접 정중하게 배달했다……. 물론 기자들도 데려갔다. 보도자료에는 다음과 같은 제목이 실렸다. 〈명왕성을 위한 미국인들의 탄원!〉.

이렇게 일제공격이 계속되었다. 세계에서 가장 규모와 영향력이 큰 행성학자 전문그룹인 DPS는 앨런이나 루나인 같은 회원들의 요구로 보도자료를 발표해서, 명왕성 탐사계획을 곧 시작하지 않으면 목성의 중력을 이용할 수 있는 중요한 시기가 그냥 지나갈 것이고 그렇게 되면 멀고 먼 2020년대에 탐사선이 명왕성에 도착하더라도 관찰할 대기가 존재하지 않을 가능성이 크다는 점을 지적했다.

언론들도 점차 이 메시지를 받아들여 잡지와 신문은 물론 텔레비전도 대중에게 소식을 전하며 NASA에 압박을 가했다. 사방에서 웨일러에게 비판이 쏟아지고 있었다. 한번은 그가 NASA 건물 밖에서 조용히 담배를 피우며 쉬고 있는데, 거리를 지나던 사람들이 그를 보고 명왕성 탐사계획을 다시 시작하라고 다그치기까지 할 정도였다.

11월 초가 되자 웨일러는 압박을 못 이겨 탈출구를 찾기 시작했다. 그렇게 해법을 찾던 중 그가 생각해낸 사람이 APL의 크리미기스였다.

APL은 행성 탐사를 해본 경험이 많지 않았다. 사실 딱 한 번

밖에 없었다. 그러나 그들은 수십 년 전부터 저렴한 비용으로 훌륭한 품질의 지구 관측용 군사위성을 제작 발사한 인상적인 기록을 갖고 있었다. 게다가 그들의 유일한 행성 탐사 역시 엄청난 성공을 거뒀다. 이 탐사계획이 처음 탄생할 당시 크리미기스는 NASA가 PI가 이끄는 소규모의 행성 탐사계획들을 경쟁시켜 하나를 뽑는 방식으로 디스커버리 프로그램을 추진하는 데 앞장서서 참여하고 있었다. APL이 제출한 디스커버리 탐사선은 '지구 근처 소행성 랑데부Near Earth Asteroid Rendezvous'의 머리글자를 따서 NEAR라고 불렸다. 1996년에 발사된 이 우주선은 사상 처음으로 소행성의 궤도에 진입하는 데 성공했으며, 이 궤도를 따라 소행성 에로스의 주위를 1년 동안 돌았다. 나중에는 심지어 에로스에 착륙하기까지 했다. 처음 탐사계획 제안서를 제출할 때는 생각조차 해보지 못한 보너스 성과였다. 이뿐만 아니라 APL 팀은 예정보다 일찍 우주선을 완성하는 업적까지 달성했다. 그 덕분에 예산을 3000만 달러나 절약해서 NASA에 남은 돈을 돌려줬다.

NEAR는 어느 모로 보나 성공작이었다. APL은 어떻게 그토록 훌륭하게 일을 해낼 수 있었을까? 커다란 역할을 한 것은 관리자를 꼭 필요한 수만큼만 둔다는 운영방침이었다. 관리자들이 층층이 자리 잡고 있으면 그만큼 비용이 올라가기 때문이었다. APL은 관리자 대신 엔지니어들, 즉 실제로 지식을 갖고 있는 사람들에게 더 많은 책임을 맡겼다. APL은 또한 간결한 조직을 유지하겠다는 근본적인 생각 때문에 탐사계획의 규모 또한 키우려 하지 않았다. 그들은 머릿수를 늘리기보다는 명성을 높이는 편을 더 좋아했다.

이 모든 것이 지금의 APL과 우주연구 분야를 이끌고 있는 크리미기스의 위치를 다져줬다. 그들의 팀은 빠듯한 예산으로 우주 탐사계획을 성공시키는 능력으로 유명했다. 그래서 웨일러는 11월 중순에 크리미기스에게 훨씬 저렴한 비용으로 명왕성 탐사를 해내는 방법을 찾아볼 수 있겠느냐고 물었다. 크리미기스는 할 수 있다고 말했다.

"십중팔구 JPL 비용의 3분의 1 수준으로 해낼 수 있을 겁니다. 이것이 APL의 방식입니다."

이렇게 해서 크리미기스는 웨일러의 격려를 받으며 소규모 팀을 만들어 문제해결에 집중했다. 번갯불처럼 빠른 속도인 열흘 만에 기본설계와 비용연구를 해내기 위해서였다. 이 팀은 추수감사절 연휴에도 쉬지 않고 일에만 매달렸고, 크리미기스는 2000년 11월 29일에 웨일러를 만나 연구결과와 비용 추정치를 알려줬다. 다음은 크리미기스의 회상이다.

그때 우리가 생각해낸 것이 나중에 뉴호라이즌스 호의 기본 개

념이 되었다. 우주선의 형태, 플루토늄 배터리를 하나로 줄이는 것,(카시니 호에 쓰고 남은 배터리 활용) 그 밖에 비용을 절감하고 목성의 중력을 이용할 수 있는 기간에 맞춰 발사일정을 짜기 위한 여러 혁신이 여기에 포함되었다. 우리 연구는 예비비까지 포함해서 5억 달러에 훨씬 못 미치는 금액으로 이 모든 일을 해낼 수 있음을 보여줬고, 나 또한 NASA에 이 점을 다시 확인해줬다.

APL의 자료는 웨일러에게 앞으로 나아갈 길을 제시했다.

러브콜과 선택

2000년 12월 말에 앨런은 얼었던 분위기가 점점 풀리고 있으며, NASA가 명왕성 탐사계획을 결국 진행시킬 것이라는 소식을 들었다. 그러나 NASA가 일을 진행시키는 방식은 그의 예상과 크게 달랐다. 앨런은 대중과 과학자들을 동원해 압박을 가하는 캠페인이 성공한다면 NASA가 중단되었던 PKE 계획을 다시 이어나가 새로운 시작을 부여할 것이라고 생각했다. 그러나 12월 19일에 앨런에게 전화를 걸어온 그의 내부 소식통(NASA 본부의 하급직원)이 알려준 내용은 다음과 같았다.

"당신들이 이겼어요. 우리가 명왕성 계획을 다시 시작할 겁니다. 하지만 당신한테는 최악의 악몽이 될 거예요."

최악의 악몽? 이게 무슨 소리지?

다음 날 웨일러는 SSES의 권고에 따라 NASA가 명왕성 탐사를 시행하는 방법을 다시 찾아볼 것이라고 발표했다. 그러나 이번에는 계획 전체, 즉 장비, 우주선, 지상통제 계획, 과학 연구계획을 모두 한꺼번에 경쟁에 부칠 것이라고 했다. 크리미기스가 산파 역할을 한 PI 주도의 탐사라는 새로운 틀에 맞춰 디스커버리 행성 탐사계획처럼 진행될 것이라는 뜻이었다. 다만 이번 경쟁의 상품이 훨씬 더 컸다. PI가 주도했던 지금까지의 모든 행성 프로젝트보다 훨씬 더 규모가 큰 계획이었기 때문이다.

명왕성 경연에는 누구나 참가할 수 있었다. 따라서 그때까지 명왕성 탐사계획이 '마땅히 자기들 것'이라고 생각하던 JPL도 이제 경쟁에 나서야 했다. 이 경연에서 최종적으로 우승하려면, 세 가지 핵심적인 기준을 충족하는 탐사계획을 설득력 있게 제시해야 했다. 첫째, 루나인의 명왕성 SDT가 반드시 필요하다고 평가한 탐사를 모두 수행해야 한다.(즉 목표를 하나라도 건너뛰면 안 된다) 둘째, 피치 못할 경우 최적의 발사기간 대신 예비용 발사기간을 이용하는 한이 있더라도 반드시 2020년 이전에 명왕

뉴호라이즌스, 새로운 지평을 향한 여정

성에 도착해야 한다. 셋째, 우주선 설계에서부터 제작, 시험, 실제 비행에 이르기까지 모든 것을 획기적인 금액인 7억 5000만 달러 이하(지금의 화폐가치로 환산한 것. 안정적인 예비비도 포함된 금액이다)로 해내야 한다. 이 마지막 조건을 충족하기가 무엇보다 힘들 것 같았다. PKE의 추정비용에 비해 간신히 절반밖에 안 되는 금액이라니. 보이저 호의 비용과 비교하면 고작 20퍼센트 수준에 불과했다.

게다가 기가 질리다 못해 넋이 날아갈 것 같은 조건이 또 있었다. 3월 21일까지 제안서를 제출해야 한다는 것. 이 기한에 맞추는 것은 거의 불가능할 것 같았다. 이런 탐사계획을 위해 NASA에 제출되는 제안서는 보통 1000쪽 분량으로, 상세한 설계도, 과학적인 측면에 대한 포괄적인 설명, 운영계획, 일정, 예산, 팀원 정보 등이 들어 있다. NASA는 지금 평소 1년 이상이 걸리는 작업을 겨우 몇 달 안에 끝내서 3월 21일까지 제안서를 제출하라고 요구하고 있었다.

웨일러가 이 발표를 한 날 앨런의 전화벨이 두 번 울렸다. APL과 JPL이 각각 팀을 구성하면서 그에게 연락한 것이다. 당시 앨런은 고작 마흔세 살이었지만, 1990년대에 명왕성 탐사를 위해 연구를 거듭하면서 정치적인 시련도 겪은 터라 '미스터 명왕성'으로 알려져 있었다. 또한 효율적으로 팀을 이끄는 능력도 인정받고 있었다. 따라서 APL과 JPL이 모두 그에게 제안서 작성을 이끌어달라고 부탁했다.

당시 JPL 소장이던 엘라치는 웨일러의 발표가 있은 지 한 시간도 안 되어 전화를 걸어왔다. 앨런은 그와 이야기를 나눴지만, JPL 팀을 이끌어달라는 요청을 선뜻 받아들이지 않았다. APL의 크리미기스에게서도 곧 전화가 올 것이라는 말을 랠프에게 들었기 때문이다.

앨런은 또한 JPL에 비해 경험이 적은 APL이 이만한 규모의 탐사계획 경연에서는 언제나 약자일 수밖에 없다는 사실을 알고 있었다. 그래도 명왕성 탐사계획의 규모를 지나치게 부풀려놓은 JPL의 과거 이력이 마음에 걸렸다. 그들이 비용과 일정에 맞춰 명왕성 탐사계획을 끝까지 헌신적으로 밀고 나갈 것이라는 믿음도 가지 않았다.

앨런은 두 연구소의 전화를 기다리면서 이미 엘라치와 크리미기스에게 물어볼 질문 두 개를 정리했다. 첫 번째 질문은 "내가 그쪽에 합류한다면, 명왕성 계획의 유일한 PI가 되는 겁니까?"였다. 이 질문은 몹시 중요했다. 앨런은 같은 연구소 내의 다른 명왕성 제안서 팀과 겨룰 필요 없이, 최고의 실력을 지닌 엔지니어들과 관리자들을 팀에 모으고 싶었다. 말하자면 자신이 선택한 연구소가 자신에게 모든 것을 쏟아주기를 바란 것이다. 앨런의 두 번째 질문은 "만약 우리가 경연에서 이긴다면, 당신이 이 계획을 절대 포기하지 않을 것이며 설사 도중에 자금지원이나 정치적인 면에서 문제가 생기더라도 목숨을 걸고 싸울 것이라고 서면으로 약속해주겠습니까?"였다. 다음은 앨런의 말이다.

엘라치와 크리미기스 모두 나의 두 가지 질문에 대해 하룻밤 생각해보고 다음 날 다시 전화하겠다고 말했다. 다음 날 엘라치는 다시 나와 통화하면서, JPL이 APL을 월등히 앞설 테지만 연구소 내에 명왕성 제안서 팀을 단 하나만 두는 것은 불가능하다는 것과 도중에 계획이 취소되는 경우 NASA에 맞서 싸우겠다는 약속을 해줄 수 없는 이유를 30분에 걸쳐 설명했다. 간단히 말해서 그는 내 질문 두 개에 모두 안 되겠다는 대답을 하면서 설사 여러 PI가 이끄는 여러 제안서 팀을 운영하고 나중에 문제가 생겼을 때 이 탐사계획을 위해 무조건적으로 싸우겠다는 약속을 할 수는 없더라도 JPL에서 편안히 일할 수 있을 것이라고 나를 설득하는 데 통화시간을 모두 쏟은 것이다. 그 직후에 전화를 걸어온 크리미기스는 이렇게 말했다. "앨런, 자네가 우리의 하나뿐인 PI가 될 거야. 만약 우리가 경쟁에서 이긴다면 우리는 절대 포기하지 않을 걸세. 내 이름을 걸고 약속하네." 나는 톰의 대답에 무척 만족했지만, 일단 전화를 끊고 생각했다. "일 났네. JPL은 진심으로 우리를 뒷받침해주지 않겠다고 하고, APL은 설사 그런 의지가 있더라도 확실히 약자라서 힘도 세고 정치적 입지도 탄탄한 JPL에게 아무래도 질 것 같은데." 결정을 내리기가 힘들었다.

APL이 그렇게 약자가 된 이유 중 하나는, 파이어니어 호의 두 차례 플라이바이와 보이저 호의 두 차례 플라이바이, 그리고 외행성 궤도선인 갈릴레오 호와 카시니 호 등 성공의 역사를 써내려온 JPL과 달리 외행성 탐사경험이나 실적이 전혀 없다는 점이었다. 외행성 탐사에는 특유의 기술적 과제와 운영상의 어려움이 수없이 존재하기 때문에 이 점이 엄청나게 중요하다. 우선 비행시간만 해도 내행성으로 향할 때에 비해 훨씬 길어서 수명이 아주 긴 우주선을 제작해야 한다. 오랜 비행기간 동안 우주선을 조종하고 관리하는 문제도 만만치 않다. 우주선의 신뢰도와 오작동 방지 기능(우주선이 자동으로 문제를 해결할 수 있는 능력) 또한 외행성까지 오랜 우주 여행을 감당할 수 있는 수준이어야 한다. 우주선이 비행 중에 극단적인 온도를 경험하게 될 터이니, 열공학 면에서도 훌륭하고 믿음직한 조치가 필요하다. 게다가 우주선이 태양에서 아주 멀리 떨어진 곳을 비행할 때는 태양광 패널로 동력을 생산할 수 없어서 핵에너지가 필요하다. 그리고 이로 인해 기술적인 면과 규정 면에서 모두 엄청난 과제들이 새로 생겨난다. 다음은 앨런의 말이다.

나는 그날 저녁 JPL과 APL을 비교하며 오랫동안 치열하게 고민했다. APL이 이 일을 감당해낼 수 있다는 것은 알고 있었지만, 그 팀에 합류하는 것이 더 모험적인 결정이라 사실상 선택의 여지가 별로 없는 셈이었다.

그러나 나는 한밤중에 깨어나 APL로 결정해야겠다고 마음을 정했다. 정말로 그 일을 원해서 영원히 뒷받침해줄 팀에 합류해야 한다는 생각 때문이었다. 하지만 내 결정으로 인해 많은 약점이 생기리라는 점도 알고 있었다. 내가 APL에 합류한다면, 엘라치가 앞으로 영원히 나를 JPL의 기피인물로 삼을 것이다. APL을 선택하면서 나는 정신이 번쩍 들었다. 만약 우리가 경연에서 진다면,(그럴 가능성이 있었다) 내가 개인적으로 엄청난 결과를 감당해야 할 것이다. 하지만 내 질문에 대한 엘라치의 답과 크리미기스의 답을 생각해보면 내 선택은 APL일 수밖에 없었다.

그날 밤 뜬눈으로 침대에 누워 다가올 경연을 생각하면서 나는 JPL을 한 번 이겨보자는 생각에 점점 의욕이 솟았다. 그래서 다음 날 아침 아주 일찍 두 사람에게 전화를 걸어 내 결정을 알렸다. 크리미기스는 기뻐했고, 엘라치는 당황했다.

전쟁터 입성

앨런은 APL의 명왕성 탐사 제안서 팀을 이끌기로 마음을 정한 뒤 크리미기스와 함께 드림팀을 구성하는 작업에 착수했다. 제안서와 프로젝트 담당 매니저로 APL은 연구소 내에서 우주 프로젝트 매니저로 가장 경험이 많은 톰 코클린Tom Coughlin을 임명했다. 코클린은 성공을 거둔 NEAR 행성 탐사에서도 운영을 맡아 예산을 3억 달러나 절약한 인물이었다. 핵에너지를 사용하는 우주선 발사의 승인이라는 위험한 함정을 통과하는 일은 APL의 글렌에게 맡겼다. 그는 APL 우주부서에서 엔지니어링 분야를 이끄는 차분하고 뛰어난 인물이었다. 앨런이 그다음에 주의를 돌린 것은 공동연구자로 팀에 합류할 과학자들을 선별하는 작업이었다.

앨런은 2000년 크리스마스 연휴 내내 팀에 데려오고 싶은 과학자들에게 연락을 취하고, APL과 함께 우주선 설계를 연구하고, 탐사계획 구성을 위해 최고 수준의 관련 업체 열두 곳을 상대하고, 업무분장과 탐사선에 실릴 장비를 결정하기 위한 팀 회의

뉴호라이즌스, 새로운 지평을 향한 여정

를 준비했다.

이제 남은 것은 한동안 쉬는 날 없이 하루에 거의 24시간씩 일에만 미친 듯이 매달리며 탐사계획의 세부사항들을 설계하고, NASA가 요구하는 모든 정보를 담은 전화번호부 두께의 제안서를 작성하는 일이었다.

제안서 팀은 미친 듯이 돌아갔다. 보통은 몇 년에 걸쳐 신중한 연구를 한 뒤에 내려야 하는 결정들을 며칠 만에 내리는 식이었다. 짜릿했지만, 모든 결정에는 엄청난 결과가 따랐다. 조금이라도 도를 넘는다면 비용과 일정이든 중량이든 동력원 제한이든 요건을 맞추는 데 비현실적인 제안서가 만들어질 것이고, 지나치게 몸을 사린다면 심사과정에서 값비싼 대가를 치를 가능성이 있었다. 앨런은 패배가 예정되어 있는 두 길 사이에서 칼날에 올라타 달리고 있는 심정이었다. 그는 기술적인 면에서도 운영 면에서도 완벽하고, 훌륭하게 균형이 잡힌 제안서를 만들어내야 했다. 아주 작은 흠이라도 발견된다면, JPL의 경험 많은 팀에게 우승을 안겨주는 빌미가 될 터였다.

NASA가 정한 마감시한인 3월까지 제안서 전체를 작성해서 검토하고 다시 완벽하게 다듬는 작업이 매주 주말도 없이 이어졌다. 그러나 곧 카프카의 작품에서나 볼 수 있는 일이 벌어졌다. 제안서 초고 전문이 처음으로 검토를 통과한 2001년 2월 초에 새로 취임한 부시 정부가 충격적인 임기 첫 번째 연방정부 예산안을 발표한 것이다. NASA가 바로 얼마 전에 명왕성 탐사계획을 경쟁에 부칠 것이라고 발표했는데도, 정부는 이 예산안에서 명왕성 탐사계획에 돌아갈 NASA의 예산을 전부 없애버리고 대신 유로파 탐사에 새로운 시작을 부여했다! 이 예산안이 발표되고 하루나 이틀 뒤에 NASA는 명왕성 탐사계획 제안서 경연을 취소해버렸다.

앨런은 기가 막혔다. 미치도록 화도 났다. JPL이 뒷수작을 부린 것 같다는 의심이 들었다. 제안서 경연이 무위로 돌아갔을 때 JPL은 이득을 보는 쪽이었기 때문이다.

나는 너무나 화가 나서 냉정히 생각할 수 없었다. 뭔가 구린 냄새가 났다. 만약 유로파 탐사가 진행된다면, JPL이 그 일을 맡는 것은 따놓은 당상이었다. 이미 아무런 경쟁 없이 JPL에 유로파 탐사가 할당되어 있기 때문이었다. 게다가 유로파 탐사는 금전적인 측면에서 명왕성 탐사보다 훨씬 더 큰 사냥감이었다.

앨런은 JPL이 막후에서 부시 정부를 설득해 명왕성 탐사 대신 유로파 탐사에 새로운 시작을 부여하게 했을 것이라고 추측했다. 그가 보기에 JPL에게는 명왕성 탐사를 눌러버릴 이유가 더 있었다. 만약 이번 경연에서 APL이 우승한다면, 장차 진행될 모든 외행성 탐사에서 APL이 강력한 경쟁자로 등장할 것이라는 점.

앨런은 즉시 크리미기스에게 전화를 걸었다. 그는 크리미기스가 대략 다음과 같은 말을 했다고 기억한다.

"여기저기 좀 들이받을 때가 된 것 같군."

우주과학자에게서 이런 말을 들은 것은 처음이었다. 앨런은 속으로 생각했다.

'세상에, 내가 확실히 사람을 제대로 골랐잖아. 크리미기스는 이번 탐사를 위해 전쟁을 벌일 생각이야!'

크리미기스는 충격에 더 강력한 화기로 대응하기로 하고, 자신이 아껴둔 정계의 에이스를 불러들였다. APL이 위치한 메릴랜드 주의 연방 상원의원이며 강력한 영향력을 지닌 바바라 미컬스키Barbara Mikulski가 바로 그 에이스였다. 당시 상원의 우주 탐사자금 지원 위원회 의장이던 미컬스키는 크리미기스의 부탁으로 NASA에 신랄한 편지를 보내 명왕성 탐사 제안서 경연을 다시 시작할 것을 요구했다. 그녀는 이 편지에서 NASA를 질책하며, 그들이 이 경연을 취소한 것은 곧 명왕성 탐사에 자금을 지원할 것인지 결정할 미국 의회의 권한을 빼앗는 행위였음을 일깨웠다. 미컬스키는 NASA에게 이런 짓을 할 자격이 없다고 말했다. NASA는 자신의 돈줄을 쥔 상원위원회 의장의 말을 듣는 것 외에 다른 선택의 여지가 없었으므로, 결국 경연을 다시 시작했다.

게임의 막이 다시 오른 것이다.

거인들과 맞서 싸우기

앨런의 APL 팀 외에 네 팀이 더 명왕성 탐사 제안서를 준비하고 있었다. 그중에 가장 만만찮은 상대인 두 팀은 JPL 소속으로, 경험도 많고 나이도 많은 PI가 이끌고 있었다. 두 사람 모두 보이저 호를 비롯한 여러 전설적인 탐사계획에 참여한 적이 있는 유명한 베테랑들이었다. 그중에 소더블롬은 미국 지질조사국 출신의 존경받는 행성지질학자였다. 예전에는 보이저 호 카메라 팀에서 얼어붙은 위성들에 대한 연구를 이끌었으며, JPL 고위급 운영진의 애정을 한 몸에 받고 있었다. 또 다른 PI인 래리 에스포지토 Larry Esposito는 NASA의 토성 궤도선 카시니 호에 실린 자외선 분광계의 PI였고, 콜로라도 대학에서 행성학을 가르치는 교수로서(앨런이 예전 대학원에서 자신을 가르친 스승과 경쟁을 벌이게 되었다는 뜻이다) 행성에 대한 박학한 지식을 자랑했다. 앨런은 자신이 이런 거인들과 실적을 겨루기에는 경험이 너무 적다는 것을 잘 알고 있었다. 그러니 그의 팀이 최고의 제안서를 내놓는 것 외에는 방법이 없었다. 앨런은 자신과 자신의 팀이 여러 명의 골리앗과 맞서는 다윗 같다는 생각을 자주 했다.

이제 막 싹을 틔우는 행성학자 레슬리 영Leslie Young의 역할이 중요했다. 1988년 MIT 학부생 시절에 명왕성의 대기를 발견한 팀의 일원이었던 레슬리는 2001년이 된 지금 박사가 되어 앨런 밑의 박사후연구원으로 들어와 있었다.

레슬리는 제안서 집필 팀의 핵심인물이었다. 똑똑하고 열정이 넘치는 그녀는 엄청난 양의 작업을 소화해냈을 뿐만 아니라, 제안서의 핵심적인 부분을 혼자서 이끌기도 했다. NASA는 제안서의 신뢰성을 위해 경연에 참가하는 팀에게 그들이 제안한 우주선의 능력 안에서 필요한 관측을 실제로 모두 실행할 수 있는 플라이바이 계획을 내놓으라고 요구했다. 우주선에 실릴 관측장비들의 해상도, 민감도, 기타 기술적인 사양이 모두 탐사목표를 충족하는(또는 뛰어넘는) 관측을 실행하기에 알맞다고 증명하는 것만으로는 부족했다. 우주선 설계와 장비의 기능, 그리고 각 팀이 선택한 플라이바이 경로로 필요한 관측을 모두 매끄럽게 수행할 수 있다는 것, 우주선이 방향을 바꿀 때마다 시간이 충분하다는 것, 어느 순간에든 동력 소모량이 지나치게 많지 않다는 것, 데이터 저장용량을 넘기는 일이 결코 없으리라는 것 등 많은 요건을 충족할 수 있다고 증명해야 했다.

이런 플라이바이 계획을 만들어내는 것은 10차원 이상의 세계에서 체스를 두는 것과 같았다. 레슬리는 바로 이 작업을 이끌면서 이런 복잡한 계획 수립 분야의 세계적인 전문가가 되었다. 처음에 앨런은 레슬리처럼 젊은 박사후연구원이 이런 복잡한 작업을 잘 이끌 수 있을지 조금 걱정이었다. 그러나 앨런은 그녀가 필요한 능력을 모두 갖추고 있음을 곧 깨달았다. 앨런이 제안서가 완성될 때까지 야간근무와 주말근무를 모두 해야 한다고 말하자, 레슬리는 이렇게 말했다.

"제 목표는 우승이에요. 무슨 수를 써서라도."

이 말, 즉 "무슨 수를 써서라도"는 레슬리의 주문 같은 말이 되었으며, 앨런도 이 말에 감탄한 나머지 일이 힘들어질 때마다 이 말을 표어처럼 외쳤다.

APL 제안서 작업에 참여한 사람은 100명이 넘었다. 핵심적인 인물을 몇 명 꼽는다면, 우선 APL의 경험 많은 비행 관리자 앨리스가 있었다. 그녀는 뉴호라이즌스 호가 여행하는 10년 동안 우주선을 조종하고 통제하는 방법을 설계하는 일을 맡았다. 전기와 시스템 엔지니어인 크리스 허스먼Chris Hersman은 뉴호라이즌스 호의 전체적인 설계를 맡았고, 사우스웨스트 연구소(이하 SwRI)의 빌 깁슨Bill Gibson은 제안서 팀 내에서 가장 노련한 우주 프로젝트 매니저로서 기업과 대학 네 군데에서 맡은 관측장비 일곱 가지

뉴호라이즌스, 새로운 지평을 향한 여정

의 설계, 제작, 시험을 예산에 맞춰 관리하는 책임자가 되었다.

기술과 운영계획의 어려운 과제들과 씨름하고 티끌 하나 없이 완벽한 제안서를 작성하는 일 외에, 앨런은 유난히 강력한 내부 검토 팀에게 제안서를 보이는 일도 추진했다. 기술과 운영 면의 문제는 물론 심지어 교육적인 문제까지 모조리 찾아내 수정하기 위해서였다. 당시 대부분의 제안서는 이처럼 치열한 내부 검토 팀의 검토를 거쳤다. 전문가들로 구성된 모의 심사위원회가 제안서를 비판적으로 평가하고 약점을 찾아내는 식이었다. 그러나 앨런은 경험 많은 경쟁자인 JPL 팀을 염두에 두고, 검토 팀을 셋이나 만들어 제안서의 수준을 올리고 싶었다. 비용과 시간이 모두 많이 들 뿐만 아니라, 거의 편집증이라고 해도 될 만한 수준이었다. APL은 업무부담과 비용을 들어 반대했으나, 결국 앨런이 이겼다. 다음은 앨런의 말이다.

한동안 제안서 팀원들이 나를 별로 좋아하지 않았다. 내가 너무 많은 것을 요구했기 때문이다. 너무 많은 검토, 너무 많은 수정, 너무 많은 야간근무와 주말근무. 나는 그저 제안서만 제출하려고 이 일을 하는 것이 아니었다. 우승이 아니면 그냥 집으로 돌아가는 수밖에 없었다. 2등에게는 돌아오는 것이 전혀 없으므로 해내지 않으면 무너질 뿐이었다.

이름을 지어주세요

제안서를 쓰는 중에 언뜻 사소해 보이지만 아주 중요한 일이 대두되었다. 제안서와 탐사선의 이름을 정하는 것. 이름을 정하는 것은 PI인 앨런의 책임이었지만, 그는 팀원들에게서도 승인을 받고 싶었다.

밴드를 구성해본 사람이라면 이런 과정이 어떻게 돌아가는지 잘 알 것이다. 밴드 이름을 완벽하게 짓고 싶어서 이런저런 이름을 생각하지만 죄다 퇴짜를 맞은 뒤에는 그때까지 나온 이름을 하나로 합쳐버리고 말자는 생각이 들거나 모든 이름이 똑같이 형편없어 보이기 시작한다.

앨런은 자신들의 의도를 잘 설명해주면서 동시에 사람들에게 기대를 심어주는 이름을 짓고 싶었다. NASA에 제출할 제안서이니 만큼 당연히 머리글자를 딴 이름들이 무수히 제안되었다. 특히 명왕성Pluto 탐사계획인 만큼 P가 들어가는 이름이 많았다. 탐사exploration를 뜻하는 E, 탐사계획mission을 뜻하는 M이 들어간 이름도 많았다. 이런저런 이름들이 나타났다 사라졌다. COPE, ELOPE, POPE, PFM 같은 이름들이 귀에 잘 들어오지 않는다는 이유로 사라졌다. PEAK(명왕성 탐사와 카이퍼대Pluto Exploration And Kuiper-Belt)나 APEX(더 나아간 명왕성 탐사Advanced Pluto EXploration)처

　　　　　　　　　　뉴호라이즌스, 새로운 지평을 향한 여정

럼 조금 더 나은 이름들도 있었다. 그러나 특별히 기대를 심어주거나, 강렬하거나, 귀에 잘 들어오거나, 기억에 남는 이름은 없었다.

그러던 중에 앨런의 팀은 콜로라도 대학의 에스포지토가 맡은 JPL 팀이 이름을 POSSE로 정했다는 소식을 들었다. '명왕성 외행성 탐험가Pluto Outer Solar System Explorer'의 머리글자를 딴 이름이었다. 탐사의 내용을 훌륭하게 설명한 이름이었지만, 앨런이 보기에는 기대감을 자극하는 느낌이 덜한 것 같았다. 그래서 이런 농담을 던졌다.

"누굴 체포하러 가나?"◇

앨런은 이런 것보다 희망적인 이름을 원했다.

머리글자를 딴 이름들을 수십 개나 더 만들어본 뒤에야 앨런은 머리글자라는 NASA의 틀에서 벗어나야 한다는 사실을 깨달았다. 그래서 머리글자 이름 대신 그 자체로서 기대를 자극하는 짧은 문구나 슬로건, 즉 그들이 이번 탐사로 달성하고자 하는 일의 정수를 포착한 이름을 만들어보기로 했다.

이번에도 팀원들이 많은 이름을 제안했다. 클라이드가 원래 '행성 X'를 찾았던 것을 기념해서 그냥 'X'라고 하자는 제안

◇ Posse Comitatus는 치안관이 유사시에 소집하는 보안대나 수색대를 뜻한다.

　　　　　　　　　　　　　제4장 죽어도 죽지 않는

도 있었다. 이 이름은 X-15처럼 NASA의 선구적인 항공기들을 연상시키기 때문에 미래지향적인 느낌이 난다는 장점이 있었다. 그 밖에 '뉴프런티어', '거인의 한 걸음'을 제안한 사람들도 있었다. 그러나 모두 조금씩 문제가 있었다. 어떤 사람들은 'X'가 마약인 엑스터시를 암시하는 것 같다고 했고, '뉴프런티어'는 케네디 John F. Kennedy의 우주 프로그램을 말하는 것 같다고 했다. 앨런은 부시 정부가 이 이름을 보고 화를 낼 것 같았다. 아폴로 호를 타고 달에 착륙한 우주인의 발언에서 따온 '거인의 한 걸음One Giant Leap'의 경우에는, 사람들이 그런 이름으로 제출된 제안서를 보고 '거인의 무모한 걸음one giant leap of faith'이라고 조롱할까 봐 걱정스러웠다. 시간은 점점 흘러갔다. 한 주가 흐를 때마다 팀원들의 호소가 밀려들었다.

"이름을 지어야 합니다. 벌써 검토 팀이 제안서를 보고 있는데 아직 이름조차 없다니요. 이름을 지어주세요!"

어느 토요일, 아주 오랜만에 보울더의 집으로 돌아간 앨런은 달리기를 하면서 머리로 생각을 정리하고 있었다. 그러다 이름을 짓는 문제에 생각이 미쳤다. 다음은 앨런의 말이다.

바로 그 자리에서 나는 매우 긍정적인 단어인 '뉴new'가 반드시 이름에 들어가야 한다고 결정했다. 우리가 아주 많은 의미에서 새로운 일을 하고 있기 때문이었다. 젠장, '뉴프런티어'가 저어엉말 좋은데, 정치적인 의미가 있다니. 도중에 횡단보도에서 신호등이 바뀌기를 기다리는데, 우연히 서쪽 지평선horizon의 로키산맥이 눈에 들어왔다. 그 순간 아이디어가 떠올랐다. '뉴호라이즌스.' 우리는 명왕성과 카론과 카이퍼대를 탐사하기 위해 새로운 지평선을 찾고 있었고, PI가 주도하는 최초의 외행성 탐사계획을 추진하는 것 역시 새로운 지평을 개척하는 작업이었다. 뉴호라이즌스처럼 밝은 이름에서 검은 의미를 찾아내기는 불가능할 것 같았다. 뉴호라이즌스는 부르기도 쉽고, 기억하기도 쉬웠다. 우리 탐사계획이 두 가지 중요한 의미에서 새로운 일을 하게 될 것임을 상징하는 이름이기도 했다. 달리기를 계속하면서 이 이름이 우리에게 딱 맞는다는 확신이 들었다. 나는 머릿속으로 이 이름을 공격해봤지만 나쁜 점을 찾을 수 없었다. 달리기를 끝낼 무렵에는 이미 내 마음이 굳어진 상태였다. 어떤 의미에서는 이것이 역사적인 결정이라는 생각을 했던 것이 기억난다. '만약 우리가 이 경쟁에서 이긴다면, 의회가 이 탐사계획의 실행에 필요한 자금을 지원해준다면, 탐사선이 무사히 발사대에 올라간다면, 모든 것이 우리 뜻대로 이뤄져서 명왕성을 성공적으로 탐사하게 된다면, 그러면 뉴호라이즌스라는 이름이 앞으로 수백 년 동안 교과서와 백과사전에 실리겠지.

뉴호라이즌스 호 만들기

경험 많은 팀들과의 경쟁에서 이기기 위해 뉴호라이즌스 호를 차별화해줄 여러 특징들이 제안서에 포함되었다. 그중에서도 핵심은 장비의 유효탑재량 증가였다. 그 덕분에 뉴호라이즌스 호는 명왕성에서 NASA가 요구하는 관측을 시행할 수 있었고, 또한 과학적인 연구에 새로운 차원을 더해줄 여러 장비가 보완되었다. 앨런은 제안서에 포함된 기능 중에는 NASA가 정한 요건이 아닌 것도 있지만, 그 덕분에 탐사의 범위가 넓어져서 완전히 새로운 사람들의 지지를 끌어올 수 있게 될 것 같은 느낌이 들었다. 나중에 탐사계획에 자금지원이 끊이지 않게 하는 데 어쩌면 이 새로운 사람들의 지지가 필요해질 수도 있었다. 이러한 보너스 장비를 우주선에 더 탑재할 수 있게 된 것은 주로 APL이 JPL 연구 팀이 제시한 것보다 훨씬 더 저렴한 비용으로 우주선을 개발하고 탐사를 진행한 실적을 갖고 있기 때문이었다. 예산을 절약해서 장비를 추가할 틈새를 마련할 수 있었던 것이다.

뉴호라이즌스 호의 제안서에서 탑재장비의 중심이 된 것은 예전에 앨런의 팀이 (지금은 취소된) PKE 경연을 위해 촬영장치와 분광계를 하나로 합친 장치였다.

이 장치, 즉 명왕성 탐사 원격감지조사Pluto Exploration Remote Sensing Investigation(이하 PERSI)는 가시광선, 적외선, 자외선을 다룰 수 있는 구성물질 분광계와 카메라가 합쳐진 강력한 세트로, 명왕성과 카론의 상세한 표면 사진을 찍어 도시의 한 블록 크기만큼 작은 특징까지도 잡아낼 수 있었다. 또한 적외선 관측을 통해, 명왕성과 카론의 표면이 어떤 물질들로 구성되어 있는지 지도로 작성하는 작업도 예정되어 있었다. 자외선 영역에서는 명왕성 대기의 구조 및 조성을 밝히고 카론에 대기가 있는지 찾아보는 일을 할 터였다.

그다음 전파신호 실험Radio-Science Experiment(이하 REX)은 고도에 따라 명왕성 대기의 압력과 온도를 측정할 장비였다. 이것은 NASA가 정한 요건 중 하나였다. 앨런은 REX를 제작하기 위해 스탠퍼드의 렌 타일러Len Tyler 교수가 이끄는 팀을 섭외했다. 전파 실험 분야에서 가장 경험이 많은 타일러의 팀은 과거 명왕성 탐사선의 전파신호 실험장비 개발에 참여한 적이 있으며, 이런 실험장비에 대해서는 세계 최고의 기술을 지니고 있었다. 타일러의 스탠퍼드 팀 덕분에 앨런은 대단히 유능한 전파 실험 팀을 확보하는 한편 모든 경쟁자들에 비해 전략적으로 커다란 이점을 지니게 되었다.

그다음으로 그가 선택한 것은 하전입자 관측(랠프와 프랜의 분야)을 위한 장비 두 개였다. 각각 명왕성 활동입자 분광계 연구Pluto

Energetic Particle Spectrometer Science Investigation(이하 PEPSSI)와 명왕성 주위의 태양풍Solar Wind Around Pluto(이하 SWAP)이라고 불리는 이 장비들의 목적은 명왕성 대기에서 탈출하는 기체들의 구성과 탈출속도 연구였다.

뉴호라이즌스 장비들 중 금상첨화는 장거리 정찰 촬영장치 LOng Range Reconnaissance Imager(이하 LORRI)였다. 단순한 흑백 카메라에 불과하지만, 초점거리가 긴 대형망원경을 이용해 뉴호라이즌스 호의 과학적 성과에 매우 중요한 측면 세 가지를 추가해 줄 물건이었다. JPL이 그때까지 실행했던 어떤 탐사에서도 계획에 포함된 적이 없는 측면들이었다. 첫째, LORRI의 고해상도 망원경 덕분에 뉴호라이즌스 호는 NASA가 명왕성과 카론의 지도작성을 위해 요구한 수준보다 해상도가 다섯 배 이상 좋은 사진을 찍을 수 있을 것이다. 따라서 지질학 연구의 폭이 크게 넓어지고, 예전에 시행된 행성 플라이바이에서는 결코 얻을 수 없었던 상세한 사진들이 제공될 것이다. 도시의 블록 크기가 아니라 건물 크기만 한 특징까지 잡아낼 수 있게 될 것이라는 뜻이었다. 둘째, LORRI는 고배율 확대가 가능한 촬영장치라서 우주선이 명왕성에 접근할 때 10주 동안, 그리고 멀어질 때 10주 동안 허블우주망원경의 최고 해상도 명왕성 사진을 능가하는 결과물을 내놓을 것이다. 즉 고속 플라이바이를 '명왕성에서 보내

뉴호라이즌스, 새로운 지평을 향한 여정

는 주말'로 비유한다면 LORRI는 그것을 몇 달에 걸친 객원 연구 기간으로 바꿔놓을 수 있다는 뜻이었다. 새로운 종류의 수많은 연구를 가능하게 해줄 엄청난 보너스였다. 셋째, 이것이 아마 세 가지 측면 중에서도 최고라고 할 수 있을 듯한데, LORRI의 고배율 촬영장치 덕분에 단 한 번의 플라이바이로 명왕성과 카론의 뒤편, 즉 플라이바이를 하는 동안 근접관찰이 불가능한 부분의 기초적인 지도를 얻을 수 있을 것이다.

이 장비 세트는 NASA가 제시한 최소한의 요건을 훨씬 뛰어넘는 기능을 갖추고 있었다. 그러나 이러한 제안서를 내놓는 데에는 빈틈없는 영업기술이 어느 정도 필요했다. 뉴호라이즌스 팀은 탑재 장비들이 최소한의 요건 이상을 해낼 수 있을 뿐만 아니라, 주어진 예산과 일정에 맞춰 이 모든 것을 만들어내는 일이 전적으로 가능하다는 점을 동시에 보여줘야 했다. 그렇게 하지 않으면 의욕이 너무 과하다는 평가를 받을 우려가 있었다.

따라서 뉴호라이즌스 팀은 각 장비의 구성이 간결하며, 위험부담을 낮추기 위해 노력한 '과거의 경험'을 물려받았음을 제안서에서 증명하기 위해 주의를 기울였다. 이 팀이 예전에 직접 참여한 경험이 있고, 우주에서 이미 성능이 증명된 우주장비의 설계를 바탕으로 각각의 장비가 구축되었음을 증명하려 애썼다는 뜻이다.

이와 동시에 뉴호라이즌스 팀은 과학적인 성과를 너욱 높여 줄 장비들이 많이 있지만 제안서에 포함시키지 않았음을 밝혔다. 명왕성에서 자기장을 찾아볼 자력계磁力計가 한 예였다. 자신들이 좋은 아이디어를 많이 포기했음을 내보이는 이 승리전략은 적은 자원으로 더 많은 일을 할 수 있다고 제안하면서 경쟁자들의 내심을 읽어 앞서 나가려 한다는 의미에서, 많은 돈이 걸린 포커게임 같은 느낌을 풍겼다.

뉴호라이즌스 팀은 이처럼 화려한 장비 세트 외에도, 승리의 가능성을 더욱 다져줄 여러 가지 혁신적인 방안들을 내놓았다.

첫째, 명왕성까지 아주 빠르게 갈 수 있다고 주장했다. 어떻게? 목성의 중력을 이용하는 방법(여기에 비행시간 중 거의 4년이 들어갈 것이다) 외에, 거대한 아틀라스 V 발사장치에서 중간에 분리될 로켓으로 간결하지만 믿음직한 로켓 하나를 더 추가해 명왕성까지 가는 시간을 줄였다. 이 제안서에 명시된 전체 비행기간은 고작 8년으로, 만약 목성의 중력을 이용Jupiter-Gravity-Assist(이하 JGA)할 수 있는 기간인 2004년 12월까지 우주선을 발사한다면 명왕성에 도착하는 시기는 2012년 중반이었다. 만약 2004년을 놓치고, 가까운 시일 안에 JGA가 가능한 마지막 기회인 2006년에 우주선을 발사한다면, 비행시간은 9년으로 늘어났다. 뉴호라이즌스 팀은 자신들의 비행경로가 필요한 시간뿐만 아니라 위험도 줄여준다고 주장했다. 비행시간이 짧을수록 뭔가가 잘못될 시간도 줄어들기 때문이었다. 뉴호라이즌스 팀은 비행속도가 빠를수록 도착하는 시기도 빨라지기 때문에, 우주선이 명왕성에 도착하기 전에 대기가 얼어버릴 위험도 줄어든다는 점을 지적했다.

그들은 또한 우주선이 명왕성에서 지극히 효율적으로 활동할 수 있게 해주는 여러 가지 방법을 제안했다. 플라이바이는 아주 순식간에 일어날 터였다. 그것에 손을 쓸 방법은 없었다. 우주선은 시속 4만 8000킬로미터가 넘는 속도로 명왕성을 휙 스쳐 지나갈 예정이었으므로, 가장 중요한 관측들을 모두 겨우 몇 시간 안에 해내야 했다. 따라서 플라이바이 중에 최대 다섯 가지 장비를 동시에 운영하는 기능을 설계에 포함시켰으며, 플래시메모리 탑재량을 크게 늘려서 과거 PKE가 약속했던 것보다 무려 서른 두 배나 되는 데이터를 거둬들여 저장할 수 있게 했다. 또한 우주선이 카론과 명왕성 사이에서 아주 빠르게 앞뒤로 방향을 바꿔 명왕성에 가장 가까이 접근하는 날 예정된 수많은 관측에 더해 여러 연구를 할 수 있게 해주는 기능도 설계에 추가했다.

NASA가 정한 예산한도를 벗어나지 않고 이 모든 기능에 필요한 비용을 감당하기 위해 뉴호라이즌스 팀은 다른 부분에서 아주 치밀하게 돈을 절약해야 했다. 이런 절약 방법 중 가장 독창적인 것은 여행 중 많은 기간 동안 우주선을 '동면' 상태로 유지하는 인이었다. 다시 말해서, 우주신이 목성에서 명왕성으로 가는 몇 년 동안 최소한의 통신기능과 운항기능만 남겨두고 대부분의 시스템을 꺼놓는 방법. 그때까지 NASA의 우주 탐사에서 이렇게 동면이 이용된 적은 한 번도 없었다.(명왕성 탐사방법을 연구한 일부 팀들이 이 방법을 보고서에 포함시킨 적은 있었다) 하지만 이 방법을 쓰면 지상통제 팀 인원을 크게 줄일 수 있는 이점이 있다. 동면기간 중에는 우주선과 연락을 주고받을 소수의 인원만 있으면 된다. 이 방안을 비롯한 여러 혁신적인 운영방침 덕분에 뉴호라이즌스 팀은 비행을 관리하는 팀의 규모를 50명 이하로 계획했다. 보이저 호 때는 이 팀의 규모가 450명을 넘었다는 점을 감안하면 획기적인 일이었다. 또한 뉴호라이즌스 팀은 우주선이 명왕성에 도착했을 때의 원거리통신 능력을 해왕성에 도착했을 때의 보이저 호에 비해 10분의 1 수준으로 일부러 줄여놓았다. 더 작고, 가볍고, 저렴한 안테나, 동력이 덜 드는 송수신기를 장착하기 위해서였다. 그러면 우주선이 핵에너지원 두 개가 아니라 하나만으로도 그럭저럭 해낼 수 있으므로, 동력과 비용과 질량을 모두 절약할 수 있었다. 그들이 데이터 송수신 능력을 줄인 데에는, 명왕성에서 최대한 데이터를 수집해 우주선 내에 안정적으로 저장할 수만 있다면 그 데이터를 지구로 송신하는 일은 느긋하게 해도 된다는 생각이 바탕이 되었다. 뉴호라이

뉴호라이즌스, 새로운 지평을 향한 여정

즌스 팀은 다음과 같은 말을 주문처럼 외웠다.

"명왕성까지 우주선을 보내는 데에 거의 10년을 쓸 수 있다면, 거기서 보내오는 데이터를 모두 받는 데 1년쯤 더 쓰는 건 아무것도 아니다."

뉴호라이즌스 팀은 또한 저비용 탐사선을 태양계의 거의 끝까지 보내는 과정에서 발생할 수 있는 위험을 최소화하기 위한 중요한 방법들도 여러 가지 찾아냈다. 예전에 NASA는 행성에 첫 탐사선을 보낼 때 항상 우주선 두 대를 보냈지만, 이번에는 한 대만 보낼 예정이었으므로 당연히 위험이 내재되어 있었다. 그러나 우주선 두 대를 보낼 여유가 없었다. 따라서 뉴호라이즌스 팀은 우주선의 모든 시스템을 "완전히 중복적"으로 만드는 방식을 채택했다. 추진 시스템에서부터 메모리 저장장치와 운항관리 및 유도 컴퓨터, 그리고 쌍둥이 원거리 송수신기에 이르기까지 모든 중요한 구성요소들에 대해 온전한 기능을 갖춘 백업 시스템을 마련해 고장에 대비했다.

과거에 이뤄진 명왕성 탐사계획 연구 중 일부는 무게나 비용을 줄인다는 명목으로 이런 백업 시스템을 희생한 적이 있었다. 그러나 뉴호라이즌스 팀은 바로 이 점을 홍보 포인트로 삼았다. NASA가 정말로 명왕성에 탐사선을 보낼 작정이라면, 뉴호라이즌스 팀은 설사 비행 중에 하드웨어에 문제가 생기더라도 어떻게

든 성과를 거둘 수 있다고 NASA를 향해 주장하기로 했다. 뉴호라이즌스 팀은 관측장비에도 백업 시스템을 도입했다. 모두 여덟 대의 카메라, 구성성분을 기록할 수 있는 분광계 두 대, 플라즈마 장비 두 대, REX 전파 실험장비 두 대를 탑재했기 때문에, 설사 어느 장비 하나가 단 한 번뿐인 명왕성 플라이바이 이전이나 도중에 고장을 일으키더라도 우주선은 핵심적인 탐사목적을 모두 수행할 수 있다.

플레이오프

명왕성 탐사계획을 결정하기 위한 NASA의 경연은 두 단계로 구성되었다. 제안서를 작성하는 데 필요한 재원과 팀원을 모을 수 있는 사람이라면 누구나 경연 1회전에 참가할 수 있었다. NASA는 이중에서 최고의 제안서를 두 개만 골라서 2회전에 올릴 예정이었다. 2회전에서는 더 정교하고 상세한 대접전이 벌어질 터였다. 이런 결승전 시스템은 오로지 한 팀만이 트로피를 들고 집으로 돌아갈 수 있다는 점에서 프로 스포츠리그의 플레이오프와 비슷했다.

그러나 스포츠와 달리 이 결승전에서 패한 팀에게는 내년에 다시 경기에 나설 기회가 없었다. 아니, 아예 두 번 다시 기회를 잡을 수 없었다.

1회전에 참가신청을 한 팀은 다섯이었다. 이중에 약체인 한 팀이 도중에 자진해서 물러났으나, 나머지 네 팀은 2001년 4월 6일에 1회전 합격선을 통과했다. 그들이 제출한 제안서에는 모두 명왕성 탐사선을 제작해서 명왕성까지 보내는 과정이 기술 측면과 운영 측면에서 몹시 상세하게 기술되어 있었다. NASA는 모든 관련 분야의 전문가들을 모아 대규모 심사위원회를 구성했다. 프로젝트 운영, 예산분석, 위험도 분석 등 10여 개 분야를 평가해서 제안서의 순위를 매기는 것이 이 심사위원회의 목적이었다. 그들이 네 팀의 제안서를 심층 검토하는 데에는 두 달이 걸렸다.

NASA가 선발된 두 팀을 발표할 시기가 되었을 때, 앨런은 파리에서 국제 카이퍼대 회의에 참석하고 있었다. 명왕성과 카이퍼대를 연구하는 많은 학자들이 그 회의에 참석했고, 그들 모두 NASA의 발표가 임박했다는 사실을 알고 있었다. 6월 6일 자정 가까운 시각에 앨런은 개선문 근처에 있는 호텔로 돌아왔다. 그가 로비를 걸어가는데 프런트데스크 직원이 그에게 말했다.

"스턴 씨, 전화 메모 네 건이 있습니다."(당시는 당연히 스마트폰이 등장하기 전이었다)

앨런은 메모를 살펴봤지만 NASA 본부에서 온 것은 없었다. 그러나 콜로라도 지역번호로 '영'이라는 사람에게서 온 메모가 눈에 띄었다. 앨런은 그 번호가 레슬리의 것임을 깨달았지만, 자신이 그녀와 함께 마무리하고 있는 논문과 관련된 연락일 것이라고 짐작했다. 그래서 아침에 연락하려다가 그냥 곧장 전화하기로 마음을 바꿨다. 레슬리가 전화를 받았으나, 앨런의 귀에 들리는 소리는 온통 혼란스러운 배경소음뿐이었다. 보울더에서 벌어진 파티 소음 속에서 레슬리가 앨런에게 고함을 질렀다.

"우리가 결승 진출 팀으로 뽑혔어요!"

뉴호라이즌스 팀이 해낸 것이다! 그러나 1회전보다 훨씬 힘들고 험한 2회전이 기다리고 있었다.

뉴호라이즌스 팀과 함께 결승에 진출한 팀은 JPL의 POSSE였다. 콜로라도 대학(이하 CU)의 에스포지토가 PI를 맡은 팀. 결국 명왕성 탐사 경연이 보울더 대 보울더, CU 대 SwRI로 압축된 셈이었다. 이 두 팀은 앞으로 석 달 동안 정신없이 결승 레이스를 벌이며 상세한 탐사계획을 작성해야 했다.

에스포지토의 팀은 막강했고, 그들의 제안서는 뛰어났다. 게다가 POSSE 팀은 JPL의 무게감과 실적을 등에 업었고, 수많은 경험을 쌓은 록히드마틴사를 우주선 제작사로 확보해놓고 있었다. 뉴호라이즌스 팀은 이 싸움에서 여전히 골리앗에 맞선 다윗의 입장이었지만, 적어도 지금은 상대해야 할 골리앗이 한 명뿐이었다.

POSSE의 제안서는 여러 면에서 뉴호라이즌스 제안서와 달랐다. JPL과 록히드마틴사는 APL에 비해 기본적으로 많은 비용을 요구하는 연구소와 기업이었으므로, POSSE는 예산한도를 벗어나지 않기 위해 3단계 분리 로켓이 없는 저성능 발사장치를 이용해야 했다. 따라서 명왕성까지 가는 시간이 늘어났다. 우주선의 무게도 더 나갔다. 비용을 절약하기 위해 원거리통신 기능을 저성능으로 설정하는 조치도 없었다. POSSE는 또한 앨런의 표현에 따르면 '속임수용 미끼'를 제안서에 포함시켜서, 신기술을 개발하겠다고 제안했다. 소형 고성능 반동추진 엔진이 한 예인데, 기술개발 면에서는 점수를 딸 수 있지만 대신 돈이 많이 들었다. 이런 새로운 기술이 일정에 맞춰 완성되지 않거나, 비용이 점점 높아질 위험도 있었다. POSSE는 여기서 그치지 않고, 우주선에 열한 가지 관측장비를 실었다. 획기적인 소액 예산과 짧은 개발기간에 비해 너무 많은 것을 약속함으로써, 앨런의 표현에 따르면 '크리스마스트리 라인'이 나쁜 쪽으로 넘어간 셈이었다.

뉴호라이즌스 제안서가 결승에 진출했다는 소식과 함께, 콜로라도와 메릴랜드를 끊임없이 오가는 생활이 3개월 더 이어졌다. 이 기간 동안 뉴호라이즌스 팀은 일주일 내내 야근을 하며 더 상세한 설계분석, 비용분석, 장비 성능분석, 발사가 2006년으로 미뤄질 때를 대비한 예비계획을 새로 마련하고, 연구소 내 검토 팀의 검토도 새로 거쳐야 했다. APL에서 북쪽으로 채 10분 거리도 안 되는 메릴랜드 주 컬럼비아의 셰러턴호텔이 팀원들의 집 아닌 집이 되었다. 그들은 그 호텔의 술집에서 맥주를 앞에 두고, 노트북을 열어놓고, 냅킨에 메모를 해가며 늦은 시간까지 일하기 일쑤였다. 나중에는 호텔 직원들이 팀원들의 이름을 모두 외울 정도였다. 호텔 바텐더 중 린다 라파Linda Lappa는 팀원들이 늦은 밤까지 회의를 거듭할 때 아예 고정 멤버가 되어, 나중에 팀원들이 애정의 표시로 비공식적인 프로젝트 운영 차트 중 일부에 '프로젝트 바텐더'로 이름을 올려주기까지 했다.

'최고의 최종' 제안서 제출시한인 9월 18일 이전의 몇 주 동안 팀원들은 작업에 미친 듯이 박차를 가했다. 레슬리는 제안서를 제출하고 나면 잠잘 시간이 얼마든지 있을 것이라고 자주 말하곤 했다.

2001년 9월 10일에 뉴호라이즌스 팀은 최종 제안서를 프린트해서 결재에 올리기 전에 마지막 검토를 실시했다. 그러나 마감이 일주일밖에 남지 않은 다음 날 아침, 9.11 테러라는 비극적이고 충격적인 소식이 전해졌다. 그날을 기억하는 사람이라면 누구나 뉴욕과 워싱턴에서 일어난 테러 소식을 들었을 때 자기가 어디에서 무엇을 하고 있었는지 생생히 기억할 것이다. 모두들 불안감에 숨이 막히는 것 같았다. 특히 메릴랜드는 비행기 한 대가 공격

뉴호라이즌스, 새로운 지평을 향한 여정

을 가한 워싱턴과 가까웠으므로 더욱 불안한 분위기였다. 모든 비행기 운항이 중단되었다. 원래 국방연구소인 APL은 혹시 모를 폭탄공격에 대비해서 직원들을 모두 소개시켰다.

그날 미국에 있던 모든 사람과 마찬가지로 뉴호라이즌스 팀도 충격을 받았으나, NASA가 정한 제출시한이 겨우 일주일 뒤였다. 그래서 APL의 소개조치로 연구소를 빠져나온 팀원들이 셰러턴호텔 회의실을 즉석에서 빌려 제안서 완성을 위한 마라톤 작업에 돌입했다. 앨런은 다음과 같이 회상한다.

"그런 비극 속에서 일을 이어가기가 힘들었지만, 우리는 계속 나아가야 했다. 우리가 이런 무의미한 파괴행위 앞에서도 역사적인 일을 만들어내기 위해 애쓰고 있다는 사실과 국가적 자부심이 어떻게든 결합되어서 그 끔찍한 일주일 동안 우리에게 의욕을 불어넣었던 것 같다."

미국 내의 모든 업무가 사실상 중단되었으므로, NASA는 제안서 제출시한을 9월 25일로 일주일 연장해줬다. 두 팀 모두 그 시한을 맞출 수 있었다.

최종 제안서를 받아 든 NASA는 기술, 비용, 운영 부문에 대해 한층 더 엄격한 검토를 시작했다. 두 팀의 장단점과 명왕성 탐사를 대하는 태도를 밝혀내는 것이 목적이었다.

이런 경연의 최종단계에서 NASA는 언제나 결승 진출 팀 모두에 대한 '현장답사'를 실시한다. NASA의 전문가 심사위원들이 하루 종일 혹독한 구두시험으로 팀원들을 괴롭히고, 팀원들은 제안서 내용을 상세하게 발표해야 하는 자리다. 심사위원들은 팀 자체, 탐사계획에 관련된 기관과 기업, 설계, 예산, 운영 팀, 우주선이 발사대에 도달하기까지 수천 개의 일들이 상세하게 기록된 일정표, 우주선이 달성할 과학적 성과 등 제안서의 모든 면을 샅샅이 살펴본다. 뉴호라이즌스 팀의 구두시험은 10월 16일에 있었다. 팀원들은 그 전 2주 동안 서로의 발표를 비판하고, 최종 리허설을 했다. 심지어 외부 전문가들을 불러와서 모의 구두시험을 치르기까지 했다.

앨런은 구두시험에 들어가면서 상당히 기분이 좋았다. 팀원들이 단단히 준비를 했고, 자신이 그때까지 참가했던 모든 제안서에 견줬을 때 뉴호라이즌스 제안서는 완전무결하다는 자신이 있었다. 개인적으로도 10년 넘게 다양한 명왕성 탐사계획을 위해 노력하다가 뉴호라이즌스 제안서에 불철주야 온 힘을 바쳤기 때문에 현장답사 중 심사위원들이 무슨 질문을 던지더라도 거뜬히 대답할 수 있을 것 같았다. 하지만 이 일에 많은 것이 걸려 있다는 생각 또한 잊어버리지 않았다. 다음은 앨런의 말이다.

현장답사를 앞두고 APL에 가기 위해 공항으로 차를 몰면서 이런 생각을 하던 기억이 난다. '내가 명왕성 탐사계획 때문에 비행기를 타는 것이 어쩌면 이번으로 마지막일 수도 있어. 내가 이 일을 시작한 지도 12년이 되었네. 1989년 5월에 브릭스를 만나려고 NASA 본부에 처음 발을 들여놓던 그날부터 따지면 말이지. 그 세월이 결국 여기에 이르렀어.'

뉴호라이즌스 팀 전원, 즉 엔지니어, 과학자, 운영관리자 등 거의 100명이나 되는 사람들이 NASA의 현장답사를 위해 APL의 커다란 강당에 모였다. APL과 SwRI 측의 기업체 중역 10여 명, NASA의 전문가 심사위원 20여 명도 그 자리에 있었다.

하루 종일 계속된 답사는 혹독했다. 기술과 운영 분야의 발표, NASA의 상세한 질문이 모두 끝난 뒤 APL의 우주부서 견학이 있었다. 심사위원들은 거기서 우주선 설계와 시험, 뉴호라이즌스 호의 비행을 지원해줄 지상통제시설을 둘러볼 수 있었다.

그러고 나서 하루의 마무리를 위해 발표자들과 심사위원들이 강당에 다시 모였다. 여기서 앨런이 5분 동안 혼자 발언하면서 심사위원들에게 최종적인 인상을 심어줄 예정이었다. 앨런은 명왕성을 꼭 탐사해야 하는 이유, 뉴호라이즌스 호를 NASA가 꼭 선택해야 하는 이유를 다시 설명했다. 마지막 극적인 발표를 위해 방이 점점 어두워지고, 앨런은 마지막 슬라이드를 화면에 띠웠다. 과학자 겸 화가인 댄 더다Dan Durda가 상상으로 상세하게 그려낸 명왕성 옆을 뉴호라이즌스 호가 날아가는 모습을 묘사한 그림이었다. 이제 앨런이 심사위원들에게 뉴호라이즌스 호를 추천해달라고 부탁하는 말로 발표를 끝내는 순간, 뜻밖의 일이 일어났다.

앨런은 이렇게 회상했다.

"발표를 마무리하고 조명이 다시 켜지는데 심사위원장이 내게 윙크하는 모습이 보인 것 같았다. 그가 앉은 위치를 감안하면, 나 외에는 아무도 그 모습을 볼 수 없었다. 나는 그대로 넋을 잃었다. '나더러 방금 잘했다고 한 건가, 아니면 우리가 우승할 거라는 뜻을 전한 건가? 저 사람이 정말로 윙크를 하기는 한 거야?' 이런 생각이 들었다."

골리앗이 쓰러진 날

그해 11월에 행성학자들이 매년 열리는 학회 중 최대 규모인 'DPS'를 위해 한자리에 모였다. 과학자들이 서로 어울리며 행성들과 탐사계획에 관해 정치를 펼치는 중요한 곳이라고 앞에서 언급한, 공부벌레들의 축제였다. 그해에는 앨런이 회의를 진행하는 책임을 맡았고, 회의장소는 그가 어린 시절을 보낸 고향인 뉴올리언스였다.

29일 목요일에 앨런이 막 기술분야 회의를 마치고 중간에 휴식시간을 맞아 회의장 밖으로 나가는데, NASA 본부의 고위급 간부인 톰 모건Tom Morgan이 그에게 다가와 이렇게 말했다.

"저기 공중전화 보이죠? 당신을 찾는 전화가 와 있습니다."

다음은 앨런의 말이다.

NASA가 명왕성 탐사 경연의 우승자를 그 주에 발표할 예정이라는 사실은 이미 들어서 알고 있었다. 따라서 나는 톰의 말이 실제로는 이런 뜻이라는 것을 깨달았다. "당신에게 전화가 왔습니다. 경연에서 이겼는지 졌는지 이제 곧 알겠군요." 나는 전화기로 다가가 속으로 짧게 기도를 중얼거렸다. 이제 몇 초만 지나면 NASA가 어떤 판결을 내렸는지 알게 될 것이고, 설사 불만이 있더라도 항소할 방법은 없었으니까.

NASA 본부에서 전화를 걸어온 사람은 명왕성 프로그램 담당자인 데니스 보건Denis Bogan이었다. 내가 "여보세요" 하고 말하자 그가 곧바로 본론을 꺼냈다. "앨런, 심사가 끝났습니다."

시간이 느려졌다. 머릿속에는 이런 생각이 지나갔다. 내 평생 가장 노력을 기울인 중요한 일에 대한 결정을 사람들이 커피를 마시며 웅성웅성 시끄럽게 떠들어대는 곳에서 공중전화로 듣게 되다니. 그동안의 노력을 이 한순간이 판가름할 터였다. 데니스가 어떤 선고를 내리든 그것으로 끝이었다. 그때 데니스가 말했다.

"축하합니다. 뉴호라이즌스 호가 명왕성 탐사선으로 선정되었습니다."

등골을 타고 전율이 흘렀다! 우리가 JPL을 물리쳤다. 골리앗을 이겼다. 전화를 끊은 뒤 나는 흥분해서 컴퓨터로 달려가 팀원 전원에게 보내는 메시지를 썼다. 내용은 간단했다. "우리가 해냈습니다! NASA 본부에서 방금 전화가 와서, 우리가 경연에서 우승했으며 자금지원을 받게 될 것이라고 알렸습니다! 곧 더 자세한 소식을 전하겠습니다." 그러고 나서 나는 1000명이 넘는 과학자들 무리 속으로 뛰어 들어가 크리미기스를 찾아내서 귓속말로 이 소식을 알려줬다. 그는 나를 꽉 끌어안았고, 우리는 문자 그대로 함께 춤을 추기 시작했다. 학회가 열리고 있는 바로 그곳에서. 우리가 도대체 무슨 이유로 그런 짓을 하는지 아무도 몰랐기 때문에 몇몇 사람들이 아주 이상한 표정으로 우리를 바라봤다.

그날 밤 DPS 때문에 뉴올리언스에 와 있던 뉴호라이즌스 호

뉴호라이즌스, 새로운 지평을 향한 여정

팀원들이 무리를 지어 버번 거리를 걸었다. 열린 문을 통해 음악 소리가 새어나오는 술집들이 그들 옆을 지나갔다. 앨런은 그날 밤 뉴올리언스에서 보낸 어린 시절의 기억을 많이 떠올렸다. 1960년 대에 우주탐험을 꿈꾸는 어린이였던 자신의 모습. 그런데 스탠리 큐브릭Stanley Kubrick의 영화와 아서 C. 클락Arthur C. Clarke의 소설◇ 을 통해 미래를 상징하는 해가 된 2001년에 그는 인류가 지금까 지 가본 적 없는 가장 먼 행성을 탐사할 기회를 얻었고, 우주 탐사 에 동참하고 싶다는 꿈이 시작되었던 고향에 와 있었다. 이 놀라 운 우연의 일치를 그는 그날 저녁 내내, 그리고 다음 날까지 음미 하며 곱씹었다.

그날 밤 뉴호라이즌스 팀과 그들의 행운을 빌어주던 많은 사 람들은 결국 버번 거리의 크고 어두운 술집에 자리를 잡았다. 구 석에서 3인조 악단이 음악을 연주하고 있었다. 이 시끌벅적한 무 리는 그 뒤로 몇 시간 동안 모든 제약을 내려놓고 제멋대로 놀면 서 즐거운 시간을 보냈다. 기쁨, 웃음, 안도감, 그리고 앞으로 다가 온 긴 모험에 대한 기대감에 잔뜩 취해서.

◇《2001 스페이스 오디세이》. 큐브릭이 이 소설을 바탕으로 동명의 영화를 만들었다.

제5장
위태로운 출발

"이겼지만 졌네"

앨런은 다음 날 뉴올리언스를 떠나 보울더의 집으로 향했다. 그 다음 주, 당시 NASA의 과학담당자이던 웨일러의 편지가 그의 사무실에 도착했다. 뉴호라이즌스 팀의 우승을 공식적으로 확인해주는 편지였다. 앨런은 문을 닫고 봉투를 열어 편지를 읽기 시작했다.

> 친애하는 스턴 박사님.
>
> 박사님 팀이 명왕성-카이퍼대(PKB) 탐사를 위한 A단계 연구 용역 계약을 위해 제출하신 〈뉴호라이즌스: 변방 천체들에 빛을 밝히다〉 보고서가 선정되었음을 알려드리게 되어 기쁩니다.

편지가 여기서 끝났으면 좋았을 텐데. 그러나 편지를 계속 읽어 내려가는 앨런의 미소 띤 얼굴이 점점 굳어지더니 나중에는 아예 미소가 사라지고 말았다. 편지의 다음 문단 첫 문장은 이러했다.

> 그러나 NASA가 탐사계획을 계속 진행하기 전에 반드시 충족되어야 하는 요건들이 있습니다……

계속 이어진 내용은 사실상 NASA가 뉴호라이즌스 호 계획을 취소할 수도 있는 여러 상황들을 묘사한 것이었다. 이런 상황들을 피하려면 첫째, 2000년대에 목성의 중력을 이용할 수 있는 마지막 기회에 반드시 우주선을 발사할 수 있어야 했다. 둘째, 프로젝트의 총비용에 대한 예산한도를 상향조정하는 것은 불가능하므로, 비용이 조금이라도 초과된다면 이를 근거로 뉴호라이즌스 팀의 자격을 박탈할 수 있었다. 웨일러는 또한 일정상 반드시 기한을 맞춰야 하는 여러 이정표들, 핵에너지를 탑재한 우주선의 발사승인이라는 복잡한 미로를 성공적으로 헤쳐 나가기 위해 필요한 조건들을 열거했다. 뉴호라이즌스 팀을 돕겠다는 말은 전혀 없었다. 심지어 격려의 말도 없었다. 그저 장애물이 가득한 지뢰밭이 펼쳐진 현실을 묘사하면서, 이 장애물을 하나라도 극복하지 못하면 계획이 취소될 수 있음을 분명히 했다.

앨런은 전에도 NASA의 프로젝트를 여러 번 맡아본 적이 있지만, 계약자로 선정되었다는 사실을 알리는 편지에 이런 내용이 담긴 경우는 한 번도 보지 못했다. 이 편지의 어조를 보아하니, NASA는 뉴호라이즌스 팀이 일정에 맞출 수 있다거나, 정부에서 필요한 자금을 따낼 수 있다거나, 핵에너지 우주선 발사승인을 늦지 않게 받아낼 수 있다고 믿지 않는 것 같았다.

"나는 그 편지를 세 번 읽고 나서 자리에 앉았다. '맙소사.' 이런 생각이 들었다."

웨일러의 편지에는 또한 발사시기를 2004년 12월에서 2006년 1월로 늦춘다는 말이 숨어 있었다. 2000년대에 목성의 중력을 이용할 수 있는 기회 중 끝에서 두 번째 기회에 우주선을 발사하려 했으나, 그 일정을 마지막 기회로 늦춘다는 뜻이었다. 이것은 다행이자 불행이었다. 발사준비에 필요한 모든 작업을 완수하고 승인을 받아낼 수 있는 시간이 늘어난 것은 다행이지만, 만일의 경우를 대비한 또 한 번의 기회가 없다는 점은 불행이었다. 만약 뉴호라이즌스 팀이 2006년의 기회를 놓친다면, 다시 목성의 중력을 이용할 수 있는 기회는 10년 뒤에나 있었다. 게다가 일정이 늦춰지면서 예산의 한도를 지키는 일에도 그림자가 드리워졌다. 작업기간이 13개월 추가되면서 늘어난 비용 때문에 예산 압박은 더욱 심해질 터였다. 엔지니어 팀을 오래 유지할수록 예산을 초과할 가능성이 높아지므로, 웨일러가 편지에서 밝힌 취소사유를 적용할 수도 있었다.

나중에 앨런이 팀원이 아닌 다른 동료에게 이 편지를 보였을 때 나온 반응도 기운이 빠지기는 매한가지였다.

"이겼지만 졌네. 앞으로 1년, 2년, 3년 동안 이 일을 하게 될 텐데, 웨일러의 조건 중 하나를 어기게 될 가능성이 아주 높지. 그러면 계획이 취소될 거고. 차라리 에스포지토와 소더블롬처럼 지는 게 나았을지도 몰라. 적어도 앞으로 몇 년을 이 일에 쏟아부을 필요는 없으니까."

정부의 칼질

몇 달 뒤, 프로젝트에 이제 막 시동이 걸리고 있던 2002년 2월 초에 앨런은 뜻하지 않게 뉴호라이즌스 호를 위한 홍보여행길에 올랐다. 그는 원래 이런 여행을 자주 하는 편인데, 이번에는 뉴멕시코 주의 클라이드 톰보 초등학교에서 전교생을 모아놓고 이제 막 싹을 틔우기 시작한 프로젝트에 대해 이야기하는 일정이었다. 그가 발표와 질의응답을 모두 마친 뒤, 그를 초대한 행성학자 리타 비브Reta Beebe가 그를 한쪽으로 데려갔다.

"오늘 나온 부시 대통령의 새 예산안 봤어요?"

"아뇨, 왜요?"

앨런이 말했다.

"뉴호라이즌스 계획이 취소되었어요."

앨런은 믿을 수가 없었다. 그럴 리가 없었다. 부시 정부의 실행기관 중 하나인 NASA가 바로 얼마 전에 결정한 계획인데! 다음은 앨런의 말이다.

나는 리타와 함께 곧장 그녀의 사무실로 가서 인터넷에 접속했다. 그날 오전에 발표된 대통령의 예산안에 NASA의 어법이 포함되어 있었다. 리타의 말이 옳았다. 정부가 다음 회계연도 예산안에서 우리 예산을 0으로 만들어버린 것이다. 놀랍게도 명왕성 탐사계획이 "비용초과"로 취소되었다고 적혀 있었다.

앨런은 벌어진 입을 다물 수가 없었다. 이러다 턱이 바닥에 닿을 지경이었다. 비용초과라니. 아니, 프로젝트의 정식계약조차 아직 이뤄지지 않았는데 어떻게 비용이 초과될 수 있다는 말인가? 지난해에 미컬스키 상원의원을 통해 경연을 재개하라고 압력을 넣은 것에 대해 이렇게 속 다르고 겉 다른 말로 복수하는 건가? 아니면 부시 정부의 백악관 내에 2000년에 취소된 PKE의 예산초과에 대한 오해가 있어서 이 계획을 취소한 건가? 하지만 그렇다 해도 어떻게 뉴호라이즌스 호가 희생자가 될 수 있지? 이런 조치가 도대체 어디서 시작된 거야?

어쩌면 미국 예산관리국OMB에서 나온 조치일 수도 있었다. 거기 사람들은 유로파 탐사 예산을 마련하는 데에 집착하고 있는 듯했다. 그래서 줄곧 명왕성 계획을 겨냥하다가 이렇게 그 계획을 죽여버릴 방법을 찾아낸 것인지 모른다. 아니면 JPL이 제안서 경연에서 패한 뒤, 자기들이 할 수 없다면 아예 이 계획 자체를 침몰시키자며 움직인 것인가? 어느 것도 확실히 알 수 없었다. 뉴호라이즌스 계획이 취소되었다는 리타의 말만 분명한 사실일 뿐. 이제 뉴호라이즌스 팀이 일정에 맞춰 계획을 진행하기 위해서는 힘겨운 예산 싸움부터 벌여야 할 판이었다.

고맙게도 미컬스키 상원의원이 상원의 NASA 세출위원회 의장으로서 다시 나서서 이듬해를 견딜 수 있는 예산을 제공해줬다. 그러나 그다음부터는 행성 탐사에 관한 차기 '10년 평가'가 유로파 탐사 같은 다른 계획들을 제치고 명왕성 탐사에 우선순위를 줄 것인지 여부는 예산에 달려 있음을 상원은 분명히 했다.

10년 평가는 이름에 드러나듯이, 미국 과학아카데미가 10년에 한 번씩 NASA의 모든 행성 탐사계획을 검토해서 우선순위를 정하는 것을 말한다. 엄청난 영향력을 지닌 이 평가를 위해 행성학 모든 분야의 대표들과 다양한 종류의 행성 탐사 지지자들은 총력을 다해 자신의 주장을 펼친 뒤, 앞으로 10년 동안 어떤 계획에 자금을 지원하고 우주선을 발사할 것인지 합의해 우선순위를 결정한다.

미컬스키 상원의원이 재빨리 개입해서 문제를 해결해준 다음, 웨일러가 앨런에게 연락했다. 뉴호라이즌스 계획이 10년 평가에서 반드시 수위를 차지해야만 이 계획을 지원하겠다는 부시 정부의 결정을 알려주기 위해서였다. 웨일러는 다음과 같은 말로 이 점을 분명히 했다.

"그냥 A 리스트에 올라가는 것만으로는 안 됩니다. A 리스트에서 2등을 해도 소용없어요. 반드시 첫 번째 우선순위를 차지해야 합니다. 그렇게 하지 못한다면 계획은 끝입니다. 끝이에요."

힘든 과제였다. 뉴호라이즌스 계획이 1등을 차지하려면 자금지원 추천서를 한 장 이상 얻어야 했고, 최종 결정 때까지 1위로 달려야 했다. 그때 새로운 소식이 날아왔다. 과학아카데미가 이해충돌을 이유로 뉴호라이즌스 팀의 핵심 멤버들을 10년 평가 심사위원에서 모두 제외하기로 했다는 소식이었다. 평가결과에 자금지원이 걸려 있다는 것이 이런 결정의 근거였다. 그럴 수도 있겠으나……. 이 결정은 명왕성 탐사에 대해 가장 많은 것을 알고 열정적인 옹호자들이 명왕성 탐사계획의 운명을 결정하는 과정에 직접적으로 참여할 수 없게 되었음을 의미했다.

어느 모로 보나 엄청난 도전이었다. 첫째, 10년 평가에서는 격심한 경쟁이 벌어졌다. 수많은 탐사계획들이 자금지원 우선순위를 따내려고 하기 때문이었다. 둘째, 뉴호라이즌스 계획과 달리 다른 계획들은 아직 NASA에 의해 선정되지 않은 경우가 많았으므로 터무니없는 약속들로 '크리스마스트리' 효과를 내서 매력을 높일 수 있었다. 셋째, 유로파 궤도선이나 미래의 화성 착륙선 등 다른 탐사계획의 지지자들은 10년 평가의 심사위원으로 활동할 수 있었다. 그들의 계획이 아직 NASA에 의해 선정되지 않았고, 팀도 정식으로 구성되지 않은 덕분이었다. 아직 자금지원도 받지 못했으므로, 그들의 경우에는 뉴호라이즌스 계획의 옹호자들과 같은 이해충돌이 발생하지 않는 것으로 간주되었다. 미칠 지경이었다.

"핸들을 손으로 잡지 않고 차를 운전하려 하는 것 같은 기분이었다."

앨런은 이렇게 말했다.

'이상한 나라의 앨리스'가 된 프로젝트

10년 평가가 실시되던 바로 그 기간에 뉴호라이즌스 호를 설계하는 작업이 집중적으로 이뤄졌다. 점점 더 많은 수의 엔지니어와 과학자가 이 작업에 합류했다. 뉴호라이즌스 팀은 또한 NASA의 탐사계획 확인검토(이하 MCR)를 준비하기 위해 산더미 같은 작업을 기록적으로 빠른 속도와 기록적으로 낮은 예산으로 해치우고 있었다. 그러나 부시 정부의 예산 취소와 10년 평가 때문에 엄청난 양의 시간과 에너지가 들었으므로, 탐사계획의 미래에 불확실성의 그림자가 드리워졌다.

평소 같으면 NASA의 탐사계획이 확인검토를 앞두고 있을 때쯤이면 NASA 본부가 프로젝트 팀에 기술적인 부분을 비롯한 여러 면에서 많은 도움을 줬다. 그러나 이 프로젝트의 자금지원 상황이 기껏해야 임시로 시험하는 수준에 머물러 있는 탓에, 뉴호라이즌스 팀은 거의 혼자서 일을 해내야 하는 상황이 되고 말았다. 당시 NASA 국장인 션 오키프Sean O'Keefe도 이 팀이 지원을 얻는 데 또 다른 장애물이었다. 오키프는 예산관리국에서 NASA로 온 사람이었는데, 그가 예산관리국에 있던 시기는 예산관리국이 명왕성 탐사계획을 누르고 유로파 탐사계획의 손을 들어주려고 애쓰던 시기와 일치했다. 그래서인지 오키프는 NASA에 온 뒤 자신이 명왕성이나 뉴호라이즌스 호에 결코 우호적이지 않음을 분명히 했다.

미컬스키 상원의원이 제공해준 임시예산으로 뉴호라이즌스 팀은 한 해를 버틸 산소를 얻었다. 그러나 그 기간 중 NASA 쪽 사람들은 뉴호라이즌스 계획에 그다지 열성적이지 않았다. 부시 정부가 이 계획을 지지하지 않았기 때문이다. 그 결과 뉴호라이즌스 팀은 계속 좌절감을 맛보았다. 참으로 이상한 상황이었다. 다음은 앨런의 말이다.

마치 '이상한 나라의 앨리스'가 된 것 같았다. 우리 프로젝트 매니저 코클린은 이름조차 전부 기억하지 못할 만큼 수많은 우주계획에 참여한 경험이 있는데, 어느 날 전화로 내게 이런 말을 했다. "앨런, 이런 프로젝트는 처음입니다. 보통은 본부 사람들이 전부 나서서 이쪽의 짐을 끌어주잖아요. 자기들도 우리 팀인 것처럼. 그런데 이번에는 안 그래요. 힘센 짐말들이 우리 수레에 매어 있지 않아요. 아니, 그냥 우리를 멀거니 바라보기만 하면서 '저 수레는 어디에 쓰는 물건이야?' 이런 생각이나 하고 있는 것 같습니다."

10년을 좌우하는 결정

이번에도 명왕성 탐사계획과 뉴호라이즌스 팀은 '크게 승리하거나 아니면 그냥 집으로 돌아가야 하는' 상황에 처해 있었다. 프로젝트 팀은 처음부터 내내 동시에 두 개 전선에서 싸워야 했다. 2002년부터 2003년 초까지 뉴호라이즌스 호 설계에 지칠 줄 모르고 매달리는 한편, 명왕성과 카이퍼대 탐사가 10년 평가에서 최우선 사업으로 지명되어야 할 이유를 알리기 위해 강력한 캠페인을 펼쳐야 했기 때문이다. 팀원들은 10년 평가 심사위원들과 개별적으로 이야기를 나누고, 10년 평가 위원회에 제출할 과학적인 백서를 쓰고, 언론에 긍정적인 기사가 실릴 수 있게 노력하고, 일반 대중에게도 의견을 내달라고 부탁했다. 심지어 행성협회의 명왕성을 사랑하는 사람들에게까지 다시 도움을 청했다.

그해 6월, NASA와 과학아카데미가 10년 평가 결과를 발표할 기자회견 전날 밤에 오키프 쪽 사람들과 가까운 기자가 앨런에게 전화를 걸어왔다. 그는 NASA 쪽에서 새어 나온 정보를 손에 넣었는지 앨런에게 이렇게 말했다.

"내일 원하는 것을 손에 넣으시겠지만, 기대하던 방식과는 상당히 다를 겁니다."

명왕성 탐사계획이 되살아난 2000년 12월에도 비슷한 말을 들었던 기억을 떠올린 앨런은 '이게 도대체 무슨 소리지?' 하고 생각하다가 혼자 쿡쿡 웃고 말았다.

"어디서 많이 들어본 소리잖아, 이거."

다음은 앨런의 말이다.

웨일러가 아침 7시 30분에 이야기를 나누자고 해서 나는 다음 날 아침 일찍 출근했다. 틀림없이 10년 평가와 관련된 이야기일 것이라는 생각이 들었다. 내가 책상에 앉아 있는데 전화벨이 울렸다. 우리가 제안서 경연에서 우승한 날 뉴올리언스에서 전화를 받았을 때와 비슷했다. 앞으로 60초 동안 아주 큰일이 어떤 식으로든 정해질 것임을 내가 확실히 알고 있다는 점에서. 웨일러는 "여보세요" 다음에 곧바로 본론을 꺼냈다. "10년 평가에서 명왕성 탐사에 최우선순위를 부여했습니다. 정부도 그 결론에 발을 맞출 겁니다."

'와우.' 나는 속으로 생각했다. '이제야 비로소 우리도 순항할 수 있겠군.' 하지만 그때 전날 밤 기자의 말이 생각났다. 아니나 다를까, 웨일러는 10년 평가에 대한 좋은 소식을 전하고는 곧바로 말을 이었다. "하지만 한 가지 말해둘 것이 있습니다."

웨일러는 뉴호라이즌스 호에 분리 로켓 한 단을 더했으면 한다고 말했다. 태양에너지를 이용하는 최첨단 이온추진 로켓으로, 우주선의 속도를 한층 더 높여서 비행시간을 줄여줄 것이라는 설명이었다. 그리고 그 로켓의 제작을 JPL에 맡기고 싶다는 말이 이어졌다. "그 로켓 비용에 대해서는 걱정 마세요. 우리가 부담할 거니까." 웨일러가 말했다. 나는 속으로 생각했다. '이게 뭐야? 우리한테는 그 로켓 필요 없어. 괜히 일만 복잡해질 텐데.'

불필요하고 복잡하기만 한 결정이라서, 앨런은 당시 JPL의 가장 큰 라이벌인 APL을 방해하기 위해 JPL 단독으로, 또

뉴호라이즌스, 새로운 지평을 향한 여정

는 JPL과 웨일러가 힘을 합쳐 이런 책략을 꾸몄을 것이라고 믿었다. 로켓을 한 단 더하는 것은 전혀 말이 되지 않았다. 첫째, 뉴호라이즌스 호 같은 고속발사에서는 우주선이 태양 근처에 머무르는 시간이 별로 길지 않기 때문에 이온 로켓은 기껏해야 아마 1년쯤 움직일 수 있는 동력을 태양에서 얻는 데 그칠 것이다. 둘째, 웨일러는 이 로켓의 제작비용이 뉴호라이즌스 호 예산과 상관없다고 말했지만, 어쨌든 웨일러 자신의 제한된 예산에서 돈을 마련해야 한다는 사실에는 변함이 없었다. 게다가 로켓 제작비용은 몹시 비쌀 것으로 예상되었다. 앨런과 글렌은 3억 달러 이상일 것이라고 어림잡았다. 다음은 앨런의 말이다.

세 번째 이유는 이 결정으로 인해 JPL이 갑자기 운전석에 앉게 되었다는 점이었다. 그들은 과거 사산으로 끝난 모든 명왕성 탐사계획에서 조종간을 잡았으며, 경연에서 우리에게 지고도 우리 계획을 무산시키려고 애쓰는 것 같았다. 우리가 짐작하기에는 '자기들이 할 수 없다면 누구도 할 수 없게 만들자'는 태도인 듯했다. 그런 JPL이 마침내 우리 프로젝트에 다시 끼어들 새로운 길을 찾아낸 것으로 보였다. 만약 새로 추가되는 로켓으로 인해 비용이 너무 많이 늘어나거나, 그 로켓의 무게가 너무 나가거나, 목성의 중력을 이용할 수 있는 기간이 끝

　　　제5장 위태로운 출발

나기 전에 발사승인을 받을 수 있게 완성되지 못하거나, 하여
튼 조금이라도 일이 잘못된다면 우리 우주선은 끝내 발사되
지 못할 터였다.

로켓을 추가한다는 발상 자체가 뉴호라이즌스 팀에게는 온
통 위험을 의미했으므로, 앨런은 치명적인 위험을 내포한 이 새로
운 장애물로부터 프로젝트를 구하기 위해 생각해낼 수 있는 유일
한 계획을 내놓았다. 다음은 앨런의 말이다.

웨일러와 통화하면서 나는 이렇게 말했다. "알겠습니다, 에드.
10년 평가에서 우리가 1등을 차지하다니 정말 기쁩니다. 당신
을 위해서 전기 추진장치를 추가하는 방법을 연구해보죠." 나
는 전화를 끊은 뒤 뉴호라이즌스 호에 전기 추진 로켓을 추가
하는 방안을 완전히 에둘러 피하기 위해 웨일러를 상대로 시간
을 끌 계획을 세웠다. 그러다 보면 결국 NASA가 10년 평가에
서 1등을 차지한 탐사선을 목성의 중력을 이용할 수 있는 시기
에 맞춰 발사하기 위해 태양전기 이온 로켓을 포기하는 수밖
에 없을 것이라고 확신했기 때문이었다.

앨런은 팀 구성을 마치고 이틀 뒤 NASA 본부에 전화를 걸

뉴호라이즌스, 새로운 지평을 향한 여정

었다. 그리고 뉴호라이즌스 팀이 태양전기 연구를 시작하려 한다면서 거기에 필요한 데이터 아이템들의 목록을 NASA에 제시했다. 도저히 감당할 수 없을 만큼 긴 목록이었다. 다음은 앨런의 말이다.

우리는 그들에게 내줄 웃기지도 않는 숙제목록을 창조하다시피 했다. 십중팔구 몇 개월치 분량이었으나, 우리는 그들에게 딱 한 달의 기한을 줬다. 한 달 뒤 그들은 당연히 우리가 요구한 정보를 완전히 마련하지 못했고, 우리는 불완전한 아이템 하나하나를 이유로 들어 그들에게 더욱더 많은 숙제를 내줬다. 이 부분을 더 분명히 해달라, 이것은 더 상세히 작성해달라 등등. 이로 인해 그들은 우리에게 필요하지 않은 그 전기 로켓을 설계할 준비를 전혀 할 수 없었다. 이렇게 시간을 끄는 방법이 우리에게 승리를 안겨줄 것임을 우리는 알고 있었다. MCR이 봄으로 다가왔고, 10년 평가가 확고히 우리를 지지하는 마당에 NASA가 필요하지도 않은 추가 추진장치가 준비되지 않았다는 이유로 뉴호라이즌스 호에 제동을 걸 수는 없기 때문이었다.

그들의 예상은 정확히 맞아떨어졌다. 2003년 봄, 뉴호라이즌스 호의 MCR이 이뤄졌다. 뉴호라이즌스 팀은 지난 2년 동안 비우호적인 비용검토, 예비 설계검토, 시스템 요건검토 등 모든 면에서 A를 받아 이 확인검토의 전조 격인 모든 기술검토를 성공적으로 통과했다. 그러나 MCR은 모든 탐사계획이 우주선을 제작하는 단계에 진입하기 전에 반드시 통과해야 하는 문과 같은 역할을 하기 때문에 통과하지 못하면 곧 죽음이었다.

뉴호라이즌스 계획의 MCR은 2003년 3월 워싱턴의 NASA 본부에서 열렸다. 그리고 뉴호라이즌스 팀은 이온 로켓 '없이' 이 시험을 통과했다.

1989년에 명왕성 탐사를 위한 시도가 처음 시작된 뒤로 무려 14년에 가까운 세월이 흐른 뒤에야 명왕성 탐사선의 제작에 승인이 떨어지고, 비로소 안정적인 자금지원을 확보하게 됐다. 수많은 연구, 자금을 지원받기 위한 투쟁, 정치적 싸움으로 점철된 한없는 세월이 이제야 과거지사가 되었다. 그들의 앞길에는 뉴호라이즌스 호를 제작하고 발사해서 우리 태양계의 마지막 변경 행성인 명왕성과 카이퍼대를 탐사하는 프로젝트만이 남아 있었다.

중립지대를 찾다

10년 평가 싸움에서 승리를 거두고 웨일러의 거추장스러운 태양
전기 추진 로켓을 무산시킨 뒤 뉴호라이즌스 팀은 한없는 정치
적 싸움에서 마침내 벗어난 것 같았다. 그러나 아직 마지막 반전
이 하나 남아 있었다. 뉴호라이즌스 계획이 MCR을 통과해서 우
주선 제작 승인을 받자, JPL이 NASA의 어느 개발 센터가 뉴호라
이즌스 계획을 맡게 되느냐는 질문을 NASA에 제기한 것이다. 당
시 NASA의 모든 행성 탐사계획을 맡아서 운영하는 곳이 JPL이
었으므로, JPL은 뉴호라이즌스 계획도 자신들이 맡겠다고 자진해
서 나섰다.

크리미기스와 앨런은 이 소식을 듣고, JPL이 NASA에 내놓
은 제안은 사실상 명왕성 탐사계획 경연에서 자신에게 패배를 안
긴 바로 그 탐사계획의 책임자 자리에 앉겠다는 심산임을 알아
차렸다. 누가 봐도 훤히 알 수 있는 이해충돌 문제도 있지만, 앨
런과 크리미기스는 그 밖에 JPL의 간부들이 뉴호라이즌스 계획
을 NASA의 태양계 외행성 탐사를 거의 독점해온 자신들에 대
한 실존적인 위협으로 보는 것 같다는 의심이 들었다. 1990년대
에 NEAR 소행성 탐사계획을 APL에 빼앗긴 것도 JPL에게 타
격이었지만, NEAR는 지구와 가까운 곳에서 이뤄지는 아주 간

단한 탐사계획이었다. 또한 JPL은 그때의 경험에서 지구와 가까운 행성 탐사계획이라는 '마이너리그'에서는 다른 곳과의 경쟁을 참고 견디는 법을 배우기도 했다. 하지만 이번에 JPL이 외행성 탐사라는 '빅리그'에서 독점권을 잃고, APL이 역사상 가장 먼 행성까지 날아갈 탐사선을 제작하는 모습을 옆에서 지켜볼 수밖에 없는 처지가 된다면, 앞으로는 모든 행성 탐사계획에서 경쟁이 일상이 될 가능성이 컸다.

앨런과 크리미기스는 NASA 본부가 자신들의 예전 경쟁자를 프로젝트 담당자 자리에 앉히는 것을 막기 위해 이해충돌 문제를 설명했지만 소용없었다. 그래서 그들은 지금까지 많은 도움을 준 메릴랜드의 강력한 상원의원 미컬스키에게 다시 의지하는 수밖에 없었다. 미컬스키는 NASA 본부와 협상해서 뉴호라이즌스 프로젝트 사무실을 중립지대인 NASA의 마셜 우주비행 센터(앨라배마 주 헌츠빌)에 두게 했다. 미컬스키가 또 그들을 곤경에서 꺼내준 것이다. 다음은 앨런의 말이다.

언젠가 명왕성이나 카론의 충돌구덩이 또는 산에 반드시 미컬스키라는 이름을 붙여줘야 할 것이다. 그녀는 그럴 자격이 있다.

뉴호라이즌스, 새로운 지평을 향한 여정

제6장
우주선 설계와 제작, 그리고 비행

탐험단을 꾸리다

탐사선의 설계, 제작, 비행을 담당할 뉴호라이즌스 팀은 모두 2500명이 넘는 사람들로 구성되었다. 앨런은 그들을 '탐험단'이라고 불렀다. 200년 전 루이스Meriwether Lewis와 클라크Willam Clark가 이끈 용감한 탐험대(19세기 초에 제퍼슨 대통령의 의뢰로 새로 미국 영토가 된 루이지애나를 탐험한 원정대)에서 영감을 얻은 이름이었다.

뉴호라이즌스 팀원 중 약 절반은 발사장치인 아틀라스 V 2단 로켓과 따로 주문제작하는 추가 분리 로켓을 맡았다. 팀원 중 약 3분의 1은 우주선과 관측장비의 설계 및 제작, 탐사선 운행계획 및 실행을 담당했다. 나머지 인원은 핵에너지 발사승인, 과학 팀, 홍보 팀 등 다양한 분야에 배치되었다.

팀원들의 출신은 SwRI와 APL 소속을 넘어 훨씬 다양해졌다. 이 계획에 참여한 기업과 대학이 100군데 이상이고, NASA를 비롯한 여러 정부기관도 있었다. APL, SwRI, NASA와 계약한 주요 업체로는 카메라 분광계인 '랠프'를 제작할 볼 에어로스페이스, 뉴호라이즌스 호가 지구와 계속 연락할 수 있게 해줄 DSN을 제공하는 JPL, 거대한 아틀라스 V 로켓을 제공하는 록히드마틴사, 뉴호라이즌스 호가 목성으로 갈 때 속도를 높여줄 추가 분리 로켓을 맡은 보잉, 우주선 추진 시스템과 아틀라스 V의 고체연료 로켓 부스터를 맡은 에어로젯, (지금은 에어로젯 로켓다인) 뉴호라이즌스 호가 우주에서 방향을 잡을 수 있게 해줄 자이로스코프 제작사인 허니웰 등이 있었다.

프로젝트 팀의 조직을 보면, 보울더의 SwRI에 있는 앨런의 'PI 사무실'이 뉴호라이즌스 팀 전체를 이끌었다. 그러나 기술부문과 탐사선 지상통제에 관련된 일상적인 업무는 대부분 APL의 몫이었다. 따라서 APL은 우주선의 설계와 제작, 지상통제를 맡아서 진행했다. SwRI는 일곱 가지 관측장비의 개발을 이끌고, 과학탐사 센터의 개발 및 직원구성을 담당했다.

제안서 작성 시기와 초기 설계, 제작 단계에서 APL의 프로젝트 팀장은 코클린이었으나, 2003년 말에 그가 건강상의 이유로 물러난 뒤 크리미기스가 앨런에게 그의 후임자를 지명해달라고 부탁했다. 앨런은 글렌을 추천했다.

글렌은 많은 경험을 쌓은 프로젝트 매니저로 APL에서 많은 우주 탐사에 참여한 베테랑이었으며, 앨런과는 서로를 신뢰하는 가까운 사이였다. 클라이드와 마찬가지로 글렌은 캔자스의 작은 농촌마을에서 어린 시절을 보내고, 태양계 가장 먼 곳을 탐사하는 일에 참여하게 되었다.

뉴호라이즌스 호의 제안서 작성 시기에 글렌은 APL 우주부서에서 엔지니어링 파트를 이끌면서 뉴호라이즌스 계획의 기술적인 면을 조정하는 데 도움을 줬다. 글렌은 이렇게 회상한다.

"우리가 제안서를 작성하던 석 달 동안 앨런은 연구소 내의 나와 같은 층에서 거의 살다시피 했다."

나중에 뉴호라이즌스 계획이 NASA에 의해 선정된 뒤 글렌은 '핵에너지 발사승인'을 위한 선봉대가 되어서, 플루토늄을 연료로 사용하는 우주선의 발사에 걸림돌이 되는 온갖 규정들의 미궁에서 길을 찾았다.

SwRI에서는 빌이 탑재장비와 프로젝트 매니저를 겸하면서 일곱 가지 관측장비의 설계, 개발, 시험을 책임졌다. 예산, 일정, 계약업체의 일상적인 관리도 그의 몫이었다. 빌은 SwRI에서 가장 경험 많은 우주선 프로젝트 매니저였으며, 사람을 대하는 기술이 뛰어났다. 그의 조용한 남부 사투리를 들으면, 아무리 스트레스가 심한 결정을 내려야 하는 회의에서도 사람들이 차분해질 정도였다.

SwRI와 APL에서 '마지막 행성으로 가는 멋진 첫 번째 탐사선' 뉴호라이즌스 호는 엔지니어든 지상통제 팀이든 최고의 인재를 데려올 수 있었으므로, 기술적인 경험과 지칠 줄 모르는 추진력으로 최고의 전성기를 누리고 있는 헌신적인 사람들을 모아 올스타 팀을 구성했다. 설계, 개발, 테스트, 발사를 4년 안에 해내야 하는 일정을 소화하려면 어쩔 수 없었다. 팀원들은 또한 수많은 출장, 야근, 주말근무, 휴일근무를 받아들이고 완벽을 기하려는 철저한 자세를 갖춰야 했다. 일정상 '재작업'의 여지가 없고, 뉴호라이즌스 호가 실패하는 경우 또 다른 우주선을 만들거나 다른 발사장치를 이용하는 것도 불가능하기 때문이었다.

연락 유지하기

앞에서 설명했듯이, 뉴호라이즌스 호가 전임자인 보이저 호에 비해 한참 적은 돈(인플레이션을 감안하면 5분의 1 수준)으로 임무를 완수해내는 것은 무척 힘든 일이었다. 따라서 돈을 절약할 수 있는 부분과 그렇지 않은 부분을 구분하고 방법을 고민하는 데 많은 노력이 필요했다.

아무것도 없는 맨바닥에서 우주선을 새로 창조해내는 데에는 많은 돈이 든다. 모든 부품과 모든 공정을 테스트해서 힘들고 긴 여행을 이겨낼 수 있음을 확실히 증명해야 하기 때문이다. 뉴호라이즌스 팀은 돈도 절약하고 우주선의 신뢰성도 높이기 위해 APL이 예전 행성 탐사선에 사용했던 전자장비 설계를 빌려왔다. 맨바닥에서 시작하는 상황을 가능한 한 피하기 위해서였다. 예를 들어 APL은 바로 얼마 전에 임무를 끝낸 우주선 메신저 호와 콘투어 호의 우주선 지휘 및 데이터 처리 시스템을 거의 그대로 복제하다시피 했고, SwRI는 혜성 궤도선 로제타 호에 사용했던 자외선 분광계 앨리스의 설계를 주로 참조해서 자외선 분광계 앨리스를 만들었다.

뉴호라이즌스 팀이 예전의 다른 우주선들에 비해 중요한 진전을 보인 분야는 원거리통신 시스템, 즉 지구와 우주선 사이에 필수적인 무선연락 시스템이었다. 이 시스템은 양방향 정보전달, 즉 지구의 명령을 우주선에 전달하고 우주선의 데이터와 상태보고를 지구로 전달하는 역할을 한다. 앞에서 설명했듯이 뉴호라이즌스 팀은 안테나가 무겁고 먼 우주 송수신기가 동력을 많이 먹기 때문에 원거리통신 기능을 줄이자는 결정을 내렸다. 이렇게 하면 돈을 절약해 NASA가 정한 예산에 맞출 수 있다는 점도 이유였다. 그러나 이렇게 통신기능을 줄이면 명왕성 플라이바이 이후 귀중한 데이터가 지구에 도착하는 데 1년이 넘는 시간이 걸릴 터였다. 앨런은 팀원들에게 이렇게 말했다.

"예산에 맞추지 못하면 우주선은 뜨지 못합니다. 여러분이 빠른 전송속도를 원하는 건 알지만, 명왕성에 정말로 가고 싶다면 NASA가 정한 비용을 넘기면 안 되니 타협하는 수밖에 없습니다."

뉴호라이즌스 호를 위해 검소하고 가벼운 원거리통신 시스템을 만들자는 결정은 그저 하나의 사례에 불과하다. 추진장치에서부터 유도장치, 데이터 저장장치, 온도조절장치에 이르기까지 다양한 설비에 대해서도 비슷한 일들이 벌어졌다. 비용에 대한 기존의 틀을 깨고, 외행성까지 항해할 우주선을 만들기 위해서였다.

로켓 선정

최대한 빨리 명왕성에 도착하기 위해 뉴호라이즌스 팀은 몹시 가벼운 우주선을 만들어 강력한 로켓에 실어야 했다. 여기에 목성의 중력까지 더해지면 최대한 빠른 속도로 태양계를 종단하는 방법이 완성되었다. 뉴호라이즌스 호 탐사계획을 시작하던 무렵에 미국에서 이미 활동하던 로켓 중에는 뉴호라이즌스 팀이 원하는 만큼 강력한 로켓이 없었지만, 새로운 로켓 두 개가 개발 중이었다. 먼저 록히드마틴사가 아틀라스 V라는 힘센 발사장치를 새로 만들고 있었고, 보잉도 델타 IV라는 로켓을 새로 만드는 중이었다. 두 로켓 모두 높이 61미터 이상으로 거대한 크기였으며, 발사시 수백만 킬로그램의 추진력을 낼 수 있었다.

보잉과 록히드마틴사는 우주선이 발사될 때마다 계약을 따내기 위해 치열하게 경쟁하는 사이였다. 뉴호라이즌스 호의 설계가 진행 중이던 2002년과 2003년에 NASA와 뉴호라이즌스 팀은 두 로켓을 꼼꼼히 살펴보며 선정작업을 하고 있었다. 예를 들어 두 로켓이 우주선을 싣는 방법이 각각 어떻게 다른지 서로 비교하는 식이었다. 두 로켓은 성능 사양, 가속 및 진동 환경, 비용 면에서 모두 달랐다. 결국 승리는 아틀라스 V에 돌아갔다. 아틀라스의 완성시기가 조금 빨라서 2006년 이전에 성능을 증명할 발사기회가 더 많이 예정되어 있다는 것이 이유 중 하나였다.

뉴호라이즌스 호를 우주로 실어 보내는 역할에 낙점된 것은 아틀라스 V 로켓 중에서도 가장 강력한 551이었다. 이 괴물 로켓의 1단은 높이 32.6미터, 지름 3.8미터이며, 중심에 강력한 러시아제 엔진이 있다. 연료는 액체산소와 등유다. 여기에 붙어 있는 거대하고 단단한 로켓 모터 다섯 개는 1단과 함께 점화되어 뉴호라이즌스 호(와 로켓의 다른 단들)를 시속 1만 6000킬로미터가 넘는 초음속까지 밀어 올린다. 1단 위의 2단은 센토라고 불린다. 높이 12.8미터인 2단의 엔진은 미국제인 에어로젯 로켓다인 RL-10으로 1만 킬로그램의 추진력을 제공한다. 중요한 것은 센토에 시동을 걸었다가 멈추고 나중에 다시 시동을 거는 일을 여러 번 반복할 수 있다는 점이다. 뉴호라이즌스 호를 목성으로 가는 길에 제대로 올려놓는 데 필요한 기능이었다.

센토와 그 위에 실린 뉴호라이즌스 호는 로켓의 페어링, 즉 원뿔형 코로 덮이게 된다. 발사 때 생성되는 무서운 바람으로 부터 우주선을 보호하기 위한 설계다. 뉴호라이즌스 팀은 아틀라스 551의 원뿔형 코 중에서 가장 가벼운 모델을 주문했다. 무게를 줄이는 한편, 551의 발사성능을 한층 더 높이기 위해서였다.

그러나 이렇게 성능을 최대화한 아틀라스 V 551도 뉴호라이즌스 호를 명왕성으로 가는 길에 올려놓기에는 역부족이었다. 센토는 뉴호라이즌스 호를 지구 궤도에 올릴 수 있었다. 그다음에는 화성 너머의 소행성대까지 가는 길에도 역시 올려놓을 수 있었다. 그러나 목성을 거쳐 명왕성까지 가려면, 아틀라스 V 위에 주문제작한 3단을 더해야 했다. 이를 위해서 뉴호라이즌스 팀은 대단히 믿음직하고 성능이 확실히 증명된 고체 로켓 연료를 사용하는 STAR 48을 선택했다. 이 3단은 82초라는 아주 짧은 시간 동안 연료를 태우면서 뉴호라이즌스 호의 속도를 거의 14G◆까지 올려줄 것이다. 즉 뉴호라이즌스 호가 지금까지 발사된 우주선 중 가장 빠른 속도에 도달해서 아폴로 우주선들보다 열 배나 빠른 속도로 달에 도착한 뒤 계속 그 속도를 유지하면서 거의 10년 동안 명왕성까지 48억 킬로미터를 여행할 수 있게 해준

◆ 가속도 단위. 중력가속도가 1G.

다는 뜻이다.

플루토늄을 싣고 플루토로

태양의 밝기가 지구에서 봤을 때에 비해 1000분의 1도 안 될 만큼 먼 곳까지 적어도 10년 동안 여행하게 될 우주선에 어떻게 동력원을 공급할 수 있을까? 태양에서 너무 멀기 때문에 태양열판도 작동하지 않을 것이고, 10년에 걸친 여행을 감당할 만큼 강력하면서 무게도 가벼운 배터리도 존재하지 않는다. 그러나 플루토늄Plutonium(1940년에 발견되어 명왕성Pluto의 이름을 따서 명명된 원소)의 방사성붕괴는 중단 없이 꾸준히 열을 생성하는데, 이 열을 전기로 전환할 수 있다. 따라서 태양에서 아주 멀리 떨어진 행성까지 여행하는 먼 우주탐사선들은 플루토늄을 연료로 하는 핵 배터리를 동력원으로 선호한다. 그러나 이런 배터리를 우주선에 싣는 데에는 기술적인 면뿐만 아니라 정치적인 면과 규제 면에서도 복잡한 문제가 있었다.

　　NASA는 에너지부 및 국방부와 함께 1960년대부터 바로 이런 목적으로 수많은 플루토늄 배터리를 완벽하게 다듬고 테스트해서 우주선에 실어 날려 보냈다. 이런 동력장치를 방사성동위원소 열전기 발생기(이하 RTG)라고 부른다. RTG는 석유 드럼통 크기의 원통형이며, 플루토늄이 너무나 많은 열을 생성하는 까닭에 냉각핀이 장착되어 있다. RTG의 가장 중요한 역할은 두 가지다. 우주선에 동력을 공급하는 것과 발사 중 사고가 발생하는 경우 플루토늄의 누출을 막는 것.

RTG에 사용되는 플루토늄은 이산화플루토늄으로 만들어진 작은 구슬형태로 포장되어 있고, 이 구슬들은 다시 이리듐에 싸여 RTG의 검은 흑연 케이스 안에 밀봉된다.

RTG가 플루토늄의 방사성붕괴로 열을 생성하면, 이 열은 아주 단순하고 철저히 수동적인 장치인 서모커플thermocouple을 통해 유용한 동력으로 전환된다. 서모커플의 두 면 중 한 면은 뜨거운 RTG 안쪽에 있고, 다른 한쪽은 차가운 외부를 향하고 있다. 이 두 면의 온도차이로 인해 전류가 생겨나서 우주선의 동력원이 되는 것이다. 뉴호라이즌스 호에 장착된 RTG가 생성하는 열은 약 5킬로와트인데, 여기에서 약 250와트의 전기가 만들어져 우주선 발사 때 우주선의 동력이 된다.

RTG는 지극히 안정적이다. 동력 생산량이 꾸준히 감소하기는 해도 그 속도가 느려서 수십 년 동안 사용할 수 있다. 세월이 흐르면서 동력 생산량이 감소하는 이유는 플루토늄의 반감기 때문이다. 뉴호라이즌스 호의 RTG는 발사 때 250와트의 전기

뉴호라이즌스, 새로운 지평을 향한 여정

를 만들어냈지만, 10년 뒤 우주선이 명왕성에 도착했을 때의 생산
량은 약 200와트였다.

NASA는 명왕성 탐사계획을 놓고 경연을 벌이겠다고 발표
한 2001년에 여분의 RTG를 두 개 갖고 있었다. 목성 탐사선 갈
릴레오 호와 토성 탐사선 카시니 호를 개발할 때 남은 것이었다.
NASA는 경연에서 이긴 팀에게 이 RTG 중 하나를 주겠다고 제안
했다.

경연이 끝난 뒤 뉴호라이즌스 호 증정용으로 선택된 RTG
는 먼저 분해해서 완전히 검사한 뒤(10년 넘게 창고에 보관되어 있
었기 때문이다) 재조립하는 과정을 거쳐야 했다. 록히드마틴사
가 이 작업을 맡았고, 에너지부의 로스 알라모스 국립연구소가 플
루토늄 연료를 준비했다.

이런 작업이 진행되는 동안 RTG를 사용하는 모든 탐사선
들이 반드시 거쳐야 하는 정교한 작업이 동시에 진행되었다. 발
사 중의 사고위험을 평가하는 작업으로, 여기에는 포괄적인 환경
영향 보고서도 포함되었다. 이 문서는 사고위험을 지적하고, 그
위험을 적절한 수준까지 낮췄음을 보여줬다. 이처럼 엄격한 승인
절차에는 주정부와 연방정부의 마흔두 개 기관들이 참여했으며,
나중에는 국방부를 거쳐 백악관에서 최종 서명을 받아야 했다.

글렌이 이 복잡한 과정을 감독했다. 다음은 글렌의 말이다.

보통 7년이나 8년이 걸리는 과정이지만 우리에게는 그런 시간이 없었으므로 어떻게든 해냈다. 우리에게 주어진 4년 안에 그 일을 마치는 것은 힘든 도전이었다.

RTG를 사용하는 것으로 태양에서 그렇게 멀리까지 가는 우주선의 동력문제는 해결되었지만, 뉴호라이즌스 호의 설계자들에게는 공학적인 도전과제가 새로 생긴 셈이었다.

예를 들어, 57킬로그램 넘는 RTG의 무게가 문제였다. 발사 중에 로켓의 가속으로 무게가 더욱 무거워지는 것을 감안하면, RTG를 지탱하는 구조물이 그 무게를 감당할 수 있어야 했다. 우주선이 최대속도인 14G까지 가속된다면, RTG의 무게는 지상에 있을 때에 비해 열네 배나 늘어날 터였다. 따라서 RTG의 평소 무게보다 열네 배나 되는 힘을 견딜 수 있는 구조물이 필요했다. 여기에 RTG가 열을 생성한다는 점까지 생각하면 설상가상이었다. 열이 RTG 지지대의 금속을 약화시키기 때문이다. 뉴호라이즌스 팀의 엔지니어들은 발사 중 지지대가 뜨겁게 달아올랐을 때에도 속도에 맞서 무게를 지탱할 수 있을 만큼 튼튼한 지지대를 설계해야 했다.

RTG가 엔지니어들에게 제기한 두 번째 과제는 플루토늄에서 나오는 방사능이 우주선의 전자장비들에 나쁜 영향을 미친다는 점이었다. 따라서 우주선의 모든 시스템을 방사능을 견딜 수 있게 설계해서 테스트를 마쳐야 했다. 이는 보이저 호, 갈릴레오 호, 카시니 호 등 예전에 RTG를 사용한 탐사선들이 모두 거친 과정이었다. 이렇게 되고 보니 우주선의 개발과정이 더 복잡해지고 비용도 늘어났지만 달리 선택의 여지가 없었다. RTG 없이는 태양에서 멀리 떨어진 뉴호라이즌스 호가 동력을 얻을 길이 없기 때문이다.

눈과 귀는 물론 코까지 명왕성 연구에

앨런은 PI로서 뉴호라이즌스 프로젝트의 모든 면을 책임지고 있었다. 과학자와 엔지니어 팀들은 물론 홍보 팀과 프로젝트 운영 팀에 이르기까지 모든 팀이 궁극적으로 보고하는 대상이 그였다.

팀 내에서 그를 보조하는 직책 중 전문지식과 외교적인 능력까지 필요한 핵심적인 자리를 하나 꼽는다면 프로젝트 과학자가 있었다. NASA의 과학 탐사계획에는 항상 프로젝트 과학자가 있다. 또한 뉴호라이즌스 계획처럼 규모가 큰 탐사계획에는 차석 프로젝트 과학자도 존재한다. 이들은 복잡한 우주 탐사계획

을 이끌어가기 위해 매일 한도 끝도 없이 이어지는 회의에서 PI
와 과학자 팀의 이익을 대변하며 조정하는 일을 맡는다.

뉴호라이즌스 팀의 프로젝트 과학자는 대단히 재능 있고,
붙임성 좋고 외교적인 행성학자 헬 위버Hal Weaver였다. 그가 선택
된 것은 지질학에서 표면 화학에 이르기까지, 대기학에서부터 플
라즈마 물리학에 이르기까지 뉴호라이즌스 과학 팀을 구성하
는 모든 세부 분야 전문가들의 전문용어에 정통하다는 점과 대단
히 광범위한 과학지식 때문이었다. 그가 노련한 실험주의자로서,
뉴호라이즌스 호에 실릴 다양한 관측장비의 공학적 원리와 운영
방법을 잘 알고 있다는 점도 영향을 미쳤다.

헬은 원래 명왕성 언더그라운드의 일원이 아니었다. 주로 혜
성을 연구하는 그는 일부 혜성들이 생성되는 장소인 카이퍼대
에 이미 오래전부터 매료되어 있었다. 앨런과는 1980년대부터 아
는 사이로, 몇 번 공동연구를 한 적이 있었다. 헬은 프로젝트 과학
자로서 자신의 역할을 다음과 같이 설명했다.

프로젝트에서 PI의 오른팔 역할을 하는 것, 현장에서 일어나
는 일들을 PI에게 알리는 것, 설계든 테스트든 문제가 발생했
을 때 엔지니어를 돕는 과학적 목소리를 제공해주는 것. 공학
에 대해서도 잘 아는 과학자가 되는 것이 내 역할이었다. 그래

야 엔지니어들이 내게 와서 "이건 너무 어려운데요"라거나 "이걸 실행하려면 돈이 많이 들 거예요"라고 말할 때 과학적인 목표를 충족할 뿐만 아니라 우주선의 질량, 동력, 비용, 일정 등의 한계 또한 벗어나지 않는 설계를 만들어내게 그들을 도울 수 있기 때문이었다.

우리가 먼 천체로 보내는 탐지기들은 우리의 눈과 여러 감각기관을 대신하는 대리자들이다. 특히 카메라의 경우가 그렇다. 인간이 육안으로는 볼 수 없는 풍경을 실제로 '볼' 수 있게 해주기 때문이다. 다른 장비들도 마찬가지다. 멀리 있는 자기장의 진동을 '들을' 수 있게 해주는 장비, 외계의 대기 속에 존재하는 기체들의 냄새를 '맡을' 수 있게 해주는 장비 등을 통해 우리는 그 풍경이 무엇으로 구성되어 있는지, 표면 아래에 무엇이 있는지, 그 천체의 역사와 본질에 대해 알려줄 수 있는 숨은 힘이나 흐름이나 장場이 있는지 알아낼 수 있다.

뉴호라이즌스 계획 초창기에 설계와 관련해서 내려진 핵심적인 결정 중 하나는 우주선에 '스캔 플랫폼'을 탑재하지 않는다는 것이었다. 스캔 플랫폼은 우주선 전체를 움직이지 않아도 카메라를 비롯한 여러 장비들이 방향을 바꿔 관측할 수 있게 해주는 이동식 턴테이블이다. 이 플랫폼은 플라이바이 중에 관측의 유연성을 높여주지만,(예를 들어 안테나가 지구를 향하고 있을 때 카메라는 행성을 향하게 만들어줄 수 있다) 그만큼 우주선이 무겁고 복잡해지며 비용도 늘어난다. 보이저 호처럼 예산 규모가 큰 외행성 탐사선들은 스캔 플랫폼을 사용했다. 그러나 예산이 보이저 호의 5분의 1에 불과한 뉴호라이즌스 호는 그런 사치를 누릴 여유가 전혀 없었다. 따라서 모든 장비를 우주선에 고정하는 식으로 탑재해야 하므로, 장비의 관측 방향을 바꿀 때마다 우주선 전체가 방향을 바꿔야 했다.

뉴호라이즌스 호의 설계에 참여한 사람들은 다른 우주선들이 금성, 화성, 목성에서 처음 플라이바이를 시행했을 때와 달리 이번에는 후속탐사를 할 궤도선이나 착륙선 계획이 없다는 사실을 알고 있었다. 뉴호라이즌스 호가 수집할 데이터가 한동안 명왕성과 그 위성에 대한 완전한 지식을 제공해줘야 한다는 뜻이었다.

다행히 뉴호라이즌스 호의 제작 시점이 2000년대라서 과거보다 훨씬 발전한 기술 덕분에 20세기의 매리너 호나 보이저 호 팀은 사용할 수 없었던 신형 감지기, 훨씬 빠른 데이터 수집 능력, 훨씬 더 민감한 장비를 사용할 수 있었다. 뉴호라이즌스 호에 탑재될 일곱 가지 장비가 모두 예전 행성 플라이바이 때 사용되었던 장비들보다 훨씬 더 발전되어 있었다. 이제부터 명왕성과 그 위성들을 연구하기 위해 뉴호라이즌스 호가 싣고 간 장비들을 설명하겠다.

먼저 '앨리스' 자외선 분광계. 빨강에서 파랑까지 가시광선의 파장을 기록한 스펙트럼을 상상해보라. 파란색보다 더 파란색이 있을까? 자외선이다. 인간이 육안으로 볼 수 있는 파장 너머의 파장들은 대기 중의 기체 구성을 보여준다. 앨리스 분광계를 상세히 살펴보면, 보이저 호 시절부터 뉴호라이즌스 호 시절 사이에 장비기술이 얼마나 발전했는지를 조금 알 수 있다. 보이저 호에 실린 자외선 분광계의 화소는 두 개라서, 두 개의 자외선 파장을 동시에 관측할 수 있었다. 쓸 만한 스펙트럼 지도를 구축하려면 그 두 화소로 필요한 파장들을 모두 훑쓸어 본 다음, 장비의 기준방향을 힘들게 바꿔서 같은 작업을 반복하는 식으로 엄청난 시간을 들여야 했다는 뜻이다. 그러나 보이저 호의 이런 구식 자외선 분광계와 달리, 앨리스의 화소는 3만 2000개나 되기 때문에 인접한 서른두 개 지점에서 각각 1024개의 파장을 동시에 관측할 수 있었다. 보이저 호에 비하면 자외선 데이터를 얻는 속도가 엄청나게 늘어난 것이다.

앨리스와 밀접하게 연결된 장비로는 '랠프'가 있다. 이 두 장비가 이런 이름을 갖게 된 것은 옛날 텔레비전 드라마 〈신혼여행〉의 등장인물 랠프 크램든Ralph Kramden과 앨리스 크램든Alice Kramden

에 빗댄 실없는 농담 때문이었다. 어쨌든 앨리스의 주 임무가 명왕성의 대기 연구라면, 랠프의 임무는 명왕성 표면의 지도 작성과 성분 파악이다. 모자상자 크기의 랠프에는 흑백 카메라 두 대, 컬러필터 카메라 네 대, '적외선 지도작성 분광계' 한 대가 들어 있어서 명왕성 표면의 성분을 지도처럼 작성할 수 있다. 랠프는 인간이 육안으로 볼 수 있는 빨간색보다 더 빨간 쪽에 위치하는 색깔들, 즉 적외선이라고 불리는 파장들을 볼 수 있는데, 여기서 각종 광물과 얼음이 드러내는 특징적인 스펙트럼을 이용하면, 랠프의 시야 안에 존재하는 어느 지점에서든 표면의 구성물질을 밝혀낼 수 있다. 랠프의 분광계는 적외선을 너비 1.25마이크론에서 2.5마이크론의 스펙트럼 채널 512개로 쪼갠다. 플라이바이 탐사의 역사적 기준이 된 보이저 호와 다시 비교해보면 그 차이를 확실히 알 수 있다. 보이저 호에서 랠프와 같은 역할을 수행한 장비 '아이리스'는 크기가 비슷했지만, 1970년대의 기술로 제작된 것이라 적외선 화소가 한 개뿐이었다. 이에 비해 랠프의 지도작성 분광계 화소는 6만 4000개다. 보이저 호에서 아이리스의 망원경은 계속 방향을 바꿔가며 원하는 지점의 스펙트럼을 얻는 식으로 스펙트럼 지도를 작성했기 때문에 속도가 느렸다. 그러나 랠프는 6만 4000개 지점의 스펙트럼을 한꺼번에 얻을 수 있다. 목표 지역을 그물처럼 뒤덮어, 모든 지점의 지도를 동시에 작성한다. 보이저 호에 비하면 몇 광년이나 앞선 기술이다.

　뉴호라이즌스 호의 목표 중에는 명왕성 대기의 온도와 압력을 측정하는 것도 있었다. 이를 위해 뉴호라이즌스 호에 실린 장비가 REX다. 전파신호 실험을 뜻하는 Radio EXperiment를 조합해 이름을 지은 REX는 보이저 호에 실렸던 비교적 원시적인 장비와는 기본적으로 반대되는 방식으로 기능하도록 설계되었다. 보이저 호의 전파신호 실험은 행성을 스쳐 날아가는 우주선이 행성의 대기를 통과해 지구 쪽으로 X대역(파장 4센티미터) 전파를 쏘아 보내는 방식이었다. 그러면 지상에 설치된 NASA의 심우주통신망 안테나들이 그 신호를 수신했다. 이 전파신호가 보이저 호가 지나간 여러 행성과 위성의 대기를 통과하며 어떻게 달라졌는지를 측정하면, 그 대기의 온도와 압력을 파악할 수 있었다. 그러나 명왕성의 기압이 몹시 낮기 때문에 이 방법으로는 효과를 볼 수 없다. REX는 실험을 반대로 실시하는 방식으로 이 문제를 해결했다. DSN이 우주선에 탑재된 장비로는 엄두를 낼 수 없을 만큼 강력한 신호(수십 킬로와트)를 쏘아 보내면, REX가 지구에서부터 날아와 명왕성의 대기를 통과한 이 신호를 수신해 기록하는 방식이다.

　REX는 대기를 통과한 전파의 주파수를 기준 주파수와 비교해 대기의 온도와 기압을 측정한다. 전파가 대기를 통과하며 휘어진 정도와 비례하는 이 주파수 변화를 바탕으로 대기의 온도와 압력을 계산하는 것이다. REX는 또한 자신이 겨냥한 천체의 표면온도도 측정할 수 있다.

뉴호라이즌스 호에서 광학망원경과 전파망원경으로 명왕성과 위성을 관측하는 감지기, 즉 '원격감지' 장비를 완성해주는 것이 LORRI였다. 장거리 정찰 촬영장치를 뜻하는 LOng Range Reconnaissance Imager로 조합한 이름이다. LORRI는 기본적으로 메가화소 카메라에 자료를 제공하는 확대망원경이다. 랠프가 색깔로 스펙트럼을 나타내는 데 반해, LORRI가 만들어내는 이미지는 흑백뿐이다. 그러나 망원경 배율이 랠프에 비해 훨씬 높아서 이미지 해상도 또한 훨씬 높기 때문에 아주 상세한 부분까지 볼 수 있다. 뉴호라이즌스 호가 랠프를 사용할 때보다 훨씬 더 먼 곳에서 명왕성과 위성들의 지형을 관찰할 수 있는 것도 LORRI의 높은 해상도 덕분이었다. LORRI는 플라이바이를 대략 10주 앞둔 시점부터 명왕성을 허블우주망원경보다 더 상세하게 관찰할 수 있었다. 이런 능력 덕분에 뉴호라이즌스 호는 플라이바이 때 직접 지나가지 않는 지역까지 포함해서 명왕성 '전체'의 지도를 작성했다. 명왕성의 자전속도가 아주 느려서, 한 번 자전하는 데 지구시간으로 6.4일이 걸린다는 사실을 잊으면 안 된다. 따라서 뉴호라이즌스 호가 명왕성에 접근하면서 행성의 '뒤

뉴호라이즌스, 새로운 지평을 향한 여정

편', 즉 자신이 근접비행을 할 때 지나가지 않는 지역을 볼 마지막 기회는 플라이바이를 실행하기 3.2일 전이다. 이때 뉴호라이즌스 호는 명왕성에서 아직 엄청나게 멀리 떨어져 있겠지만, LORRI의 망원경 덕분에 해상도 좋은 사진을 얻을 수 있을 터였다.

이제 플라즈마 장비라고 불리는 두 개의 장비를 살펴보자. 플라즈마는 행성학자들이 전하를 띤 입자를 지칭할 때 사용하는 용어다. 행성학 중에서도 프랜과 랠프의 전문영역인데, 우리가 일상생활에서 볼 수 없는 것들을 다루기 때문에 비전문가들에게 설명하기가 가장 어려운 분야이기도 하다. 명왕성에서 플라즈마는 햇빛이 명왕성 대기 중의 기체를 이온화하면서 생겨난다. 따라서 이 플라즈마를 연구하면 명왕성 대기의 탈출속도와 탈출기체의 구성성분을 파악할 수 있다.

뉴호라이즌스 호에서 플라즈마를 연구하는 장비는 SWAP와 PEPSSI다. 대단히 높은 에너지(메가볼트)를 띤 입자들을 측정하는 PEPSSI는 명왕성의 대기에서 새어나가는 물질의 성분을 밝혀낼 수 있다. 그 물질이 탄소일까? 산소일까? 질소일까? 아니면 다른 것일까? SWAP의 임무는 명왕성 대기의 탈출속도를 측정하는 것이다. 그런데 이 기능을 수행하는 방식이 흥미롭다. 명왕성에서 탈출한 기체는 명왕성 앞의 어느 지점에서 태양에서 불어오는 태양풍의 압력과 일종의 평형상태에 도달하는데, 대기의 탈출속도가 빠를수록 태양풍과 평형을 이루는 지점이 명왕성에서 멀어진다. 따라서 명왕성으로부터 얼마나 떨어진 곳에서 평형이 이뤄지는지 알아낸다면, 명왕성 대기에서 기체가 탈출하는 속도를 파악할 수 있다. SWAP의 임무가 바로 이것이다.

이제 마지막 장비의 차례다. 학생 먼지 카운터Student Dust Counter의 머리글자를 따서 SDC라고 불리는 이 장비는 행성간 먼지입자(아주 작은 유성체)가 탐지기 표면에 부딪힐 때의 충격을 헤아린다. 먼지 카운터 표면에서 충돌이 일어날 때마다 장비 내의 전압을 살짝 높여 충돌한 입자의 질량을 표시해주는 식이다. 이렇게 지금까지 우주로 나아간 그 어느 충돌감지기보다 태양으로부터 훨씬 더 멀리 떨어진 곳에서 행성 간 먼지를 측정하는 것이 SDC의 임무다. 뉴호라이즌스 호 이전에 먼지감지기가 태양으로부터 가장 멀리 떨어져 활동한 지점은 천왕성 궤도 거리에 조금 못 미치는 곳이었다. 명왕성까지 가는 거리의 절반쯤 되는 곳이다. SDC는 지구에서 명왕성을 지나 한참 너머까지 여행하면서 내내 태양계의 먼지밀도를 지속적으로 추적해 알려줄 것이다.

SDC는 또한 모든 행성 탐사선을 통틀어 학생들이 제작한 최초의 장비였다. 이 장비에 대한 승인을 받는 일이 쉽지는 않았지만, 앨런은 프로젝트를 처음 시작할 때부터 학생들에게도 참여 기회를 줘야 한다는 생각이 강했으므로 교육적인 훈련기회를 주

뉴호라이즌스, 새로운 지평을 향한 여정

자는 명목으로 NASA를 설득해 SDC를 뉴호라이즌스 호에 실을 수 있었다. 지금은 뉴호라이즌스 호의 이 선구적인 행보 덕분에, NASA의 행성 탐사선 대부분에 학생들의 장비가 실리고 있으며 차세대 행성 탐험가들의 훈련을 위한 귀중한 수단으로 간주되고 있다.

물속에 도사리는 악어 떼

2002년과 2003년 내내 뉴호라이즌스 팀은 우주선과 탑재장비의 설계, 제작, 조립, 시험을 위해 질주했다. 그 밖에도 NASA의 수많은 기술검토와 비용검토 통과, 핵연료 발사승인, 지상통제 센터 구축 등 목성의 중력을 이용할 수 있는 중요한 시기인 2006년 초에 맞춰 발사준비를 끝내려면 할 일이 많고도 많았다. 우주선을 완성하기 위해서는 수많은 부품을 제작해야 했다. 유도 시스템, 통신 시스템, 추진 시스템, 지상 시스템, 우주선에 탑재될 일곱 가지 장비 등등에 들어갈 부품들이었다. 또한 우주선의 모든 면에 대해 자체적으로 시험을 실시해서 그들이 하나로 조립되었을 때 완벽하게 돌아갈 수 있다는 것을 증명해야 했다.

2004년 초 일부 부품들이 시험을 통과하지 못하거나 정해진 일정에 맞춰 완성되지 못하면서 위기가 찾아왔다. 어쩌면 필연적인 일이었다. 우주선을 제작할 때 이런 일이 드문 것은 아니지만, 뉴호라이즌스 팀에게는 이런 문제를 해결하기 위해 일정을 조정할 여유가 별로 없었다. 발사 기회가 2006년 1월, 딱 한 번밖에 없기 때문이다.

위기가 찾아온 그 무렵에 앨라배마 주 헌츠빌의 마샬 우주비행 센터에 있는 NASA의 뉴호라이즌스 프로그램 사무실은 토드 메이Todd May라는 재능 있고 자신감 넘치는 젊은 관리자에게 이 프로젝트의 감독을 맡겼다. 공학을 공부한 토드는 유인 우주비행 쪽에서 일했기 때문에 무인 우주비행에는 경험이 별로 없었다. 앨런과 글렌은 우주선이 로봇처럼 기능하며 행성 탐사를 하는 데 필요한 여러 분야의 경험이 없는 토드가 과연 도움이 될지 회의적이었다.

토드는 일을 시작하자마자 SwRI 보울더, SwRI 샌안토니오, 메릴랜드의 APL 등 뉴호라이즌스 호 관련 작업들이 이뤄지는 곳에 직접 가보고 싶다고 앨런에게 말했다. 중요한 사람들을 모두 만나보고, 이 프로젝트의 모든 부분이 어느 지점까지 와 있는지 감을 잡고 싶다는 것이었다. 다음은 앨런의 말이다.

우리의 첫 대화가 지금도 기억난다. 토드는 강한 앨라배마 사투리로 이렇게 말했다. "현장에 가서 여러분에 대해 더 알아보고 싶습니다. 그래서 보울더로 이야기를 하러 갈 겁니다. 날짜를 정해볼까요?" 나는 토드가 어떤 사람인지 잘 몰랐기 때문에, 그저 수많은 서류를 우리에게 떠안기고 수많은 보고서나 저쪽에 올려보낼 NASA 관리자 같은 사람이려니 생각하고 있었다. '지금 프로젝트에서 문제가 생긴 곳이 여섯 군데나 되는데, 내가 이 친구 보모 노릇을 할 시간이 어디 있나. 하지만 NASA가 보낸 우리 상관이고 이미 APL에도 다녀왔으니,(거기서 그를 잠깐 만난 적이 있었다) 이 친구가 보울더를 둘러볼 수 있게 시간을 내는 수밖에.' 그때 내 생각이 대충 이랬다. 토드는 나를 만나러 오는 길에 역시 보울더에 위치한 볼 에어로스페이스도 방문했다. 랩프 장비를 만드는 곳이었다. 그다음에도 토드는 네댓 번 연달아 출장을 다니면서 APL을 비롯해서 프로젝트에 핵심적으로 참여하고 있는 곳들을 둘러보고, 뉴호라이즌스 프로젝트의 일부가 되었다. 당시 우리가 겪고 있던 문제들 중 일부가 얼마나 해결하기 힘든 것인지 그가 깨닫는 데는 시간이 얼마 걸리지 않았다. 아마 한 달쯤 걸렸던 것 같다.

한편 토드 역시 NASA의 지시로 명왕성 탐사계획을 관리하는 일을 맡았을 때 앨런에 대해서도 뉴호라이즌스 호에 대해서도

제6장 우주선 설계와 제작, 그리고 비행

전혀 모르는 상태였다. 다음은 토드의 말이다.

내가 뉴호라이즌스 호 일을 맡은 뒤 먼저 찾아간 곳 중 하나가 APL이다. 마침 매달 한 번씩 있는 검토가 진행 중이었는데, 거기서 앨런과 글렌을 처음 만났다. 내가 끝까지 검토를 지켜본 뒤, 앨런이 짤막하게 개괄적인 설명을 해줬다. 그는 항상 하던 대로, 가장 먼저 "아직 탐사되지 않은 명왕성"이라고 적힌 우표를 파워포인트 화면으로 가장 먼저 보여줬다. 솔직히 말해서, 그것이 나를 제대로 직격했다. 나는 원래 그런 탐사계획을 보면 신이 난다. 어떤 사실을 알아내거나 새로운 것을 발견하거나 한 번도 가본 적이 없는 곳에 간다는 생각만 하면……그런 것이 내게는 아주 큰 비중을 차지한다. 그러니 "아직 탐사되지 않은 명왕성"이라는 말로 앨런이 나를 아주 사로잡았다고 해도 될 정도다.

그날 APL 사람들이 작성한 프로젝트 위험 차트를 보았다. 가능성이 대단히 높은 위험이 대여섯 개쯤 있었는데, 모두 계획 자체를 무산시킬 수 있는 것들이었다. 나는 팀원들에게 말했다. "여러분이 가는 길이 성공을 향하는 것 같지 않습니다."

일주일쯤 뒤 마이크 그리핀Mike Griffin에게서 전화가 왔다. 바로 얼마 전 크리미기스의 뒤를 이어 APL 우주부서의 책임자가 된 그는 먼저 이렇게 말문을 열었다. "우리가 성공할 것 같지 않다고 말했다면서요? 이 계획을 취소시키려는 겁니까? 저를 이 자리에서 쫓아내려는 거예요?" 나는 이렇게 말했다. "아닙니다. 여러분이 성공할 수 있게 해주려는 거예요. 하지만 솔직히 여러 가지 위험이 있어서 걱정스럽습니다."

토드는 진심으로 걱정하고 있었으므로, 이 프로젝트에 대해 더 심도 있는 검토를 요구했다. 우주선의 모든 하위 시스템, 일곱 가지 장비 모두, 운항 소프트웨어, 지상 시스템(지상통제), 발사장치, RTG, 핵연료 발사승인 등의 모든 면을 다시 살펴보자고 말했다. 그는 SwRI와 APL이 파악한 것과는 별도로, 프로젝트에서 걱정스러운 부분들을 모두 직접 파악해보고 싶어 했다. 그래서 각 분야의 전문가들로 팀을 구성해 비용, 일정, 기술을 철저히 분석하는 데 문자 그대로 수백 시간을 쏟았다. 앨런이 90일간의 '항문검사'라고 부른 이 분석을 통해 토드는 대부분의 일이 궤도에 올라 있지만, 문제가 심각한 부분도 있다는 결론을 내렸다.

토드의 검토 팀이 찾아낸 가장 심각한 문제는 랠프 장비에 있었다. 뉴호라이즌스 호에 실릴 관측장비 중 핵심적인 위치를 차지하는 랠프는 명왕성에서 다른 장비들보다 더 많은 활약을 해야 했다. 하지만 볼 에어로스페이스가 이 장비를 개발하는 데 크게 애를 먹고 있었기 때문에, 일정도 늦어지고 예산도 크게 초과한 상태였다. 항공우주 산업에서 기밀 프로젝트는 민간 프로젝트보다 우선권을 갖는다. 그런데 볼 에어로스페이스는 랠프 개발 팀의 핵심적인 인물들을 계속 다른 프로젝트 팀으로 빼가고 있었다. 앨런, 글렌, 빌은 이 회사가 엔지니어들을 빼가는 일을 그만두고 일정에 맞춰 일을 진행하며 예산도 관리하게 하려고 갖은 노력을 기울였지만 소용없었다. 예를 들어, 비용이 천정부지로 늘어날 때 APL/SwRI 팀은 랠프의 설계를 단순화할 방법을 찾아보았으나 볼 에어로스페이스는 그렇게 하면 오히려 비용이 급격히 늘어날 것이라고 말했다. 장비의 여러 부분들을 다시 설계해서 분석해야 한다는 것이 그 이유였다. 앨런은 토드에게 이 문제에 대해 이렇게 말했다.

"볼 에어로스페이스가 우리를 인질로 잡고 있는 것 같습니다. 랠프 없이는 우주선을 띄울 수 없으니, 그쪽에서는 비용이 아무리 높아지더라도 우리가 돈을 낼 수밖에 없다는 걸 알고 저러는 거예요."

토드의 검토 팀이 찾아낸 문제는 이것만이 아니었다. 핵연료 발사승인도 여러 기관에서 보류 중이었다. 로스 알라모스 국립연구소의 작업 중단(다음 장에서 더 자세히 다루겠다)으로 인해 플루토늄 연료생산도 예정보다 뒤처져 있었다. 추진 시스템의 비용도 계속 증가하는 중이었고, 아틀라스 V 로켓의 성능을 높이기 위해 특별히 추가된 로켓 3단의 개발도 늦어지고 있었다.

앨런은 토드의 검토가 끝날 무렵, 뉴호라이즌스 팀이 싸우고 있는 '물속의 악어'가 몇 마리나 되는지를 놓고 몹시 고통스러운 대화가 오간 것을 기억한다. 다음은 앨런의 말이다.

토드가 우리에게 한 말은 기본적으로 이런 내용이었다. "우리 검토 팀이 프로젝트를 한층 더 깊숙이 들여다봤는데, 여러분이 도저히 성공할 것 같지 않다는 확신이 듭니다. 여러분이 직접 다양한 문제들을 해결해보려고 애쓰다가 그 문제들을 그냥 물에 빠뜨리고 있어요. 여러분에게는 돈도 더 많이 필요하고, NASA 사람들이 와서 계약업체들을 설득해 판을 바꿔놓을 필요도 있어요. 그런데 여러분은 둘 다 요청한 적이 없습니다." 토드는 이어서 내게 이렇게 말했다. "지금 상태로는 여러분이 성공할 수 없다고 NASA 본부에 알릴 겁니다."

NASA 프로젝트에 참여해본 사람들은 '물속의 악어'라는 말을 들으면, 뉴호라이즌스 호가 발사될 케네디 우주 센터 주변의 도랑, 개울, 습지에 도사린 악어를 떠올렸다. 이 거대한 파충류들은 NASA의 발사대로 이어진 둑길을 조금 무섭게 만드는 역할

을 했다. 하지만 '물속의 악어'라는 표현은 문제를 뜻하는 은유이

기도 했다.

"물속에 악어가 한 마리일 때는 녀석의 위치를 파악하고 계

속 눈으로 감시할 수 있습니다. 어쩌면 놈보다 빨리 움직여서 벗

어날 수도 있겠죠. 하지만 악어가 우글거릴 때는 놈들을 물리치기

가 힘듭니다."

토드는 이렇게 설명했다. 다음은 앨런의 말이다.

토드의 분석은 확실히 정확했다. 명왕성 탐사를 원하지 않

는 NASA를 우리가 억지로 밀어붙여서 탄생한 의붓자식 같

은 존재가 바로 우리 프로젝트였기 때문에, 우리는 이런 문제들

이 생기는 것을 말하자면 정상처럼 인식하고 있었다. 이 프로

젝트에 자금이 지원될지 불확실할 때 NASA의 힘 있는 사람들

이 우리를 전혀 돕지 않고 내버려두었기 때문이다. 정치적인 싸

움과 자금을 지원받기 위한 투쟁이 끝난 뒤에도 우리는 NASA

가 자체 프로젝트에 보통 제공하는 '우리가 뒤를 받쳐주겠다'

는 식의 지원을 받아본 적이 없었다. 그런데 지금 토드가 나서

서 그 점을 우리와 NASA 본부에 분명히 지적해줬다. 뉴호라이

즌스 프로젝트에 대여섯 가지 심각한 문제가 있으며, NASA가

나서서 돕지 않으면 이 문제들 중 하나만으로도 프로젝트 일정

이 어긋날 수 있다는 사실을 알려준 것이다.

토드는 상황을 바로잡기 위해 움직이기 시작했다. 다음은 토드의 말이다.

우리는 소규모 팀을 구성해서 문제들을 하나하나 체계적으로 뜯어보았다. 그리고 각각의 위험도에 순서를 매겨, NASA 본부에 제출할 우리의 해결방안을 상세히 작성했다.

뉴호라이즌스 프로젝트와 NASA 지도부를 연결하는 역할을 하다 보니 토드는 그때까지 줄곧 NASA 본부의 전폭적인 지지가 없던 탓에 프로젝트가 위험에 빠졌음을 확실히 알아볼 수 있었다. 다음은 토드의 말이다.

처음에 뉴호라이즌스 팀은 NASA에서 필요한 만큼의 관심을 전혀 받지 못하고 있었다. 나는 NASA 본부에 이렇게 말했다. "이 사람들은 지금 위기상황입니다. 있는 힘껏 노력하고 있는데도 앞으로 나아가질 못합니다. 여기 본부에서 더 많은 자원을 내어주고, 더 진지하게 뒷받침을 해줘야 합니다. 그러지 않으면 성공할 수 없을 겁니다. 이 사람들이 실패해서 우주선이 아예 발사되지 못하거나 목성의 중력을 이용할 수 있는 발사 시기를 놓치게 된다면 NASA에도 커다란 불명예가 될 겁니다. 뉴호라이즌스 호와 명왕성 탐사는 많은 관심을 받는 프로젝트인 만큼, 우주선을 정해진 때에 발사대에 올리지 못한다면 결국 NASA의 실패로 보일 겁니다."

앨런은 토드가 아주 신속하게 NASA의 힘 있는 사람들을 움직여 뉴호라이즌스 호를 열심히 지원하게 만드는 것을 보고 감탄했다. 다음은 앨런의 말이다.

토드가 정말로 판을 돌려놓았다. 혼자 힘으로 NASA 본부를 끌어들여 우리를 지원하고, 돕고, 뉴호라이즌스 호의 성공을 자기들 일처럼 여기게 만든 것이다. 그의 도움 덕분에 나는 NASA 사람들이 정말로 우리를 돕고 있다는 느낌을 처음으로 받았다. 예전에는 뉴호라이즌스 계획에 시동을 걸기 위한 승인과 자금지원을 받아내느라 만신창이가 된 탓에 NASA 본부가 대략 '당신이 이걸 우리 목구멍에 억지로 밀어넣었으니 한번 잘해봐. 성공하면 좋겠네'라는 태도로 우리를 대한다고 생각했다. 간단히 말해서, NASA가 항상 수동-공격적인 태도 또는 그냥 악의 없이 방치하는 태도를 보였다는 뜻이다. 이로 인해 우리는 수많은 어려운 문제들을 해결할 수 없었다. 토드의 가장 큰 공은 NASA의 태도를 크게 변화시켜 우리를 돕게 만든 것이다. 그것이 엄청난 차이를 낳았다. 그 뒤로는 사람들이 우리를 자기 어깨에 태우고 발사대를 향해 나아가는 것 같은 느낌이었다.

이런 도움을 받으며 1년 반 동안 열심히 일에 매달린 결과, 2005년 늦여름에 뉴호라이즌스 호가 완성되었다. 또한 모든 관측 장비, 그러니까 심지어 랠프까지도 모두 완성되었고, 탐사계획 성공에 필요한 핵연료도 확보되었다. 핵연료 발사 승인절차도 늦지 않게 진행되는 중이었다.

토드는 처음 등장할 때 무인우주선을 로봇처럼 움직여 태양계를 탐사하는 작업에 대해 잘 알지 못했지만, 관리자로서 그가 지닌 마력 같은 힘이 경험부족을 이겼다. 그의 도움이 없었다면, 뉴호라이즌스 프로젝트는 십중팔구 성공하지 못했을 것이다.

토드는 틀림없이 뉴호라이즌스 계획의 영웅이자 명왕성 탐사계획의 구세주였다.

제7장
퍼즐 맞추기 완성

플루토늄 문제

6장에서 말했듯이, 태양에서 아주 멀리 떨어진 곳까지 날아가는 우주선은 대부분의 우주선과 달리 태양전지를 이용할 수 없다. 따라서 플루토늄을 연료로 사용하는 핵 배터리인 RTG를 사용한다.

이와 함께 6장에서는, 플루토늄을 싣고 발사되는 모든 로켓이 정부의 엄격한 안전검토와 환경승인을 거쳐야 하며, 여기에는 몇 년이 걸린다는 점도 설명했다. 문제는 핵연료를 싣고 출발하는 대부분의 우주선이 8~10년에 걸쳐 이 복잡한 절차를 거치는 데 비해, 뉴호라이즌스 호는 일정상 겨우 4년 안에 이 힘든 절차를 모두 마쳐야 한다는 점이었다. 핵연료 발사승인을 받으려면 절차를 단 하나라도 건너뛸 수 없었으므로, 뉴호라이즌스 팀은 이 복잡한 과정의 책임자로 경험 많고 노련한 상급자를 앉혀서 특별히 노력을 집중해야만 2006년의 발사일정을 맞출 수 있다는 사실을 처음부터 알고 있었다. 따라서 APL이 2001년에 프로젝트를 시작하면서 글렌에게 도움을 청했다는 사실 또한 6장에서 이미 설명했다. 글렌은 3년 뒤 뉴호라이즌스 프로젝트 전체를 책임지는 프로젝트 매니저가 되었다.

글렌이 처음으로 맡은 임무 중 하나는 핵연료 발사승인 '데이터 북'을 만드는 것이었다. 발사승인을 받는 데 필요한 상세한 안전, 위험, 환경영향 분석을 위해 발사장치와 우주선에 대한 모든 정보를 모아 작성한 것이 바로 이 두툼한 데이터 북이었다. 여기에는 지상에서 또는 발사 도중 사고가 발생했을 때 우주선이 처하게 될 모든 환경에 대한 설명, 그리고 각각의 사고에서 핵 연료원인 RTG가 받게 될 영향에 대한 설명이 포함되었다. 간단히 말해서, 데이터 북은 방사성 물질이 누출될 가능성, 그리고 그런 일이 일어났을 때 누출되는 양과 방사성 물질이 퍼질 지역의 넓이, 이런 사고가 사람들의 건강에 미칠 영향 등에 대한 분석과 상세한 답변을 제공했다. 또한 이런 자료들을 바탕으로, 다양한 사고를 가정한 각각의 시나리오에서 방사성 물질에 노출된 사람이 사망할 가능성에 대한 엄밀한 평가도 이뤄졌다. 이렇게 데이터 북을 만들고, 핵연료 발사 승인절차 전체를 지휘해서 백악관의 최종승인을 얻어내는 것까지가 글렌의 역할이었다. 프로젝트 전체를 통틀어 어쩌면 가장 힘든 역할인 것 같기도 했다. 다음은 앨런의 말이다.

글렌은 자신의 역할을 잘 내세우지 않지만, 뉴호라이즌스 호가 승인 절차라는 미궁을 늦지 않게 통과해서 2006년의 발사시기를 놓치지 않은 것은 글렌 덕분이었다. 그가 문자 그대로 우주비행의 역사를 새로 쓴 것이다. 그는 전설적인 일을 해냈다.

고통스러운 미로 같은 승인절차 외에, 실제로 RTG를 생산하는 과정도 복잡하고 힘들었다. 이 일을 맡은 에너지부(이하 DOE)는 보이저 호, 갈릴레오 호, 카시니 호 등 핵연료를 싣고 먼 우주로 나아간 우주선들의 일에 참여한 적이 있기 때문에 이미 여러 면에서 틀이 잡혀 있었다. 먼저 DOE와 RTG 생산계약을 맺은 록히드마틴사가 뉴호라이즌스 호에 실릴 RTG를 준비했다. DOE의 로스 알라모스 국립연구소는 이와 별도로 RTG의 이산화플루토늄 연료를 생산해서 RTG에 넣을 수 있는 세라믹 구슬 형태로 가공했다. 그다음에는 DOE의 아이다 호 국립연구소에서 RTG와 이산화플루토늄으로 시험을 실시했다. 이 국립연구소는 전차, 가시철망, 관제탑, 그리고 방문객들이 화장실에 갈 때까지도 빠지지 않고 항상 따라다니는 중무장 경비 등을 갖춘 요새 같은 국방연구소다. 시험이 끝난 RTG는 첩보소설 같은 과정을 거쳐 플로리다로 운반되었다. DOE와 NASA는 중무장한 수송대에 RTG를 맡겨 은밀히 케이프커내버럴까지 운반했다. DOE는 플루토늄을 탈취하거나 RTG를 망가뜨리려는 자들이 혹시 있다면 그들을 더욱더 방해하기 위해 심지어 가짜 RTG를 운반하는 여러 수송대를 케이프커내버럴로 동시에 보내기까지 했다.

DOE가 RTG와 연료를 준비하기 위해 실행한 모든 조치는 시계처럼 정확히 맞물려 돌아갔다. 하지만 하마터면 프로젝트 자체를 무산시킬 뻔한 순간이 한 번 있기는 했다. 로스 알라모스 국립연구소는 핵무기 생산에도 관련되어 있는 곳인데, 도중에 보안이 뚫리는 바람에 모든 작업이 중단된 적이 있었다. 이 연구소가 사건의 경위를 조사하는 몇 달 동안 뉴호라이즌스 팀은 꼭 필요한 핵연료 준비작업이 다시 시작되기를 힘들게 기다려야 했다. 연료가 충분히 준비되지 않으면 명왕성 탐사도 불가능했다. 마침내 보안조사가 모두 완료되고 로스 알라모스 국립연구소가 다시 문을 연 것은 플루토늄 생산을 일정에 맞춰 끝내기에 아주 빠듯할 때였다. 하지만 로스 알라모스 국립연구소가 다시 문을 닫는 악몽 같은 일이 또 벌어졌다. 이번에는 연구소 내의 다른 곳에서 벌어진 사고가 보안문제를 야기했다. 뉴호라이즌스 호와는 아무 상관이 없는 사고였지만, 이로 인해 탐사계획이 또 위험에 빠졌다. 발사시기에 맞춰 연료가 충분히 준비된 동력장치를 장착할 수 없음이 점점 분명해졌기 때문이다. 다음은 앨런의 말이다

우리 엔지니어링 팀이 적은 동력으로 작동할 수 있게 우주선의 설계를 바꿀 수는 없었다. 그러기에는 이미 시간이 너무 없

뉴호라이즌스, 새로운 지평을 향한 여정

었다. 그래서 엔지니어링 팀은 적은 동력으로 임무를 수행할 수 있는 다른 방법들을 찾아보기 시작했다. 위험을 좀 더 무릅쓰고, 데이터 수집량을 줄이고, 한꺼번에 작동하는 장비의 수를 줄이는 등등의 방법이었다. 우리에게 그 시기는 정말 실존적인 위기였다. 적은 동력으로 우주선을 움직이는 법을 생각해내지 못한다면 명왕성 탐사 자체가 불가능했으므로, 우리는 모든 가능한 방안들을 살펴보았다.

그들은 우주선을 현명하게 운영한다면 190와트밖에 안 되는 적은 동력으로도 명왕성에서 모든 목표를 달성할 수 있다는 결론을 내렸다. 원래 설계보다 35와트쯤 적은 동력이었다. 그리고 NASA가 과거 프로젝트 때 쓰고 남은 여분의 플루토늄 연료가 일부 발견되면서 문제가 해결되었다. 결국 DOE가 플라이바이 때 딱 201와트의 동력을 생산할 수 있는 플루토늄을 제공해줬기 때문이다. RTG를 이용한 우주선 중에 이처럼 아슬아슬하게 연료를 공급받은 경우는 없었다. 그래도 뉴호라이즌스 호는 꿋꿋이 살아남았다.

거듭되는 우주선 환경 테스트

2005년 봄, 아틀라스 로켓은 조립 중이고 플루토늄 문제도 해결되었다. APL에서는 우주선의 다양한 하위 시스템과 일곱 가지 관측장비를 뉴호라이즌스 호에 싣는 작업이 한창이었다. 각각의 시스템과 장비를 우주선에 실어 고정한 뒤에는 기능시험이 실시되었다. 이렇게 우주선 전체의 조립과 기능시험이 끝난 뒤, 다음 차례는 전체 운항 시스템에 대한 일련의 시험이었다. APL은 발사시의 진동 테스트, 발사시의 음향 테스트, 지상통제 센터 실전 테스트 등 온갖 시험을 실시했다.

그다음에는 아기 그랜드피아노만 한 크기와 모양의 우주선을 남쪽 메릴랜드 주의 그린벨트에 있는 NASA의 고다드 우주비행 센터로 가져가 또 몇 달에 걸친 시험을 시작했다. 공기를 빼서 우주공간처럼 진공상태로 만든 열진공 체임버에 뉴호라이즌스 호를 넣고, 우주선이 우주에서 마주칠 수 있는 여러 환경을 재현하기 위해 온도를 올렸다가 내리는 일을 반복했다. 우주선의 주요 시스템과 백업 시스템이 모두 비행 중에 계획대로 기능하는지 확인하고, 우주의 가혹한 환경에서 고장 날 가능성이 있는 부분들을 가려내기 위해서였다.

이 시험의 목적은 계획대로 달성되었다. 문제점들이 일부 발

뉴호라이즌스, 새로운 지평을 향한 여정

견되어 수정을 했다. 일단 뉴호라이즌스 호가 우주로 나간 뒤에는 문제를 고치고 싶어도 고칠 수가 없다.

우주선에 탑재된 대부분의 시스템이 아무 문제 없이 시험을 통과했다. 하지만 메인컴퓨터가 문제를 일으켜 교체해야 했다. 관성측정장치(이하 IMU), 즉 뉴호라이즌스 호의 방향을 알려주는 자이로스코프도 진공환경에서 누출문제를 일으켰다. 뉴호라이즌스 팀은 부족한 시간과 싸우며 IMU를 세 번이나 교체한 뒤에야 누출현상을 없앨 수 있었다. 단열재 역시 시험과 수정을 거치면서 성능이 향상되었고, 물론 소프트웨어 버그도 많이 발견되었다.

이렇게 우주의 환경을 흉내낸 방에서 몇 달에 걸쳐 힘든 시험을 거치며 부품을 교체하고 소프트웨어 버그를 해결한 뒤에야 뉴호라이즌스 호는 마침내 훌륭한 성적으로 모든 시험을 통과해 케이프커내버럴의 발사대로 보내도 좋다는 확인증을 받았다.

닉스와 히드라

2005년 봄과 여름에 뉴호라이즌스 호의 시험 외에 일어난 일이 하나 더 있었다. 핼이 중심이 된, 놀라운 과학적 발견이었다.

탐사계획의 프로젝트 과학자 일만으로도 엔지니어링과 과학연구 측면에서 할 일이 많은데, 헬은 앨런이 오래전에 명왕성의 위성을 더 찾아보기 위해 시작한 장기적인 연구도 앞장서서 이끌고 있었다. 뉴호라이즌스 계획의 과학 팀에는 명왕성과 이중행성 관계인 카론 외에 아직 발견되지 않은 더 작은 크기의 위성이 있을지도 모른다고 추측하는 사람이 많았다. 이 추측이 옳다면, 상세한 플라이바이 계획을 위해 이 위성들의 존재를 알아내는 것이 중요했다. 그래야 그들을 관찰할 계획 또한 짤 수 있기 때문이었다.

당시 명왕성 주위에서 작은 위성들을 찾는 데 사용할 수 있는 최고의 도구는 허블우주망원경이었지만, 관측시간을 얻어내기가 결코 쉽지 않았다. 허블우주망원경의 관측시간을 분배해주는 선정위원회에는 실제 관측시간보다 일곱 배 내지 열 배나 많은 사용요청이 밀려들었다. 헬은 뉴호라이즌스 호를 개발하면서 과학 팀의 존 스펜서Jhon Spencer와 앨런을 비롯한 여러 사람들과 함께 명왕성의 위성을 찾아보고 싶다면서 허블우주망원경의 사용시간을 두 번 신청했다. 그러나 두 번 다 선정에서 탈락하고 말았다.

뉴호라이즌스 팀이 최고의 지상망원경 몇 개를 위성수색에 동원했으나 아무것도 찾아내지 못했다는 사실이 아마 선정과정에 좋게 작용하지는 않았을 것이다. 선정위원회는 기존의 부정적인 결과를 보고, 가능성이 희박한 일에 시간을 나눠줄 필요는 없겠다고 결정했을지 모른다. 하지만 앨런이 1990년대에 예전 박사후연구원이던 핼 레비슨Hal Levison과 함께 컴퓨터로 실시한 계산결과가 이런 짐작을 반박하는 근거가 되었다. 이 계산결과에 따르면, 명왕성-카론 이중행성에는 작은 위성들이 숨을 수 있는 안정적인 궤도가 많았다. 심지어 지름이 100킬로미터나 되는 위성까지도 여기에 숨을 수 있었다.

위버는 2004년에 다른 사람들과 함께 세 번째로 허블우주망원경의 사용시간을 신청했으나 또 거절당했다. 위버는 자신들이 필요한 시간을 줄이고 줄여 딱 세 시간만 신청했으므로 논리적으로 승인될 가능성이 높다고 생각했기 때문에 이런 결과를 받아들고 깜짝 놀랐다. 사실 명왕성의 위성이 새로 발견된다면 정말 엄청난 일이 아닌가. 명왕성의 위성 시스템을 이해하는 데에도, 명왕성 플라이바이를 계획하는 데에도 대단히 의미 있는 일이었다. 그러나 애석하게도 이런 논리조차 효과를 발휘하지 못했다.

그런데 2004년 늦여름에 몹시 이례적인 일이 일어났다. 허블우주망원경의 주요장비 중 하나가 누전 때문에 수명을 다하고 만 것이다. 따라서 그 장비가 필요한 관측을 전혀 할 수 없는 상황이었으므로, 허블우주망원경의 관리자들은 비어버린 관측

시간을 채울 방법을 찾아보았다. 핼은 그때를 이렇게 회상한다.

"갑자기 걸려온 전화에 나는 한여름의 크리스마스를 맞이한 것 같았다. 허블우주망원경을 세 시간 동안 사용할 수 있다는 허가가 떨어진 것이다. 수색을 할 수 있게 되었다!"

하지만 뉴호라이즌스 팀이 항상 그랬듯이, 이 좋은 소식이 곧바로 실현되지는 못했다. 일정상의 제약으로 인해 핼은 2005년 5월에야 허블우주망원경을 사용할 수 있었다.

기다리는 동안 핼은 명왕성 위성탐색을 위한 상세한 계획 작성을 앞장서서 이끌었다. 그렇게 관측 데이터를 얻은 뒤에는 앨런의 박사후연구원 중 한 명인 앤드루 스테플Andrew Steffl과 핼이 명왕성 주위를 도는 희미한 물체를 찾기 위해 꼼꼼한 분석을 시작했다. 핼은 말씨가 부드럽고, 침착한 사람이다. 그러나 허블 관측 데이터에서 명왕성의 위성이 한 개도 아니고 두 개나 추가로 발견되었을 때는 흥분을 감출 수가 없었다. 핼의 이러한 성과를 모르고 있던 앤드루도 며칠 뒤 역시 그 두 개의 위성을 찾아냈다.

대단한 발견이었다. 이제 뉴호라이즌스 호가 관찰할 수 있는 위성은 카론 하나가 아니라 무려 세 개나 되었다!

연구 팀은 새로 발견된 위성들의 이름을 짓는 작업에 착수했다. 행성학계에서는 새로운 천체를 발견한 사람이 제안한 이름을 비공식적으로 사용하다가, 국제 천문연맹(이하 IAU)이 공식적

뉴호라이즌스, 새로운 지평을 향한 여정

인 이름을 승인하는 것이 관행이다. IAU의 승인절차가 길고 이름에 대한 상세한 제안서가 필요하기 때문에, 연구 팀은 나중에 교과서에 실릴 공식적인 이름으로 적합한 것들을 물색하고, 선정하고, 제안서를 쓰는 동안 가볍게 부를 임시 이름을 지었다. 보울더와 볼티모어가 바로 그 임시 별명이었다. 이 두 위성을 발견하는 연구에 참여한 사람들이 거의 모두 이 두 도시 출신이었기 때문이다.

앨런은 명왕성이라는 이름의 기원이 된 플루토의 신화와도 어울리면서 동시에 명왕성이 이름으로 선택된 의미도 존중하는 이름을 원했다. 클라이드가 새로 발견한 행성의 이름을 찾고 있던 1930년에 퍼시벌 로웰의 아내는 세상을 떠난 남편이 이 행성을 가장 먼저 찾기 시작한 것을 기리는 의미에서 이 행성을 '퍼시벌'이나 '로웰'로 부르고 싶어 했다. 나중에 열한 살짜리 아이 버니샤가 '플루토Pluto'라는 이름을 제안했을 때, 로웰 천문대의 과학자들이 그 이름을 좋아한 것은 명부의 신 플루토를 둘러싼 저승세계 신화 때문만은 아니었다. P와 L로 시작되는 이 이름이 퍼시벌 로웰을 기리는 의미가 될 수도 있다고 생각했기 때문이었다.

앨런과 핼, 그리고 위성 발견 팀 전원은 새 위성의 이름을 각각 '닉스Nix'와 '히드라Hydra'로 정했다. 그리스신화에서 닉스는 어둠의 여신이자 카론의 어머니이고, 히드라는 저승세계의 머리가 아홉 개인 뱀이다.(아홉 번째 행성의 위성에 잘 어울리는 이름이다) 닉스와 히드라는 고대 신화에서 따온 훌륭한 이름이며, 명왕성과 카론이라는 이름을 탄생시킨 저승세계 테마와도 잘 맞아떨어졌다. 하지만 이 두 이름이 그들의 마음을 사로잡은 이유는 이것만이 아니었다. '명왕성'의 P와 L이 퍼시벌 로웰을 기념하는 것처럼 닉스와 히드라의 N과 H는 뉴호라이즌스 호를 기념하는 의미로 쓰일 수도 있었다. 애당초 그들이 명왕성의 새 위성을 찾으려고 생각한 이유가 바로 뉴호라이즌스 호가 아니었던가.

발사장에 오신 것을 환영합니다

고다드 우주비행 센터에서 우주선 환경 테스트가 모두 끝난 뒤, 뉴호라이즌스 호를 발사가 이뤄질 플로리다로 보낼 때가 되었다. 프로젝트 팀은 우주선을 군 화물수송기로 운반하는 방법과 온도와 습도 등이 조절되는 트럭에 싣고 보조차량들에 둘러싸인 채 1600킬로미터가 넘는 거리를 달려가는 방법 중 하나를 선택할 수 있었다. 그들은 수송기 쪽이 더 안전할 것 같다는 결론을 내렸다. 그래서 9월 24일 늦은 밤에 세계 최초로 명왕성과 카이퍼대의 탐사를 실시하게 될 유일한 우주선이 워싱턴의 앤드

뉴호라이즌스, 새로운 지평을 향한 여정

루스 공군기지에서 케이프커내버럴에 있는 NASA의 케네디 우주 센터 발사장을 향해 날아올랐다. 앨런과 글렌, 그리고 거의 스무 명이나 되는 엔지니어들과 기술자들은 여러 달 동안 플로리다에서 발사준비를 할 예정으로 함께 수송기에 올랐다. 앨런은 그날 밤의 비행을 지금도 생생히 기억하고 있다.

주州공군의 커다란 C-17기를 타고 동해안을 따라 날아가며 이런 생각을 했던 기억이 난다. '이 우주선이 다시 이 고도까지 올라왔을 때는 이미 아틀라스에 실려 궤도를 향해 한창 속도를 올리고 있겠구나.'

승무원들이 자리를 허락해준 C-17기 조종실에서 파노라마처럼 펼쳐진 창문을 통해 도시와 해안의 불빛들이 동해안 전체를 물들인 풍경을 본 기억이 지금도 생생하다. 마침내 앞쪽에 플로리다가 보였다. 비행기가 착륙을 위해 지상으로 접근하기 시작하자, 발사 단지와 NASA의 거대한 조립 빌딩, 비행기가 내려앉을 4.8킬로미터 거리의 셔틀 활주로가 눈에 들어왔다.

착륙한 뒤 비행기는 활주로를 따라 사람들이 기다리는 곳으로 이동했다. NASA의 사람들이 온도와 습도 등이 조절되는 트럭을 갖고 뉴호라이즌스 호를 맞이하려고 기다리고 있었다.

이 트럭이 뉴호라이즌스 호를 싣고 플로리다의 청정실로 운반하면, 프로젝트 팀이 최종 테스트를 실시하고, 연료를 주입하는 등 발사준비를 할 예정이었다.

C-17기 내부에서는 당연이 에어컨이 돌아갔지만, 밖으로 나오니 9월 말 새벽 2시인데도 후텁지근한 플로리다의 날씨가 느껴졌다. C-17의 후면 화물칸 문이 열리면서 서늘한 공기와 플로리다의 텁텁하고 더운 공기가 만나자 갑자기 초현실적인 안개가 맺혀 비행기 밖으로 파도처럼 밀려나왔다. 이것이 영화의 한 장면이라 해도, 그보다 더 극적인 효과를 낼 수는 없었을 것이다.

우주선이 C-17기에서 트럭으로 옮겨진 뒤, 앨런은 다시 비행기 안으로 들어가 소지품을 챙겨 승무원 계단을 내려왔다. 뉴호라이즌스의 발사장 책임자인 NASA의 척 태트로Chuck Tatro가 계단 아래에 서 있었다. 앨런이 계단에서 바닥으로 내려서는 순간, 척이 앨런에게 손을 내밀어 악수를 청하며 이렇게 말했다.

"스턴 박사님, 발사장에 오신 것을 환영합니다."

앨런은 마치 몇 톤이나 되는 벽돌로 한 대 맞은 것 같은 기분이 들었다. 다음은 앨런의 말이다.

뉴호라이즌스, 새로운 지평을 향한 여정

1989년부터 2005년까지 그 오랜 세월 동안 애쓴 끝에 명왕성을 탐사할 우주선이 마침내 발사장에 도착했다. 이제 곧 정말로 태양계를 종단해서 역사상 가장 먼 천체들을 탐사하게 된다. 척에게서 그 말을 들은 순간, 발사가 임박했고 그 뒤로 10년에 걸친 비행이 이어질 것이라는 현실이 실감나게 느껴졌다. 문자 그대로 등골이 오싹했다.

제8장
무사비행을 위한 기도

13일의 금요일

플로리다로 온 뉴호라이즌스 파견대는 우주선과 함께 케이프커내버럴에 도착한 뒤 마지막 테스트와 발사준비로 정신이 없을 10주의 일정을 시작했다. 엄청난 작업일정 때문에 앨런과 글렌은 케이프커내버럴에 임시로 아파트를 구해서 지냈다. APL과 SwRI에서 온 사람들도 마찬가지였다.

이곳에서 하는 모든 작업은 2006년 1월에 시작될 3주간의 최적 발사시기를 위한 것이었다. 이때 지구, 목성, 명왕성이 모두 각자 궤도를 따라 움직이면서 늘어서는 위치를 이용하면, 아틀라스에 실려 발사된 뉴호라이즌스 호가 9년 반 동안 빠른 속도로 명왕성을 향해 날아가는 길에 들어설 수 있다. 만약 1월에 21일간 지속될 이 시기를 놓친다면 2007년에 우주선을 발사할 수밖에 없는데, 그러면 여행의 위험도 커지고 기간 도 14년으로 늘어나며 목성 플라이바이도 불가능했다.

발사준비가 서서히 끝나가고 뉴호라이즌스 호를 아틀라스 로켓 위에 올리기 위한 계획이 만들어지고 있던 12월 중순에 척이 앨런을 찾아와 한 가지 요구를 내놓았다.

"발사 최적기 첫날에 바로 발사가 가능할 정도로 일이 착착 진행되고 있지만, 크리스마스와 신년에 각각 며칠씩 팀원들에게 휴가를 주면 좋겠다 싶습니다. 그래서 발사시기 중 닷새를 그냥 포기해주시면 어떨까요?"

1월에 발사하지 못할 때의 위험을 알고 있었으므로 앨런은 이 결정의 위험 또한 인식하고 과거 아틀라스 발사의 통계자료를 보여달라고 요청했다. 5일을 포기하면 16일밖에 남지 않는 발사시기 안에 로켓이 성공적으로 발사된 경우가 얼마나 되는지 알아보기 위해서였다. 앨런은 그때의 대화를 다음과 같이 회상한다.

척이 내 눈을 바라보며 이렇게 말했다. "쉬운 결정이 아닌 줄은 압니다만, 발사시기를 놓치는 일은 없을 겁니다, 스턴 박사님. 우리는 이 일의 전문가예요. 그러니 닷새를 포기한다 해도 위험은 적습니다. 사실 그 닷새를 포기하지 않았을 때, 그러니까 발사를 담당할 직원들이 명절을 맞아 식구들과 함께 휴식을 취하며 한층 기운을 낼 기회를 주지 않았을 때의 위험이 더 크다고 생각합니다."

발사 팀이 그동안 얼마나 열심히 일했는지 나도 알고 있었다. 발사기록에 따르면, 일단 로켓의 준비가 끝난 뒤에는 설사 날씨로 인해 발사가 지연되는 경우에도 아틀라스 팀이 발사에 성공하는 데 일주일을 넘긴 경우가 드물다는 사실도 알 수 있었다. 그래서 나는 발사 팀에게 휴가를 주자는 제안에 동의했다.

발사 팀이 휴가에서 돌아온 신년 첫날, 즉 발사 최적기가 시작될 때까지 겨우 2주쯤 남았을 때 척은 다시 앨런을 찾아와 뉴호라이즌스 호와 로켓의 카운트다운 준비를 위해 아직 남아 있는 수십 단계 작업의 상세한 일정표를 내밀었다. 앨런은 이제 이곳에서 일이 돌아가는 흐름에 익숙했지만, 이번에는 1월 15일까지 보름 동안 각 단계를 실행할 날짜가 달력에 정확히 표시되어 있었다.

척은 앨런에게 이렇게 말했다.

"당신에게 물어보고 싶은 것이 하나 있습니다. 여기 일정표를 보면, 우리가 우주선에 플루토늄을 주입하고 최종 비행점검을 위해 우주선 시스템에 전원을 켜는 날이 13일의 금요일입니다. 조금 멍청한 소리 같기는 한데, 어쨌든 그 날짜가 꺼려지지는 않습니까?"

다음은 앨런의 말이다.

이 말의 뜻은 이런 것이었다. "원한다면 RTG 연료주입을 하루 뒤인 14일 토요일에 해도 됩니다. 심지어 시간외수당도 우리가 부담할 겁니다. 발사 때나 우주선이 명왕성까지 비행하는 중에 당신이 공연히 걱정하지 않기를 바라기 때문에 하는 말입니다. 우주선에 전원이 들어온 날이 13일의 금요일이었다는 이유로 말이죠." 이 말을 듣고 가장 먼저 생각난 것은 아폴로 13호와 관련된 어렸을 때의 기억이었다. 당시 어떤 사람들은 그 우주선에 13이라는 번호를 붙이지 말았어야 했다거나, 휴스턴 시간으로 13시 13분에 발사한 것이 문제였다고 생각했다. 하지만 나는 내가 과학자임을 되새겼다. 13일의 금요일 미신은 철저히 비이성적이다. 그래서 나는 귀한 하루를 또 허비하느니 13일에 연료를 주입하는 편이 더 낫다는 결정을 내렸다. 앞으로는 13일의 금요일을 우리 프로젝트의 구호로 삼아야겠다는 생각도 들었다. 나는 이렇게 다짐했다. '지금부터 13일의 금요일마다 뉴호라이즌스 호의 탄생과 합리적인 사고의 승리를 축하해야겠다.' 나는 척을 바라보며 말했다. "13일의 금요일이 뭐 어때서요. 그냥 연료를 넣으세요. 아틀라스에 불을 켜고 한 번 날아봅시다!"

"그렇게 용감한 행동은 난생 처음 보았다"

NASA의 우주선을 발사대에 올려도 좋다는 최종승인을 좌우하는 것은 비행 준비태세 확인서Certificate of Flight Readiness(이하 COFR)라는 발사승인 서류다. 우주선의 비행과 관련된 핵심인물들이 모두 이 서류에 서명해서, 우주선과 로켓, 우주선과 지상통제 센터와 통신망, 즉 탐사에 필요한 모든 요소들이 준비되었음을 확인해 줘야 한다. 먼저 글렌은 APL을 대표해서 서명하고, 앨런은 PI로서 서명한다. 그리고 록히드마틴, 보잉, 에너지부, NASA 등의 핵심관리자 10여 명도 서명해야 한다.

COFR에 서명하는 자리는 단순한 행사가 아니다. NASA는 프로젝트의 모든 요소가 준비되었음을 확인하기 위해 오랫동안 기술적으로 복잡한 발사준비 과정을 거치는데, COFR 서명은 이 꼼꼼한 절차의 최종단계다. 문자 그대로 수천 가지 항목을 점검하고 확인한 뒤에야 여러 관계자들에게서 서명을 받을 수 있다.

뉴호라이즌스 호의 COFR 승인절차가 2005년 늦여름에 시작되었을 때, 발사장치와 관련해서 한 가지 문제가 고개를 들었다. 1년 전 여름에 아틀라스 V 공장에서 벌어진 사건이 발단이었다. 당시 록히드마틴사는 액체산소 탱크가 비행 중에 설계상의 한계를 넘어서는 압력까지 견뎌낼 수 있는지 확인하기 위해 지상에서 시험을 하고 있었다. 그러나 이를 위해 록히드마틴 팀이 탱크에 일부러 과도한 압력을 걸었을 때 탱크가 폭발해버리는 바람에, 그 원인을 파악하기 위한 광범위한 조사가 이뤄졌다.

몇 달에 걸친 조사에서 팀원들은 시험용 탱크의 설계, 소재, 제조이력, 취급과정 등 모든 면을 살펴보았다. 그들은 아무리 작은 것도 그냥 넘기지 않고, 탱크 소재의 구조를 현미경으로 들여다보기까지 했다. 또한 그 소재의 샘플을 수백 개나 시험하면서 강도를 분석하고, 일어나서는 안 되는 폭발의 원인을 밝혀줄 약점이 있는지 살펴보았다.

조사는 2005년이 저물 때까지 쭉 이어졌다. 물론 이것은 뉴호라이즌스 호를 싣고 날아갈 아틀라스 로켓과는 전혀 관련이 없는 문제였다. 이 로켓의 탱크는 이미 모든 시험을 통과했다. 그러나 플루토늄을 가득 채운 RTG를 우주선에 실을 예정이었으므로, 시험용 탱크의 폭발이 뉴호라이즌스 호를 싣고 발사될 아틀라스의 소재, 부품, 조립과정과 아무 상관없다는 사실이 조사에서 증명되지 않는 한 뉴호라이즌스 호는 발사될 수 없었다.

이 문제가 NASA 본부 회의에서 중점적으로 논의된 시점은 2006년 첫 번째 주, 즉 발사 최적기가 시작되기 고작 일주일 전이었다. 프로그램 관리위원회(이하 PMC)라고 불리는 이 회의에는 100명이 넘는 고위인사들, 관리자들, 기술 전문가들이 모여 최종결정을 앞두고 의견을 나눴다. 그만큼 중요한 회의였다. 그러나 궁극적인 결정권자는 그리핀 NASA 국장이었다. 그는 머리가 뛰어나고 아는 것이 많은 사람이었지만, NASA 국장으로는 이제 갓 취임한 처지였다.

그리핀의 결정에 많은 것이 달려 있었다. 발사 중에 문제가 발생한다면, 뉴호라이즌스 호와 명왕성 탐사가능성 자체가 끝나버릴 뿐만 아니라, 앞으로 핵연료를 실은 우주선들의 발사가 일반적으로 거의 불가능해질 우려가 있었다. 뉴호라이즌스 호에서 사고가 발생한다면, 태양계 외행성들의 탐사계획이 사실상 어둠에 잠겨버리는 셈이었다.

PMC에는 보통 NASA에 소속된 사람들만 참석한다. 그러나 앨런은 이 계획의 PI로서 그 자리에 참석해 사람들의 의견을 들어보고 발사여부에 대한 자신의 의견도 밝힐 필요가 있다고 생각했기 때문에 그리핀에게 직접 호소해서 참석허가를 받았다.

이 PMC에서 사람들은 뉴호라이즌스 호를 반드시 발사해야 한다는 쪽과 반대하는 쪽으로 나뉘어 각자 주장을 펼쳤다. 누군가가 기술적인 면에 대해 발표하면 다른 사람이 나서서 그에 반박하는 발표를 하는 일이 몇 시간 동안이나 이어졌다. 그러나 가장 핵심적인 주장을 펼친 사람은 NASA 케네디 우주 센터의 수석 엔지니어인 제임스 우드James Wood였다. 믿음직한 한창 때의 로켓 전문가이며 안경을 쓴 우드는 미리 조사를 철저히 하고 중요한 것들을 두 번씩(어쩌면 세 번씩) 확인하는 사람으로 유명했다. 그는 실험용 탱크의 이상이 뉴호라이즌스 호에 실릴 탱크와는 아무런 관계가 없음을 상세히 설명한 뒤, 예정대로 발사할 것을 권고했다. 그리핀을 비롯해서 NASA 본부의 상급자들은 수십 가지 질문을 던져 우드가 펼친 주장의 모든 면을 샅샅이 살펴보았다. 우드 외에 다른 엔지니어들 역시 발표를 끝내고 그리핀과 NASA 상급자들의 질문도 모두 끝난 뒤, 앨런이 일어섰다. 전직 우주항공 엔지니어이자 이번 회의에서 어떤 결론이 나든 그 결과를 감당해야 하는 사람으로서 그는 우드의 발표를 바탕으로 뉴호라이즌스 호를 발사해도 아무 위험이 없다는 결론을 내렸다. 오히려 탱크가 폭발한 사건을 더 깊이 연구하겠다며 발사를 2007년으로 미루는 쪽이 확실히 위험했다. 우드의 논리가 옳다고 확신한 앨런은 회의 참석자들을 향해 다음과 같이 말했다.

나는 이렇게 말했다. "저를 잘 모르는 분들을 위해 먼저 말씀드리자면, 저는 거의 10여 건에 이르는 NASA 우주선 발사 결정에 참여한 적이 있으므로 이런 무대가 처음이 아닙니다. 또한 이번 달에 우주선을 발사해야 한다는 점에서, 이번 결정에 얼마나 많은 것이 걸려 있는지 이해해주시기 바랍니다." 이어서 나는 만약 우리가 목성의 중력을 이용할 수 있는 1월의 발사시기를 놓치면 10년을 기다려야 같은 기회를 얻을 수 있으며, 다른 선택지라고는 2007년에 우주선을 발사해서 우주선이 목성의 중력을 이용하지 못한 채 느린 속도로 무려 14년 동안 명왕성 여행을 하는 것뿐이라는 점을 설명했다. 나는 또한 만약 2007년에도 우주선을 발사하지 못하고 2008년이나 2009년에 발사한다면, 아틀라스 V 551도 우리를 명왕성으로 데려다주지 못할 것이라는 점을 지적했다. 사실 2014년경까지 기다리는 수밖에 없었다. 나는 9년간의 여행과 14년간의 여행을 비교했을 때, 후자의 경우 우주선이 훨씬 더 큰 위험을 감당해야 한다고 조심스레 설명하고, 발사를 1년 연기해서 도착시기가 4년 늦어진다면 비용도 많이 들 것이라고 말했다. 그리고 명왕성의 대기가 얼어붙기 전에 명왕성에 도착해야 하는 이유를 설명했다. 일찍 우주선을 발사해서 일찍 명왕성에 도착해야 한다는 주장을 뒷받침해주는 이유였다. 만약 우리가 명왕성에 늦게 도착한다면, 지도를 작성할 수 있을 만큼 햇빛을 받는 표면이 줄어들 것이라는 점도 이야기했다. 마지막으로 나는 개인적인 이야기를 꺼냈다. "저는 1989년부터 무려 17년을 이 프로젝트에 쏟았습니다. 결정은 NASA 국장님의 권한입니다만, 이번 탐사계획의 PI이자 이번 발사에 많은 것을 걸고 있는 사람으로서 데이터를 보건대 지금 계획 그대로 아틀라스를 발사하는 것에 전혀 불안이 없음을 분명히 말씀드립니다." 이 말을 하고 나서 나는 자리에 앉았다. 하고 싶은 말은 다 했다. 두어 사람이 내 어깨를 가볍게 두드려줬다. '잘했어요. 그리핀이 무슨 결정을 내리든 당신이 잘 받아들이면 좋겠네요'라고 말해주는 것 같은 손길이었다.

앨런의 발언이 끝난 뒤, 그리핀은 NASA 주요부서의 부서 장들 모두를 대상으로 아틀라스 V의 탱크 문제가 뉴호라이즌스 호 발사에 영향을 미치지 않는다는 점이 충분히 소명되었는 지 의견을 물었다. 많은 사람들이 발사에 찬성표를 던졌지만, 반 대하는 사람도 있었다. 뉴호라이즌스 호를 싣고 갈 아틀라스의 탄탄함을 의심할 결정적 이유는 없지만, 조금이라도 위험을 무 릅쓰고 싶지 않다는 것이 이유였다. NASA 발사 서비스부의 노 련한 부장으로서 NASA가 시행하는 모든 로켓 발사 책임자인 스 티브 프랑수아Steve Francois는 찬성표를 던졌다. NASA의 수석 엔지 니어인 렉스 제비든Rex Geveden, 행성 탐사 부장인 앤디 댄츨러Andy Dantzler도 마찬가지였다. 그러나 NASA에서 안전 및 탐사의 성공보 장을 책임진 전직 우주 셔틀 지휘관 브라이언 오코너Bryan O'Connor 는 발사하지 말자는 쪽이었다.

그다음 차례인 메리 클리브Mary Cleave 역시 전직 우주인으 로 NASA의 모든 과학탐사를 책임진 사람으로서 반대표를 던졌 다. 앨런은 이렇게 말했다.

"나는 혼자 생각했다. '그리핀이 이 사람들의 의견을 누를 수 는 있겠지만, 그랬다가는 안전과 과학을 각각 책임지는 두 부서장 에게 반대한 사람으로 기록에 남겠지. 이유가 무엇이든 이번 발사 가 성공하지 못한다면, 그리핀은 NASA 국장자리를 잃고 이 분야

뉴호라이즌스, 새로운 지평을 향한 여정

에서 더 이상 출세할 수 없을 거야.'"

이 회의에 참석했던 핼은 그때 엄청나게 낙담했던 것을 기억하고 있다.

"기분이 몹시 우울해졌다. 안전과 탐사의 성공보장 책임자가 반대표를 던진 것은 물론 예상할 수 있는 일이었다. 발사에 찬성했다가 일이 잘못되면 목이 잘릴 테니까. 하지만 과학탐사 부장이 반대표를?"

마지막으로 투표한 사람은 그리핀이 가장 신임하는 부하인 빌 거스틴마이어Bill Gerstenmaier였다. NASA의 모든 발사를 책임진 그는 발사에 찬성하면서, 실험용 탱크 폭발사건이 이미 철저한 연구와 분석을 거쳤으며 그 결과를 발표한 우드가 뉴호라이즌스 호 발사에 아무 위험이 없음을 분명히 해줬다고 차분하게 설명했다. 발사가 합리적인 선택이라는 것이 그의 결론이었다.

이제 그리핀의 차례였다. NASA의 국장으로서 그는 자리에서 일어나 토론을 끝맺는 긴 발언을 했다. 회의실 안은 완전히 침묵에 잠겼다. 그리핀 휘하 상급자들의 의견이 갈렸으므로, 최종 결정이 그리핀에게 달려 있음을 그 자리의 모든 사람이 알고 있었다.

그리핀은 실험용 탱크의 폭발이 뉴호라이즌스 호를 싣고 갈 로켓과는 딱히 관련되지 않았으며, 아틀라스 로켓의 안전비행 기록은 완벽하다는 점을 다시 말했다. 그리고 실험용 탱크 사고의 분석결과에 찬사를 보내며, 그 탱크가 뉴호라이즌스 호를 싣고 갈 로켓에는 영향을 미치지 않을 것이라고 생각하는 자신의 근거를 설명했다. 뉴호라이즌스 호 발사과정에서는 탱크가 터질 정도로 압력이 강해지는 일은 결코 일어나지 않을 것이라는 설명이었다. 이어 그리핀은 어떤 발사에서든 실패 확률이 2~3퍼센트는 되는데, 탱크와 관련된 위험이 발생할 확률은 이보다 훨씬 낮기 때문에 산소 탱크 문제는 기껏해야 위험성 계산의 작은 인수 하나에 불과하다고 지적했다. 그러고 나서 모든 RTG는 발사 시에 아무리 재앙 같은 사고가 일어나도 살아남도록 설계되었으며, 사실 오래전 그런 사고가 일어났을 때 RTG가 바로 그 생존 능력을 증명한 바 있음을 사람들에게 일깨워줬다. 그리핀의 논리는 냉정하고, 합리적이고, 다양하고, 흠잡을 데 없었다. 그는 감정을 배제한 채 신중하고 철저하게 사실들을 검토해본 뒤, 실험용 탱크 사고와 관련된 위험이 미미하다는 사실이 증명되었으므로 발사를 미룰 때의 위험이 더 커질 것이 거의 확실하다고 결론 지었다.

그리핀은 클리브와 오코너의 의견을 누르고, NASA 국장으로서 로켓을 발사해도 안전하다는 결론을 내렸다고 선언했다. 그리고 모든 사람이 보는 앞에서 곧바로 COFR에 서명한 뒤 회의실을 나갔다. 다음은 앨런의 말이다.

내가 20여 년 동안 NASA의 탐사계획에 참여해 일하면서 그렇게 용감한 행동을 본 것은 처음이었다. 꼭 무슨 영화의 한 장면 같았다. NASA 국장이 안전과 과학탐사를 맡은 두 책임자의 의견을 누르고, 뉴호라이즌스 호의 발사를 승인하며 자신의 직을 걸었다. 핼과 나는 방금 눈앞에 펼쳐진 극적인 장면을 믿을 수가 없어서 서로 바라보기만 했다. 그리핀은 그날 용기와 강단을 증명하고, 뉴호라이즌스 호의 새로운 영웅이 되었다.

결전의 전날

발사 날짜가 다가오면서 사람들이 케이프커내버럴 주위로 몰려들기 시작했다. 처음에는 수백 명 수준이더니 나중에는 수천 명이 되었다. 엔지니어, 관리자, 발사 스태프, 과학자, 기타 탐사계획과 직접적으로 관련된 사람들 외에 기자, 다큐멘터리 작가, 학생, 교사 등이 점점 늘어났다. 우주 이야기를 좋아하는 사람들과 호기심 많은 구경꾼들도 역사적인 발사가 될 것이라고 일컬어지는 광경을 보려고 수천 명이나 모여들었다. 케네디 우주 센터에서 차로 한 시간 거리 이내에는 호텔에 빈 방이 전혀 없을 정도였다.

이렇게 모인 사람들 중에는 명왕성 언더그라운드의 초창기 멤버로서 1989년부터 줄곧 명왕성 탐사계획을 실행하려고 애쓴 사람들이 많았다. 그 밖에 행성을 연구하는 사람, 엔지니어링 팀원, 이번 프로젝트의 중요한 파트너 회사 중역, 그리핀 국장도 있었다. 새로운 행성을 향해 우주선이 발사되는 이런 일은 쌍둥이 보이저 호가 거대 행성들을 탐사하기 위해 발사된 1977년 이후 처음이었다.

발사 며칠 전, 뉴호라이즌스 과학 팀원들이 마지막으로 한 자리에 모여 하루 종일 발사 전 회의를 했다. 앨런은 지금까지 걸어온 길을 이들에게 일깨워주면서, 거의 17년 동안 수많은 싸움을 거친 끝에 마침내 성공했다고 말했다. 발사를 앞두고 한자리에 모인 그들 앞에는 웬만한 도시의 고층건물만 한 로켓 위에 그들의 훌륭한 우주선이 앉아서 지구를 영원히 떠날 순간을 기다리고 있었다.

그동안 그들은 정말 먼 길을 걸어왔다. 그러나 앨런은 발언을 마친 뒤, 자신들이 배우고 싶었던 모든 것, 목표로 삼았던 모든 것이 성공적인 발사와 그 뒤 거의 10년 동안 이어질 48억 킬로미터 여행에 달려 있음을 문득 깨달았다. 사실 모든 것이 아직 저만치 앞에 있었다.

다음 날 밤, 앨런은 토드, 렉스와 함께 발사대로 나갔다. 사람이 거의 없었다. 하지만 아틀라스라는 22층 높이의 거대한 발사 로켓 위에 뉴호라이즌스 호가 있었다. 그 모습이 앨런의 기억 속에 완전히 각인되었다. 저 우주선은 아주 잠깐, 기껏해야 겨우 며칠 정도 이 자리에 있다가 하늘로 날아오를 것이다. 그러고 나면 탐사가 성공하든 실패하든, 그는 두 번 다시 뉴호라이즌스 호를 볼 수 없을 것이다.

바닷바람이 불어왔다. 케이프커내버럴의 짠 바다냄새가 났다. 그가 참여했던 과거 발사 때에도 맡아본 친숙한 냄새였다. 그는 로켓 위를 올려다보며 조용히 말을 걸었다.

"잘해야 한다."

그러고 나서 그는 돌아서서 자신의 차를 세워둔 곳으로 걸어 갔다.

다음 날 명왕성을 향한 발사 카운트다운이 예정되어 있었다.

제9장
초음속으로

마지막 행성을 향하는 최초의 탐사선

발사 최적기가 점차 다가오는 동안, 뉴호라이즌스 호는 케이프커내버럴 발사단지 41에서 거대한 아틀라스 로켓 위에 앉아 있었다. 동력이 공급되고 날아갈 준비도 끝난 상태였다. 로켓 담당자들이 '굴뚝'이라고 부르는 로켓은 높이가 61미터를 넘는 엄청난 모습이었다. 꼭대기의 작은 뉴호라이즌스 호는 고체 로켓 연료를 사용하는 로켓 3단 STAR 48과 결합되어, 스쿨버스 크기의 우주선이 들어갈 수 있을 만큼 커다란 아틀라스의 원뿔형 코 안에 아늑하게 들어가 있었다.

이 로켓 굴뚝 옆에는 이동식 발사 정비탑이 있었다. 높이가 로켓과 거의 맞먹는 이 정비탑에는 다양한 도관, 케이블, 공급선이 연결되어 로켓의 동력, 연료, 냉각, 통신 등을 발사 순간까지 보살핀다. 발사단지는 바다와 인접해 있지만, 그 외에는 몇 킬로미터 반경 안에 거의 아무것도 없다.

케네디 우주 센터 대부분이 야생생물들의 성소처럼 보존되어 있다. 사실 개발된 땅이 전체의 10퍼센트도 채 되지 않는다. 인간의 손이 닿지 않은 플로리다의 습지는 해오라기, 물수리, 독수리, 왜가리 등을 발견하기에 아주 좋은 곳이다. 물론 진짜 악어도 살고 있다. 풍부한 생태계를 이루고 있는 이 습지, 모래언덕, 개

펄 너머에 사진과 다큐멘터리로 잘 알려진 NASA의 상징적인 시설들이 많이 자리 잡고 있다. 높이가 160미터나 되는 거대한 조립 빌딩, 10여 개의 발사대, 우주비행사 숙소, 셔틀 착륙용 활주로, 널찍한 방문객 시설 등이 여기에 포함된다.

이번 발사에 사람들을 끄는 매력이 있음은 분명했다. 뭔가 시대의 획을 긋는 일이라는 느낌, 보이저 호가 자신에게서 영감을 받은 새로운 세대의 탐험가에게 횃불을 넘겨주는 것 같은 느낌이 있었다. 신세대가 지금껏 한 번도 본 적이 없는 세계들을 탐험할 기회가 왔다는 그 느낌이 사방에 둥둥 떠다녔다.

뉴호라이즌스 팀은 '마지막 행성을 향하는 최초의 탐사선'이라는 슬로건을 내세웠다. 우리 태양계의 행성들을 관찰하는 새로운 시대의 문을 여는 '최후의 가장 중요한 최초'가 될 것이라는 사실이 여러 면에서 확실해 보였다. 뉴호라이즌스 호는 또한 NASA의 새로운 행성 탐사선 중 첫 작품이었다. 10억 달러 규모로 경연을 통해 선정되며, 과학자가 이끄는 행성간 탐사계획이 '뉴프런티어 프로그램'이라는 이름으로 계속될 예정이었다.

탐사계획에 참여한 사람들은 앞으로 10년 동안 이어질 여행은 물론, 이 순간에 이르기까지 거의 20년 동안 자신들이 거쳐온 투쟁을 생생하게 인식하고 있었다. 이런 모든 이유들로 인해 지금이 중요한 역사적 순간이라는 느낌이 있었기 때문에, 우주 탐사에서 조금이라도 자리를 차지하고 있는 사람이라면 거의 모두 현장으로 달려왔다. 우주비행사에서부터 전 세계 행성학자에 이르기까지, 그리고 우주를 다루는 기자들과 정치가들에 이르기까지.

어떤 우주의 섭리가 우연처럼 작용했는지 몰라도, 1997년 1월 17일에 세상을 떠난 클라이드의 기일과 가까운 날에 발사가 예정되었다. 그래서 이 순간이 특히 더 가슴에 와닿았다.

그러나 사람들, 특히 클라이드의 가족들이 감격하는 이유가 하나 더 있었다. 일반 대중은 몰랐지만, 화장한 클라이드의 유골 일부가 뉴호라이즌스 호에 실려 있었다. 이 아이디어가 처음 등장한 것은 1990년대에 스테일이 JPL에서 명왕성 고속 플라이바이 탐사를 연구하고 있을 때였다. 스테일은 친한 사이이던 클라이드에게 직접 이 아이디어를 제안했고, 클라이드가 받아들였다. 그래서 뉴호라이즌스 호의 발사가 점점 현실이 되어가던 2005년 초에 앨런이 클라이드의 아내 팻시Patsy와 딸 애넷Annette에게 이 말하기 힘든 이야기를 꺼냈다. 클라이드가 스테일과 나눈 대화를 알고 있는지, 명왕성에 갈 그의 유골을 실제로 보관해두었는지 물어보자, 두 사람은 두 질문에 대해 모두 즉시 열정적으로 고개를 끄덕였다. 그들은 클라이드 본인이 몹시 원했다고 말했다. 그래서 앨런은 엔지니어들에게 이 아이디어를 어떻게 하

제9장 초음속으로

면 실행할 수 있는지, 작은 용기를 우주선에 어떻게 실어야 할지 물어보았다. 우주선에서는 이런 감성적인 일조차 엔지니어의 손을 거쳐야 하기 때문이었다. 엔지니어들은 우주선 벽에 고정해서 작은 평형추처럼 사용할 수 있는 용기를 설계했다.

2005년 중반의 어느 날 클라이드 가족들이 작은 소포에 담아 보낸 유골이 앨런에게 도착했다. 그는 그것을 서류가방에 담아 직접 APL로 가져가서 용기 안에 넣어달라고 엔지니어들에게 건넸다. 용기 겉면에는 앨런이 쓴 글귀를 새긴 작은 판이 붙어 있었다.

"미국인 클라이드 W. 톰보의 유해가 여기 묻히다. 명왕성과 태양계 '제3구역'을 발견한 그는 아델Adelle과 머론Muron의 아들, 패트리샤Patricia의 남편, 애넷과 올든Alden의 아버지, 천문학자, 교사, 익살꾼, 친구였다. 클라이드 W. 톰보(1906~1997)."

잠시 생각해보자. 70년 전, 태양에서 출발해 명왕성에 닿았다가 반사된 광자들이 지구까지 수십억 킬로미터의 거리를 네 시간 동안 여행해 와서 애리조나 주 플래그스태프에 있던 망원경을 통과했다. 그 광자들은 몇 주 뒤 그때의 사진을 조사하던 젊은 클라이드의 눈앞에 작은 점이 되어 나타났다. 멀고 먼 새 행성의 존재가 드러난 순간이었다. 그런데 이제 클라이드의 몸을 이루던 원자들 중 일부가 그 머나먼 행성까지, 그리고 그 너머의 다른 우주공간과 은하까지 계속 나아가려 하고 있었다. 삶과 죽음, 의식과 운명에 대한 각자의 생각이야 다르겠지만, 이것이야말로 역사상 유례를 찾기 힘들 만큼 독특하고 경이로운 추도방식이었다.

두 번의 카운트다운

에너지부는 계획대로 2006년 1월 13일 금요일에 뉴호라이즌스 호에 실린 RTG에 연료를 주입했다. NASA와 에너지부는 무장경비들의 호위 속에 핵연료를 운반했다. 우주선이 위치한 로켓 위 높은 곳의 청정실에 커다란 사각형 해치가 있었다. 원뿔형 코의 측면에 위치한 사방 1.5미터 크기의 이 해치는 우주선에 접근할 수 있는 통로였다. 벌겋게 달아오른 방사성 연료를 RTG 안으로 밀어넣기 위해, 6미터 떨어진 곳에서도 조작할 수 있는 특수도구가 사용되었다. 작업자들을 방사능으로부터 보호하기 위해서였다. 그들은 멀리 떨어진 곳에서 RTG의 뚜껑을 닫고, 작업사양에 따라 모든 나사를 단단히 조였다. RTG에 연료가 주입되자, 그 열기로 전력이 생산되기 시작했다. 그때부터 뉴호라이즌스 호는 생명을 얻었다. 자체적으로 동력을 생산할 수 있다는 뜻이다.

그 순간부터 모든 시스템에 전원이 들어오고, 메릴랜드의 지상통제 센터가 비행 중인 우주선을 다룰 때와 똑같이 우주선을 통제했다. 뉴호라이즌스 호는 비록 아직 지상에 있었지만, 진정한 의미에서 임무가 이미 시작된 셈이었다.

1월 17일 화요일은 클라이드의 9주기였다. 아침 날씨는 화창하고 서늘했다. 걱정되는 점이라고는 플로리다 중심부를 지나가는 전선에서 강풍이 불 것이라는 일기예보뿐이었다. 앨런은 동이 트기 몇 시간 전에 일어나 이메일 답장을 쓰고, 발사 전에 항상 하는 달리기를 했다. 코코아비치의 거리들을 달리고 들어온 그는 아내 캐롤 스턴Carole Stern에게 키스로 인사한 뒤 집을 나와 아틀라스 우주비행 운영 센터(이하 ASOC)로 향했다. ASOC는 발사대에서 겨우 4.8킬로미터 거리에 위치한 대규모 지상통제 단지다. 앨런은 이번 발사에 참여한 100여 명의 사람들과 함께 발사 작업대 앞의 자기 자리에 앉아 커피를 옆에 놓은 뒤 통신용 헤드폰을 머리에 썼다. 뉴호라이즌스 발사 리허설을 하면서 이미 몇 번이나 해본 동작이었지만, 오늘은 달랐다. 혹시 누가 심장발작이라도 일으킬까 봐 ASOC 바깥에 대기 중인 구급차, 잔뜩 몰려든 기자들, 평소와 달리 통제 센터에 모습을 드러낸 NASA의 그리핀 국장이 증명하듯이, 오늘은 실제 카운트다운이 이뤄지는 날이었다.

한편 뉴호라이즌스 팀원들, 친구들과 가족들, 행성 탐사 팬

뉴호라이즌스, 새로운 지평을 향한 여정

들, 일반 대중 등은 버스를 타고 케이프커내버럴 주위의 다양한 관람구역으로 모여들었다. 수십 명의 고위 인사들과 중요 방문객들은 아폴로 호와 우주 셔틀이 조립된 상징적인 조립 건물 옆의 VIP 관람구역에 편안히 앉아 있었다. 발사대에서 서쪽으로 8킬로미터 떨어진 곳이었다. 과학 팀원들도 가족들, 친구들과 함께 발사현장에서 남쪽으로 8킬로미터 떨어진 다른 관람구역에 자리를 잡았다. 8킬로미터는 엄청난 에너지가 발산되는 발사현장에 사람들이 야외에서 다가갈 수 있는 가장 가까운 거리였다. 수천 명이나 되는 다른 사람들은 그보다 더 멀리 떨어진 자리에 만족하는 수밖에 없었다.

과학 팀원들과 그들의 가족들은 발사단지 41에서 조명탑 네 개에 에워싸여 높이 서 있는 아틀라스 로켓을 먼발치에서 볼 수 있었다. 그 사이로는 플로리다의 널찍한 바나나 강이 흘렀다. 쌍안경으로 보면, 액체산소 증기를 가차 없이 내뿜는 로켓이 마치 살아 숨 쉬는 생물 같았다. 로켓은 영광이 될지 파멸이 될지는 아직 잘 모르지만 하여튼 이제 곧 다가올 그 순간을 기다리는 중이었다. 아틀라스의 로켓 중심부가 평소의 금속 색깔에서 꼭대기의 원뿔형 코와 같은 하얀색으로 바뀐 것이 보였다. 이것 역시 아틀라스에 극저온인 액체산소와 수소 연료가 가득 주입되었다는 또 하나의 증거였다. 로켓의 얇은 금속 외피에 서리가 앉아 하얀색으로 변한 것이기 때문이었다.

사람들은 버스를 타고 관람구역까지 이동한 뒤, 안전에 관한 주의를 들었다. 혹시 발사 중 심각한 사고가 발생할 경우 근처 건물로 피신할 수 있다는 안내도 곁들여졌다. 이런 말을 듣고도 군중의 열기는 가라앉지 않았지만, 이제부터 정말로 '진지한 일'이 벌어질 것이라는 사실을 사람들은 다시 한 번 실감했다.

강가에는 삼각대와 카메라가 즐비했다. 사진 찍기 좋은 자리를 잡으려고 미리부터 사람들이 와 있었다. 아이들은 관람석과 강 사이의 널찍한 잔디밭에서 서로를 쫓아 이리저리 뛰어다니며 놀았다. 공식적인 카운트다운 시각이 게시된 거대한 디지털 시계가 하나 있고, 스피커들이 지상통제 센터의 소리를 전달해줬다. 모든 일이 순조롭게 진행된다면, 디지털 시계가 발사 4분 전까지 카운트다운을 한 뒤 예정대로 10분 동안 '정지' 상태가 될 것이다. 로켓과 우주선의 모든 시스템을 마지막으로 한 번 더 확인하는 시간이었다. 여기서 모두 좋다는 판정이 떨어지면, 남은 4분의 카운트다운이 시작될 터였다.

뉴호라이즌스 호를 목성까지 가는 길에 올려놓는 데에는 지상의 일과는 상관없이 돌아가는 천상의 역학이 필요하기 때문에, 발사는 그 역학을 고려해서 그날 오후 미국 동부 시간으로 1시 23분 이후에 이뤄질 예정이었다. 천상의 역학에 따르면, 그날 발사할 수 있는 시간은 두 시간이 채 되지 않았다. 그 시간 안에 우주선이 날아오르지 못한다면, 발사를 취소하고 다시 날을 잡아야 했다.

　카운트다운은 로켓이 날아오를 순간을 고작 6분 앞둔 오후 1시 17분까지 정상적으로 진행되었다. 그런데 밸브 하나가 제대로 열리지 않는 것이 발견되었고, 저고도 지역에서 바람이 부는 바람에 발사가 오후 1시 45분으로 연기되었다. 그러나 1시 40분에는 다시 2시 10분으로 연기되었다. 밸브 문제는 해결되었지만, 여전히 바람이 걱정이었다. 2시 10분에 NASA는 발사 후 뉴호라이즌스 호와 통신을 주고받는 데 필요한 DSN 안테나 기지에 문제가 발생했다고 발표했다. 수많은 장소에서 얼마나 많은 일들이 동시에 완벽하게 이뤄져야만 최종적으로 발사가 이뤄질 수 있는지를 실감하게 해준 발표였다. 우주선과 로켓만 있다고 다 되는 것이 아니었다. 플로리다의 지상 시스템 준비가 끝나는 것으로도 부족했다. 메릴랜드의 APL에도 지상통제 센터가 있었고, 플로리다에는 발사 안전장비가 있었다. 또한 전 세계의 DSN 안테나들이 모두 동시에 준비되어야 했다.

　그 와중에 바람마저 강해져서 발사가 또 연기되었다. 그날의 발사 최적시간이 거의 끝날 무렵까지 불안하게 발사가 밀린 것이다. 관람객들은 과연 그날 발사를 볼 수 있을지 의심하기 시작했다. 2시 50분까지 발사가 또 연기된 뒤 NASA의 발표가 나왔다.

"발사와 관련된 모든 곳에서 오늘의 발사를 추진할 준비가 되었다는 보고가 들어왔습니다."

하지만 또 바람이 일어서 발사 최적시간의 마지막 한계까지 발사가 또 연기되었다. 더 연기된다면 이날의 발사는 '중지'될 수밖에 없었다.

마침내 발사 4분 전까지 카운트다운이 진행되었다. 그리고 발사감독이 우주선과 로켓의 주요 시스템 및 지상 시스템 책임자들에게 '발사'인지 '중지'인지 의견을 물었다. 공용 채널을 통해 일반인들도 그들이 빠르게 내놓는 의견을 들을 수 있었다.

아틀라스? '발사.' 뉴호라이즌스 호? '발사.' APL 지상통제 센터? '발사.' 그렇게 10여 번의 문답이 이어진 뒤 마침내 PI 차례가 되었다. 앨런도 '발사' 의견을 냈다.

한 번씩 '발사'라는 말이 들려올 때마다 관람구역에서 작은 환호가 일었다. 그러나 오후 2시 59분에 날씨가 또 악화되었다. 스피커를 통해 "바람이 위험수준에 이르러 '중지'하게 되었습니다"라는 발표가 나왔다. 발사대의 지상 풍속이 시속 61킬로미터가 넘었다. 거대한 아틀라스 로켓이 하늘로 솟아오르면서 보정할 수 있는 한계를 넘었다는 뜻이었다. 이제 시간이 남지 않았기 때문에 그날은 뉴호라이즌스 호를 발사할 수 없었다. 명왕성 탐사는 다른 날로 미뤄야 했다.

다음 날은 1월 18일이었다. 일기예보에 따르면 뇌우 확률 40퍼센트였지만, 발사준비는 진행되었기 때문에 사람들은 다시 차를 몰고 케네디 우주 센터로 와서 관람구역행 버스에 오를 준비를 했다. 그때 ASOC에서 긴장감 넘치는 드라마가 몇 시간째 펼쳐지는 줄은 아무도 몰랐다.

앨런은 새벽 5시에 ASOC에 도착했다. 그날도 발사 전에는 빼놓지 않는 달리기를 한 뒤였다. 달리는 내내 그는 세상을 떠난 클라이드와 우주선을 띄우기 위해 확인해야 하는 수많은 항목들을 생각했다.

새벽 5시 출근이라면 이른 오후로 예정된 발사 시각을 생각할 때 너무 이른 것 아닌가 싶겠지만 발사준비 절차가 워낙 길어서 시간이 오래 걸린다. 앨런은 출근하자마자 메릴랜드에 있는 APL에 정전이 발생했다는 소식을 들었다. 알고 보니 전날 플로리다를 통과하며 말썽 많은 바람을 일으킨 그 기상전선이 더 강해져서 마구 날뛰며 메릴랜드를 통과하는 중이었다. 폭풍이 밤새 너무 강해진 탓에 전기마저 끊겨버린 것이다. 뉴호라이즌스 호 지상통제 센터는 비상용 자체 발전기의 전력만으로 돌아가고 있었다. 다음은 앨런의 말이다.

나는 속으로 생각했다. '지상통제 센터가 비상전력으로 돌아가

는데 발사를 해야 하나? 뉴호라이즌스 호가 발사되어서 우주
에 도달할 때쯤 모종의 이상현상으로 통제 센터의 도움이 필요
해지더라도 그 비상발전기가 문제를 일으킨다면 우리가 우주
선을 도울 길이 없어. 힘들게 여기까지 왔는데 이렇게 불필요
한 위험을 무릅쓰고 발사를 강행할 필요는 없지. 발사 최적기
를 이미 벗어났다면 그런 위험이라도 무릅써보겠지만, 아직 기
간이 2주나 남았잖아.'

메릴랜드에 있는 APL의 지상통제 센터에서는 앨리스가 중
심을 잡고 있었다. 누구보다 유능하고 까다롭지만 차분한 성격
의 엔지니어인 앨리스는 그때도 지금도 뉴호라이즌스 지상통
제 매니저Mission Operations Manager(사람들은 이 직책의 머리글자를 따서 애
정을 담아 MOM이라고 부른다)다. 우주선을 관리하는 팀의 책임자라
는 뜻이다. 앨리스는 2001년에 제안서를 작성하느라 고생하던 시
절부터 계속 이 프로젝트에 참여했으며, 우주선에 무슨 일이 생기
든 자신의 팀이 대처할 수 있는 능력을 갖췄다고 생각했다. 하지
만 이런 경우까지? 다음은 앨리스의 말이다.

나는 새벽 5시 30분에 APL에 들어섰다. 정전 때문에 꼭 필요
한 자리만 빼고 모두 닫혀 있었다. 물론 발사 날인 만큼 우리 팀

은 꼭 필요한 인력에 속했다. 통제 센터는 대부분 어두웠다. 전기기술자들이 전기 패널을 비상발전기에 연결하느라 정신없이 일하고 있고, 바닥에는 전선들이 사방에 깔려 있었다. 여러 하위 시스템 담당자들을 한곳으로 모으기 위해서였다. 우리가 모든 연결을 마친 것은 그날 오후 발사 최적시간이 시작되기 약 10분 전이었다.

APL과 케이프커내버럴의 발사 담당자들은 비상전력도 아주 안정적이기 때문에 발사를 지원할 수 있다고 자신했다. 뉴호라이즌스 팀의 수석 엔지니어 크리스는 APL의 비상발전기와 우주선에서 각각 고장이 발생하지 않는 한 상황이 나빠지지는 않을 것이라고 주장했다. 다른 팀원들도 APL 지상통제 센터가 비상전력으로 돌아가는 경우에도 발사를 진행할 준비가 되어 있었다. 그러나 앨런은 아니었다. 그의 입장은 단호했다.

메릴랜드의 전기회사가 APL에 다시 전기를 공급하기 위해 애쓰는 동안에도 카운트다운은 계속되었다. 아틀라스에 연료가 주입되자 플로리다의 텁텁한 공기 속 수분이 다시 차가운 로켓 표면에 얼어붙으면서 로켓이 아름다운 하얀색으로 변했다. 우주선과 로켓 3단의 발사준비도 진행되었다. 전 세계의 DSN 안테나 기지들에도 아무 문제가 없었다. 발사시각이 다가왔지만,

ASOC에서 발사와 중지를 놓고 각자 최종적으로 의견을 밝히는 시간이 되었을 때에도 APL은 여전히 비상전력으로 돌아가고 있었다.

발사감독? '발사.' 뉴호라이즌스 프로젝트 매니저? '발사.' APL 감독? '발사.' 다음은 앨런의 회상이다.

발사감독이 통신망을 통해 모두에게 의견을 묻자, 스무 명이 넘는 관리자들이 모두 '발사' 의견을 냈다. 하지만 나는 만약 그날 발사했다가 뉴호라이즌스 호에 문제가 생겼는데 지상통제 센터의 전력이 나가는 사태가 발생한다면 나 자신을 결코 용서할 수 없을 것 같았다. 'PI의 자리라는 게 이런 것이구나. 어려운 상황에서 차를 출발시킬지 결정해야 하는 자리.'

헤드폰 속에서 발사감독이 내게 '발사'인지 '중지'인지 묻는 소리가 들렸다. "PI?" 사람들이 고개를 돌려 나를 바라보았다. 내가 오전 내내 발사를 중지하자고 사람들을 설득하고 다닌 것을 모두 알기 때문이었다. 하지만 지금 이 순간 결정권자는 나였다. 나는 이렇게 말했다. "뉴호라이즌스 호 지상통제 센터에 전력이 제대로 공급되지 않는 상황에서 발사하는 것이 불안합니다. PI의 의견은 발사중지입니다."

뉴호라이즌스, 새로운 지평을 향한 여정

그것으로 결정되었다. PI가 발사중지 의견을 냈으니, 발사는 중단되었다. 수천 명의 관람객과 수백 명의 인력이 또 다음 기회를 기다려야 했다. 명왕성 탐험도 역시. 사람들은 또 로켓에서 초저온 연료를 빼냈고, 관람객들은 인근의 해변, 자연공원, 식당, 호텔, 술집 등으로 흩어졌다.

그동안에도 발사 팀은 일을 쉬지 않고, 다음 며칠 동안의 일기예보를 찾아보았다. 앨런은 APL에 발전기를 한 대 더 설치할 것을 요구했다. 비상용 예비전력을 하나 더 마련해서 이런 일을 방지하자는 뜻이었다. APL은 이 요구를 받아들여 저녁까지 새 발전기를 설치할 수 있다고 대답했다.

이렇게 여러 가지 이유로 발사가 또 중단되면서 흥미로운 현상이 생겼다. 발사 순간까지 할 일이 아주 많은데, 한 번 발사를 시도할 때마다 그 과정을 모두 되풀이해야 했다. 매번 발사 팀은 연료를 주입했다가 빼내고, 또 주입하기를 반복해야 했고, 미국 전역과 전 세계에서 다음 발사를 위해 엄청나게 많은 기계장비와 인력을 동원해야 했다.

발사에 직접적으로 참여하지 않는 사람들, 즉 관람객, 기자들, 자식이 날아오르는 것을 보는 심정으로 가족들과 함께 관람석에 자리한 팀원들 입장에서도 같은 일이 자꾸만 반복되는 느낌이었다. 우주선과 장비제작에 참여한 여러 기업들은 매번 카운트다운 전날 호텔에서 파티를 열어 똑같은 음식과 술을 주문해 먹고 마셨다. 열심히 준비를 계속하는 발사 팀과 파티를 계속하는 관람객들은 서로 다른 세상에 살고 있는 것 같았다. 여기에 발사 전에 있기 마련인 불안감과 약간의 수면부족이 합쳐지자, 처음부터 끝까지 몇 번이나 반복되는 작업 패턴이 조금 비현실적으로 느껴졌다.

과학소설 같은 현실

날씨 때문에 발사시도가 두 번 중단된 뒤, 1월 19일 목요일에 다시 일정이 잡혔다. 그날 아침은 쌀쌀하지만 화창했고, 바람은 거의 없었다. 하늘에는 구름이 낮게 드리워져 있을 뿐이었다. 관람객들은 조심스레 희망을 품었다. ASOC는 뉴호라이즌스 호의 세 번째 카운트다운을 맞아 사무적으로 돌아가고 있었다.

이번에는 구름이 드라마의 주인공이었다. 로켓이 날아오를 수 있을 만큼 구름에 틈이 생길지가 열쇠였다. 지구와 목성이 공전을 하면서 계속 위치가 변하기 때문에, 매일 발사 최적시간이 조금씩 빨라졌다. 따라서 19일에는 오후 1시 8분에 첫 번째 시도가 예정되었다. 역시 미국 동부 시간이다. 구름이 밀려왔다가 사라지기를 반복하는 바람에, 아틀라스 팀이 구름을 피해 날아오를 시간을 찾는 동안 연달아 몇 번 조금씩 발사가 연기되었다. 마침내 오후 2시가 새로운 발사시각으로 정해졌다. 디지털 시계의 숫자가 발사 4분전까지 내려갔고, 반드시 거쳐야 하는 10분 동안의 정지상태가 시작되었다. 그동안 엔지니어와 발사책임자는 마지막 점검을 했다.

뉴호라이즌스 과학 팀에서 일했던 오랜 친구들이 관람구역에 모여 초조하게 발사를 기다리고 있었다. 그들이 오랜 세월을 쏟아 제안서를 작성하고, 우주선을 제작하고, 명왕성과 카이퍼대 여행계획을 작성한 끝에 오늘 날아오를 우주선은 그들의 자식이었다. 과학 팀에서 지질학과 지구물리학 팀을 이끌었던 제프 무어Jeff Moore도 딸, 어머니와 함께 그 자리에 와 있었다. 지질학자 폴 솅크Paul Schenk는 남편 데이비드와 함께, 레슬리도 남편 폴과 함께 왔다. 매키넌은 아이들과 함께였다. 대외 홍보 팀에서 함께 일했던 카터 에마트Carter Emmart와 데이비드 그린스푼도 그 자리에서 불안과 흥분을 함께 나눴다. 행성 천문학자 헨리 스루프Henry Throop는 카메라를 들고 웃는 얼굴로 어슬렁거리면서 눈에 띄는 모든 사람과 모든 것의 사진을 찍었다. 만약 오늘 발사가 이뤄진다면, 일생의 중요한 순간이 될 장면들을 최대한 많이 찍어두기 위해서였다. 그들은 모두 벌써 며칠째 아틀라스만 바라보며 발사

제9장 초음속으로

를 기다리는 중이었지만, 아틀라스는 햇빛 속에서 액체산소를 내뿜으며 가만히 서 있기만 할 뿐이었다. 몇 킬로미터나 떨어진 곳에서 봐도 거대한 로켓은 해안을 따라 우뚝 솟은 고층건물 같았다. 영원히 그 자리에 서 있을 것만 같은 이상한 기분이 들어서, 엄청난 폭발과 함께 저렇게 큰 것이 하늘로 날아가버리는 모습을 상상조차 하기 힘들었다.

10분 동안의 정지시간이 지나고 시계의 숫자가 다시 변하기 시작하자, 관람석이 긴장감 속에 고요해졌다. 뉴호라이즌스 호의 발사가 여기까지 진행된 것은 처음이었다.

앨런은 ASOC에서 자신의 자리에 앉아 있었다. 모든 것이 놀랄 만큼 순조로웠지만, 딱 하나 사소한 징조가 있었다. 앨런은 프로젝트 다이어리를 쓸 때 예전의 모든 발사 리허설과 시뮬레이션, 그리고 중단된 카운트다운 시도 때에 쓰던 바로 그 펜을 사용했다. 그런데 발사를 몇 분 앞두고 펜의 잉크가 떨어져버렸다. '뭐야? 잠깐. 왜 하필 지금?' 이런 생각이 순간적으로 들었지만, 그는 불길한 기분을 떨쳐버렸다.

4분이라는 숫자가 3분, 2분, 1분으로 계속 줄어들었다. 발사를 앞두고 마지막으로 의견을 묻는 순서가 되었을 때 앨런을 비롯한 모든 관리자들이 '발사' 의견을 냈다. 마침내 발사 때 맡은 모든 일을 완수한 앨런은 카운트다운 시계에 겨우 30초가 남왔을 때 자리에서 일어나 헤드폰을 벗고 미리 찾아둔 비밀 문을 향해 전속력으로 달려갔다. ASOC에서 실외로 나갈 수 있는 문 중 유일하게 잠기지 않은 문이었다.

관람구역에서는 군중이 하나같이 숨을 죽이고 깜박깜박 줄어드는 카운트다운 숫자를 바라보았다. 발사 팀의 목소리가 스피커에서 들려왔다.

"로켓 3단 오케이."

"알았다."

"앞으로 25초."

"상태 확인."

"아틀라스 오케이."

"센토 오케이."

"뉴호라이즌스 오케이."

"앞으로 18초……."

"……15초……."

"……11초……."

10초가 남았을 때 사람들이 스피커에서 들려오는 아나운서의 목소리와 함께 큰소리로 숫자를 세기 시작했다.

"넷…… 셋…… 둘…… 하나!"

로켓 아래쪽에서 연기와 증기가 쏟아져나왔다. 시계의 숫자가 마침내 0이 되자 앞을 볼 수 없을 만큼 밝은 빛이 아틀라스 아래에서 터져나오더니, 로켓이 움직이기 시작했다. 빛은 점점 넓어져 백열하는 원뿔형이 되었고, 로켓은 점점 가속하며 2초도 안 되어서 높은 발사 정비탑보다 더 높이 올라갔다. 뉴호라이즌스 호가 날고 있었다!

장내 아나운서도 그 순간을 놓치지 않고 이렇게 말했다.

"NASA의 뉴호라이즌스 호가 솟아올라 명왕성과 그 너머까지 10년간의 여행을 시작했습니다!"

거대한 아틀라스는 미친 듯이 가속하며 올라가고 있었다. 로켓 아래쪽의 불꽃이 로켓 몸체 길이의 두 배는 될 만큼 길어졌다. 게다가 믿을 수 없을 만큼 밝게 타오르고 있어서 몇 킬로미터나 떨어진 곳에서 봐도 눈이 아플 정도였다. 그래도 사람들은 눈을 돌릴 수 없었다. 마치 최면에 걸린 것 같았다. 로켓이 인류 역사상 가장 먼 곳을 향해 탐사여행을 떠나고 있었다. 과학소설 같지만 아니었다!

발사 후 첫 몇 초 동안 그 자리에 있던 사람들은 모두 시각에 지배당했다. 몇 킬로미터 떨어진 발사대의 소리가 아직 관람구역까지 도달하지 않은 탓이었다. 하지만 곧 우르릉거리는 천둥 같은 소리가 관람구역을 휩쓸었다. 엄청 시끄러운 록콘서트에서 밴드와 아주 가까운 곳에 서 있거나 공군이 고도의 솜씨를 보

뉴호라이즌스, 새로운 지평을 향한 여정

이는 에어쇼에서 천둥 같은 소리를 들은 적이 있다면, 저주파의 강렬한 진동이 스타카토처럼 온몸을 뒤흔드는 느낌이 무엇인지 알 것이다. 파장이 한 번 지나갈 때마다 모든 것이 동시에 흔들렸다. 몸속의 세포도 모두 가늘게 떨며 진동하는 것 같았다. 그동안 아틀라스는 귀한 뉴호라이즌스 호를 싣고 지구의 어떤 산보다도 높은 연기기둥을 뿜어내며 솟아오르더니 초음속에 도달해서 대서양 쪽으로 날아갔다.

앨런은 ASOC의 발코니에서 자식 같은 우주선이 빛을 뿜으며 파란 하늘을 찌를 듯 똑바로 올라가는 모습을 혼자 지켜보았다. 이렇게 가까운 거리에서 밖에 나와 있는 것이 규칙위반이라는 사실은 잘 알고 있었지만, 17년의 세월을 쏟은 그가 이 광경을 모니터로만 지켜볼 수는 없었다. 이렇게 가까이에서 발사를 지켜본 사람은 앨런뿐이었다. 발사 소음이 점점 커지면서 사방을 가득 채우는 동안, 그는 같은 말을 계속 혼자 중얼거렸다.

"가라, 베이비, 어서 가. 잘 해내야 한다!"

아틀라스가 구름 뒤로 사라지며 동쪽으로 방향을 틀자, 앨런은 다시 전력질주로 자리에 돌아와 통제 센터의 발사 팀과 합류했다. 그리고 헤드폰을 쓰고 일을 재개했다.

발사 팀은 로켓의 시스템과 궤적을 세심하게 모니터하고, 계획과 실제 수행도를 비교하며 발사의 중요한 고비가 되는 이정표들을 차례로 하나씩 조용히 지워나갔다.

105초가 흐른 뒤 아틀라스 로켓 1단의 거대한 고체연료 로켓 부스터 다섯 개가 무거운 로켓을 들어올리는 임무를 다 마치고 떨어져나갔다. 쌍안경으로 보면, 작은 하얀색 바늘 다섯 개가 데굴데굴 떨어져나오는 것을 볼 수 있었다. 그동안에도 아틀라스는 계속 위로, 위로 올라가 그 꾸준히 빛나는 불빛이 높은 구름 뒤로 마침내 사라져버렸다. 뉴호라이즌스 호가 다시는 볼 수 없는 곳으로 가버린 것이다.

3분 뒤에는 로켓이 공기저항조차 없을 만큼 높은 곳에 가 있었다. 원뿔형 코가 떨어져나가면서, 거대한 창 같은 아틀라스의 뾰족한 끝부분에 실린 뉴호라이즌스 호가 노출되었다. 뉴호라이즌스 호가 자신이 있어야 할 자리인 우주공간과 처음으로 만나는 순간이었다.

4분 30초 뒤 아틀라스의 로켓 1단이 연료를 다 쓰고 떨어져나왔다. 그다음에는 로켓 2단인 센토가 점화되어 거의 5분 동안 불꽃을 태우며 자신과 로켓 3단과 뉴호라이즌스 호의 속도를 시속 2만 8800킬로미터까지 높여 지구 궤도에 도달할 수 있게 했다. 로켓이 발사대를 떠난 지 겨우 8분 뒤의 일이었다.

아틀라스가 궤도에 진입한 것이 확인되었을 때, ASOC에서 모니터를 지켜보던 앨런의 등을 누군가가 두드리더니, NASA

뉴호라이즌스, 새로운 지평을 향한 여정

의 발사감독 오마 바에즈Omar Baez의 상냥한 목소리가 들렸다.

"스턴 박사, 우주에 오신 것을 환영합니다."

뉴호라이즌스 호는 엄청난 속도로 대서양을 가로지르고, 그 다음에는 북아프리카를 가로질렀다. 고도는 1600킬로미터가 넘었다. 영원히 우주에 머물게 될 우주선의 첫 번째 한 시간이 이렇게 지나갔다.

발사대의 지구 반대편에 있는 중동에서 센토와 뉴호라이즌스 호는 우주선이 목성을 향한 길에 들어설 수 있게 엔진이 또 점화되어서 속도를 높여야 하는 지점에 도달했다. 미리 수학적으로 계산된 지점이었다. ASOC에서는 센토가 정확히 예정된 시각에 다시 점화된 것을 알 수 있었다. 10분 뒤 센토는 임무를 마치고 분리되었다. 이제 뉴호라이즌스 호를 실은 로켓 3단만 남았다. 이 둘은 충분히 지구의 중력을 벗어날 수 있는 속도로 움직이고 있었지만, 아직 목성을 거쳐 명왕성에 도달할 수 있는 속도에는 이르지 못했다. 그러나 센토가 분리되고 34초 뒤 보잉이 제작한 로켓 3단 STAR 48의 모터가 예정대로 점화되었다. 모터의 연소시간은 84초에 불과했지만 임무수행은 완벽했다. 뉴호라이즌스 호가 예정된 최종 속도인 14G에 도달한 것이다. 지금까지 인류가 발사한 우주선 중 가장 빠른 속도였다.

아틀라스, 센토, STAR 48은 모두 임무를 잘 수행했다. 이제 뉴호라이즌스 호는 지구에서 목성을 향해 씩씩하게 날아가고 있었다.

메릴랜드의 MOC에서 그 광경을 지켜보던 앨리스에게 진실의 순간은 몇 초 뒤에 찾아왔다. 뉴호라이즌스 호가 통신기를 켜서 보낸 신호가 APL에 수신되기 시작한 순간이었다. 앨리스는 이렇게 회상한다.

"발사 때 우리는 환호했지만, 신호가 수신되었을 때는 더 크게 환호했다. 우주선이 발사의 충격을 이기고 살아남아 훌륭하게 기능하고 있다는 것을 확인한 순간이기 때문이었다. 우리는 이제 탐사를 실행할 수 있었다. 그래서 그때 우리는 샴페인을 터뜨렸다!"

겨우 몇 분도 안 되어서 들어온 데이터를 보니, 발사는 완벽한 성공이었다. 심지어 우주선의 방향은 발사 전 예상보다 훨씬 더 좋았다. 뉴호라이즌스 호는 아무 이상 없이 작동하는 데서 그치지 않고 계획된 코스를 정확히 따라가고 있었다.

앨런은 통신망을 통해 이 보고를 받은 뒤, 잉크가 다 떨어진 그 펜을 쓰레기통에 던져버렸다. ASOC 사람들이 모두 동시에 환호를 터뜨리며 서로 끌어안고, 악수하고, 하이파이브를 나눴다.

마침내 해냈다! 그 많은 투쟁과 불안, 부정적인 전망을 17년

뉴호라이즌스, 새로운 지평을 향한 여정

동안 이겨내고, 우주선이 그날 지구를 떠나 명왕성 탐사 여행길에 올랐다. 그 우주선에 프로젝트 팀은 물론 과학계 전체의 희망이 걸려 있었다. 우주선이 앞으로 10년 뒤 태양계 외곽의 춥고 추운 곳에서 과연 무엇을 발견할 것인가. 뉴호라이즌스 호의 무중력 공간에는 또한 클라이드의 유골이 조용히 떠서 오래전 그가 발견한 그 행성을 향해 우주선과 함께 날아가고 있었다.

바닷가의 모닥불

그날 밤에는 플로리다의 스페이스 코스트 전체가 뉴호라이즌스 호를 위한 즐겁고 거대한 파티장이 된 것 같았다. 거리에서는 사람들이 자동차 경적을 울려댔고, 서로 모르는 사람들도 걸음을 멈추고 악수를 나눴다. 사방이 축하 분위기였다.

발사를 기념하는 파티 중 최대 규모는 코코아 비치 남쪽의 대서양 연안에 있는 고층 호텔에서 열린 것이었다. 앨런이 발사현장에서 언론과 인터뷰를 하느라 좀 늦게 도착해보니 파티가 이미 한창이었다. 바가 열린 지도 한참 지나서 다들 들뜬 분위기였다.

흥청거리는 분위기는 밤늦게까지 계속되었다. 나중에는 호텔 뒤편 바닷가에서 불을 피워놓은 드럼통 모양의 커다란 쓰레기통 주위로 신난 사람들이 모여들었다. 저마다 맥주, 마티니, 마이타이, 마르가리타 등을 손에 들고 모여들어 시끄럽게 떠들어대는 사람들은 특별히 축하할 이유가 있는 괴짜들이었다. 다음은 앨런의 말이다.

누군가가 그 모닥불이 피워진 곳으로 나를 데려가서 자초지종을 말해줬다. 성공적인 발사 이후, 이제 쓸모없어진 비상대책 문서를 전부 태우는 것이 아틀라스 팀의 전통이라는 것이었다. 그들은 내게 마지막 문서를 불꽃 속에 던지는 영광을 허락해줬다. 물론 나는 전력을 다해 문서를 던졌다! 아틀라스 팀의 모닥불은 오랜만에 보는 멋진 발사 후 전통이었다.

모닥불 불길이 플로리다의 하늘을 향해 솟아오르던 그 시각에 뉴호라이즌스 호는 시속 5만 7600킬로미터의 속도로 지구에서 멀어지고 있었다. 지구와 달 사이의 거리를 아폴로 호 우주선보다 무려 열 배나 빨리 주파할 수 있을 만큼 빠른 속도였다. 발사 후 겨우 아홉 시간이 지난 그 시점에 뉴호라이즌스 호는 새로운 집이 될 행성 간 우주공간에 들어섰다.

뉴호라이즌스, 새로운 지평을 향한 여정

1

POSTAL TELEGRAPH - COMMERCIAL CABLES
CLARENCE H. MACKAY, PRESIDENT

	TELEGRAMS TO ALL AMERICA	CABLEGRAMS TO ALL THE WORLD	This is a full-rate Telegram or Cablegram unless otherwise indicated by signal in the check or in the address.
RECEIVED AT			BLUE	DAY LETTER
STANDARD TIME INDICATED ON THIS MESSAGE			NL	NIGHT LETTER
			NITE	NIGHT TELEGRAM
			LCO	DEFERRED
			NLT	CABLE LETTER
			WLT	WEEK END LETTER

5 AU D 21 RCA -

OXFORD MAR 16

WLT-

LOWELL OBSERVATORY

FLAGSTAFF ARIZ .

NAMING NEW PLANET PLEASE CONSIDER PLUTO , SUGGESTED BY SMALL

GIRL .VEBTIA NURNEY , FOR DARK GLOOMY PLANET .

TURNER .

545 PM

2

---

1 1930년경의 클라이드 톰보. 스물네 살에 명왕성을 발견한 이후에 찍은 사진이다.(로웰 천문대)

2 1930년 영국의 열한 살 소녀 버니샤 버니가 새로 발견된 행성의 이름을 명왕성으로 하자고
  제안한 전신.(로웰 천문대)

1 다섯 살 때의 앨런 스턴. 뉴올리언스에서 생애 첫 과학도구와 함께 있다.(앨런 스턴)

2 명왕성을 사랑하는 사람들의 초창기 멤버이자 뉴호라이즌스 과학 팀의 일원인 마크 뷔.
(ⓒ 마이클 솔루리/michaelsoluri.com)

3 뉴호라이즌스 과학 팀에서 오랫동안 일한 팀원들. 티파니 핀리Tiffany Finley, 레슬리 영,
앤 하치Ann Harch, 캐시 올킨.(앞줄의 네 사람, ⓒ 마이클 솔루리/michaelsoluri.com)

4 명왕성을 사랑하는 사람들의 초창기 멤버이자 뉴호라이즌스 과학 팀의 일원인
빌 매키넌.(ⓒ 마이클 솔루리/michaelsoluri.com)

5

6

7

8

5 과학 팀원이자 차석 프로젝트 과학자인 캐시 올킨.(NASA/빌 잉걸스Bill Ingalls)

6 뉴호라이즌스 과학 팀원 마크 뷔와 핼 위버.(ⓒ 마이클 솔루리/michaelsoluri.com)

7 뉴호라이즌스 지상통제 매니저 앨리스 보우먼.(ⓒ 마이클 솔루리/michaelsoluri.com)

8 뉴호라이즌스 프로젝트 매니저 글렌 파운틴. 명왕성 플라이바이 때.(NASA/조얼 코우스키)

1

2

3

1 뉴호라이즌스 팀의 여성 엔지니어, 과학자, 지상통제관 중 일부가 명왕성 플라이바이 사흘 전 APL에서 함께 사진을 찍었다.(© 마이클 솔루리/michaelsoluri.com)

2 과학 팀원 프랜 배지널과 존 스펜서. 플라이바이 중 APL에서.(헨리 스루프)

3 뉴호라이즌스 과학 팀원이자 지질학 팀장인 제프 무어가 플라이바이 중 새로 들어온 명왕성 데이터를 놓고 팀원들과 토론하고 있다.(NASA/빌 잉걸스)

4

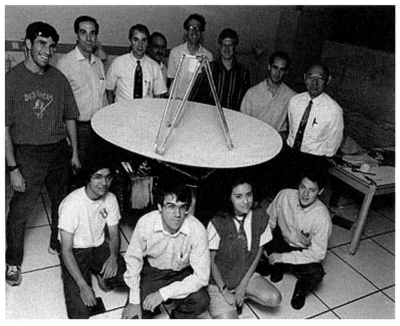

5

4 1991년 NASA 외행성 연구 워킹그룹.(OPSWG) 앨런과 프랜이 중앙에 앉아 있고, 마크 뷔는 뒷줄 중앙 근처에 있다.(NASA)

5 1992년경 JPL에서 명왕성 고속 플라이바이(이하 PFF) 모형과 함께 포즈를 취한 롭 스테일 (맨 앞)과 PFF 설계 팀원들.(NASA)

1

3

2

1 1991년 미국 우편국이 발행한 "아직 탐사되지 않은 명왕성" 우표. 다른 행성들의 사진이 실린 우표 세트와 함께 발행되었다. 롭 스테일과 스테이시 와인스틴은 이 우표를 일종의 도전으로 받아들였다.

2 뉴호라이즌스 지상통제 엔지니어 크리스 허스먼과 앨런 스턴. 플라이바이 며칠 전 APL 근처에서 찍은 사진이다.(앨런 스턴)

3 뉴호라이즌스 호가 명왕성을 탐사한 뒤인 2016년에 미국 우편국이 발행한 새 명왕성 우표 세트.

4 뉴호라이즌스 호의 외부 시스템과 탑재 장비.(NASA)

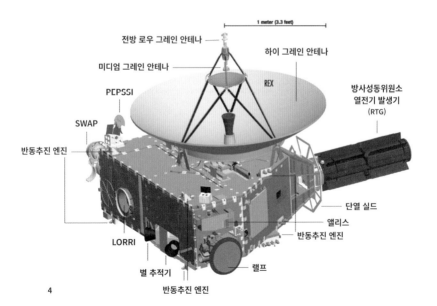

4

5

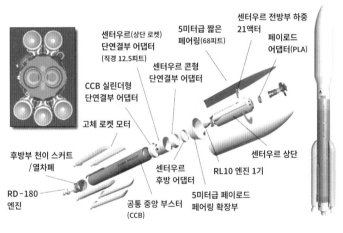

센터우르(상단 로켓)
단연결부 어댑터
(직경 12.5피트)

5미터급 짧은
페어링(68피트)

센터우르 전방부 하중
21액터

페이로드
어댑터(PLA)

센터우르 콘형
단연결부 어댑터

CCB 실린더형
단연결부 어댑터

고체 로켓 모터

후방부 천이 스커트
/열차폐

RD-180
엔진

센터우르
후방 어댑터

공통 중앙 부스터
(CCB)

센터우르 상단

RL10 엔진 1기

5미터급 페이로드
페어링 확장부

6

5 플로리다 발사현장에서 최종 조립 중인 뉴호라이즌스 호.(NASA)

6 뉴호라이즌스 호를 위해 보강된 아틀라스 V 로켓. 본문에 묘사된 모든 분리 로켓과
구성요소들이 그려져 있다. 오른쪽 위에는 뉴호라이즌스 호가 로켓과의 비례에 맞게
아주 작게 표현되어 있다.

1

2

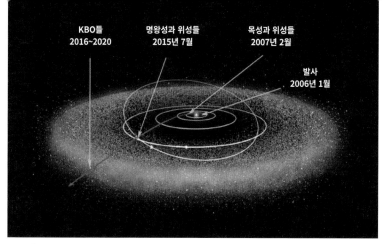

KBO들
2016~2020

명왕성과 위성들
2015년 7월

목성과 위성들
2007년 2월

발사
2006년 1월

3

4

5

1 2006년 1월 13일 금요일에 뉴호라이즌스 호의 핵발전기에 연료가 주입된 뒤, 뉴호라이즌스 팀장 앨런 스턴이 우주선 앞에 섰다. 뉴호라이즌스 호를 찍은 가장 마지막 사진으로 알려진 사진이다. 이 사진을 찍은 뒤, 발사를 위해 해치를 닫았다.(NASA)

2 아틀라스 로켓이 지구를 떠나기 약 일주일 전에 뉴호라이즌스 과학 팀 일부가 로켓 앞에 모였다.(NASA)

3 뉴호라이즌스 호가 태양계를 종단해 명왕성까지 이르는 비행경로.(JHUAPL)

4 클라이드 톰보의 유골 일부를 담아 뉴호라이즌스 호에 부착해놓은 용기.(NASA)

5 클라이드 톰보의 아내인 팻시 톰보가 2006년 1월 19일 뉴호라이즌스 호의 발사를 지켜본 직후 하늘을 가리키고 있다.(ⓒ마이클 솔루리/michealsoluri.com)

1

1 2006년 1월 19일, 불기둥을 내뿜는 아틀라스 V 로켓 꼭대기에 실린 뉴호라이즌스 호가
  하늘로 도약하고 있다.

2

3

2 뉴호라이즌스 호 발사 직후, 데이비드 그린스푼(오른쪽 앞)이 과학 팀원들 및 그들의
  가족들과 함께 기뻐하고 있다.(헨리 스루프)

3 뉴호라이즌스 호 비행 통제관들이 여러 사람과 함께 APL 지상통제 센터 안에서 발사를
  지켜보며 기뻐하고 있다.(NASA)

1

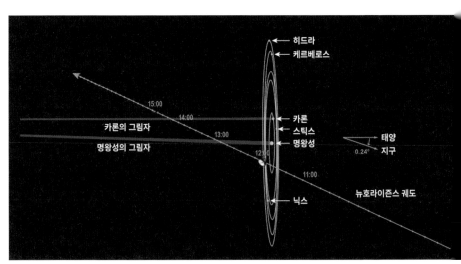

2

Science

NEW HORIZONS
at Jupiter

12 October 2007

Science

Vol. 318 | No. 5848 | Pages 153-340

New Horizons at Jupiter

www.sciencemag.org

AAAS

3

1 우주선이 명왕성까지 가는 9년 동안 APL 뉴호라이즌스 호 지상통제 센터의 평범한
  작업 모습.(NASA)

2 2015년 7월 14일 뉴호라이즌스 호가 명왕성과 그 위성들 사이로 지나간 비행경로.
  궤적에 표시된 시간은 세계표준시다.(JHUAPL)

3 뉴호라이즌스 호의 목성 플라이바이 결과가 실린 《사이언스》특별호.
  (AAAS의 허락을 받아 게재)

1

2

1 2015년 7월 14일 APL에서 명왕성 플라이바이 순간을 향해 카운트다운을 하는 모습. 뒤편 시계에 4초라는 숫자가 떠 있다.(NASA/빌 잉걸스)

2 우주선이 명왕성과 조우하는 순간, 앨런, APL의 랠프 세멀 소장(가운데), 레슬리 영, 윌 그런디, 클라이드 톰보의 딸 애넷과 사위 윌버가 "아직 탐사되지 않은 명왕성" 우표에서 단어 두 개를 지워 들어 보이고 있다.(NASA/빌 잉걸스)

3

4

3 발사 날 저녁 플로리다에서 열린 파티에서 엔지니어들이 발사 실패시의 안전계획서를 태우고 있다.(모게인 맥키븐Morgaine McKibben)

4 우주선이 명왕성에 가장 가까이 접근한 날 밤에 열린 팀 파티에서 응급 통신계획서를 태우고 있다.(헨리 스루프)

1 2015년 7월 14일 이른 아침에 '위험대비' 데이터로 송신된 명왕성 사진을 처음 본 뉴호라이즌스 과학 팀원들.(ⓒ마이클 솔루리/michealsoluri.com)

2 팀원들이 APL에서 존 스펜서의 노트북 주위에 모여 명왕성의 첫 고해상도 사진을 보고 있다. 뒷줄: 제프 무어, 랜디 글래드스턴, 론 코헨Ron Cohen, 앤디 체이킨Andy Chaikin, 빌 매키넌, 마리아 스토소프Maria Stothoff. 앞줄: 로리 캔틸로, 존 스펜서, 앨런 스턴, 윌 그런디, 스티브 마란Steve Maran.(NASA/빌 잉걸스)

3

4

3 존 스펜서의 컴퓨터에서 팀원들이 보고 있던 사진. 이 최초의 고해상도 사진에는 명왕성 표면의 얼음산맥과 얼음화산으로 짐작되는 지형이 보인다.(NASA)

4 플라이바이 도중 APL에서 록밴드 스틱스의 멤버들이 명왕성의 위성 스틱스를 발견한 마크 쇼월터와 함께했다.(NASA/조엘 코우스키)

1

NASA MISSION OPERATIONS

2

1 과학자들과 NASA의 드웨인 브라운Dwayne Brown 대변인(맨 앞)이 플라이바이 후 우주선에서 날아온 첫 신호가 수신되는 순간 기뻐하고 있다.(헨리 스루프)

2 뉴호라이즌스 호의 신호로 우주선이 명왕성에 무사히 도착해 성공적으로 임무를 수행했음을 확인한 직후 포옹하는 앨리스 보우먼과 앨런 스턴.(NASA TV)

3

4

5

3 명왕성 플라이바이 때 퀸의 기타리스트이자 천체물리학자인 브라이언 메이와 팀원들.
(ⓒ마이클 솔루리/michealsoluri.com)

4 퀸의 기타리스트이자 천체물리학자인 브라이언 메이와 과학 팀원 레슬리 영이,
메이가 플라이바이 때 직접 제작한 명왕성의 최신 입체화를 보고 있다.(헨리 스루프)

5 뉴호라이즌스 호를 현실로 만드는 데 결정적인 도움을 준 바바라 미컬스키 상원의원이
명왕성과의 조우 도중 APL에서 연설하고 있다.(NASA/빌 잉걸스)

1

2

3

1 플라이바이 2주 뒤 기쁨에 차서 APL에 모인 뉴호라이즌스 핵심 팀원들.(ⓒ마이클 솔루리 /michealsoluri.com)

2 2015년 7월 15일 APL에서 열린 기자회견. 왼쪽부터 드웨인 브라운(NASA), 앨런 스턴, 핼 위버, 윌 그런디, 캐시 올킨, 존 스펜서.(NASA/빌 잉걸스)

3 플라이바이로부터 겨우 94일 뒤 뉴호라이즌스 호의 플라이바이 첫 결과물을 실어 발행된 《사이언스》 특별호.(AAAS의 허락을 받아 게재)

1

1 (실제 색상): '위험대비' 데이터로 송신된 명왕성 사진. 우주선이 명왕성에 가장 가까이
   접근하기 전날인 2015년 7월 13일에 가장 마지막으로 찍은 가장 상세한 사진이다.(NASA)

2 뉴호라이즌스 호는 최근접 지점을 지난 지 15분 뒤에 이 극적인 사진을 찍었다.
   얼음산맥과 매끈한 평원이 있는 복잡한 표면, 초승달 모양의 명왕성 위에 층층이 겹쳐진
   안개가 보인다.(NASA)

3 생성 연대가 크게 차이 나는 명왕성 표면의 다양한 지형들이 나타난 사진. 아래쪽의
   어두운 부분은 충돌구덩이가 많은 오래된 지역이고, 위쪽의 밝은 부분은 질소 얼음으로
   이뤄진 젊은 지역이다.(NASA)

2

3

1

1 뉴호라이즌스 호가 태양계 바깥쪽을 향해 계속 멀어지면서 명왕성을 뒤돌아본 사진. 지구와 마찬가지로 명왕성 주위에도 아름다운 파란색 하늘이 고리처럼 둘러져 있는 것이 보인다.(NASA)

2

2 뉴호라이즌스 호는 2015년 7월 14일 최근접 지점을 지나기 직전에 명왕성의 가장 큰 위성인 카론을 고해상도 컬러 사진(색 보정 처리)으로 찍었다.(NASA)

1

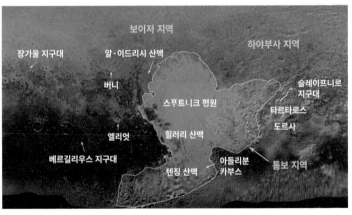

보이저 지역

하야부사 지역

장가울 지구대

알-이드리시 산맥

버니

스푸트니크 평원

슬레이프니르
지구대

타르타로스
도르사

엘리엇

힐러리 산맥

베르길리우스 지구대

텐징 산맥

아들리분
카부스

톰보 지역

2

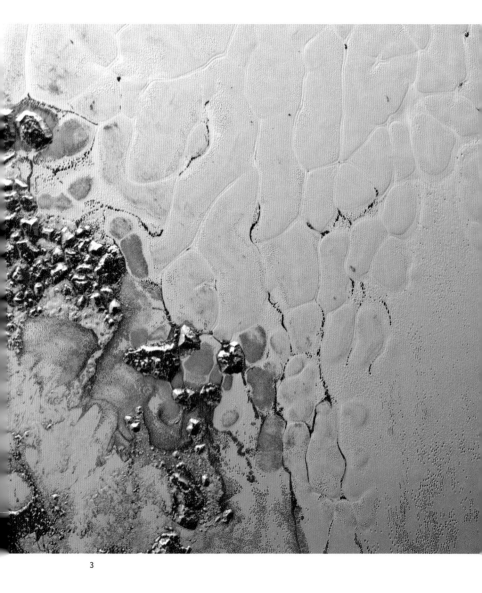

3

1 스푸트니크 평원 가장자리의 산악지대에는 질소얼음으로 이뤄진 평원 위로 탑처럼 우뚝 솟은
   물 얼음 봉우리들이 있다. 평원 표면의 질감은 명왕성의 대기압이 지금보다 높았던 시대에
   모래언덕 밭이 만들어졌을 가능성을 시사한다.(NASA)

2 (색 보정 처리): 뉴호라이즌스 팀이 제안해서 공식적으로 채택된 명왕성의 지형 이름들.(NASA)

3 (색 보정 처리): 스푸트니크 평원(하트의 왼쪽)의 젊은 표면에 질소얼음 속에서 일어나는
   대류운동으로 인해 지질학적인 세포 무늬가 생긴 것이 보인다.(NASA)

1

2

1 (색 보정 처리): 명왕성 크툴루 지역에서 밝은 메탄 눈을 모자처럼 쓰고 있는 산들.
(NASA/알렉스 파커)

2 (색 보정 처리): 명왕성 북극 인근의 사진. 깊은 협곡과 계곡이 있는 지역이 보인다.(NASA)

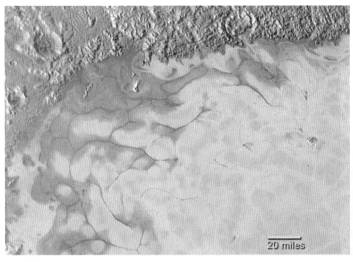

3

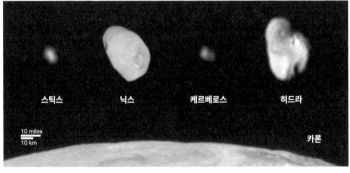

스틱스 닉스 케르베로스 히드라

10 miles
10 km

카론

4

3 스푸트니크 평원 가장자리의 무늬가 지구의 대형 빙하와 흡사하다는 사실은 질소얼음이 흐르고 있음을 시사한다.(NASA)

4 명왕성의 작은 위성 넷. 아래에 초승달처럼 표현된 명왕성의 거대 위성 카론을 기준으로 네 위성의 크기를 표현했다.(NASA)

1

2

1 (색 보정 처리): 뉴호라이즌스 호가 찍은 스푸트니크 평원의 상세한 사진. 뾰족한 산들, 깊은 협곡, 충돌구덩이가 많은 어두운 지역에 둘러싸인 매끈한 평원을 포함해서 다양한 지형이 드러나 있다.(NASA)

2 이중행성을 한 화면에 담았다. 뉴호라이즌스 호가 최고 해상도로 찍은 카론(왼쪽)과 명왕성(오른쪽) 사진에 색 보정을 했다. 두 천체의 크기 및 거리도 실제 비례에 맞게 표현되었다.(NASA)

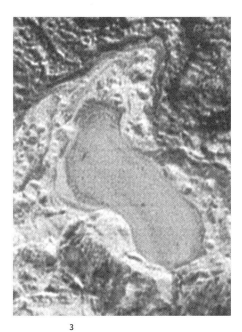

3 길이가 약 30킬로미터인 이 지형은
액체 질소가 얼어붙은 호수로 짐작된다.
한때 명왕성 표면의 기압이 지금보다
훨씬 높았을 가능성을 암시한다.(NASA)

4 (색 보정 처리): 이 고해상도 사진은 스푸트니크
평원이 크룬 마쿨라('황동 너클'의 서쪽 끝)의
어둡고 울퉁불퉁한 지형과 만나는 지점인
남동쪽 가장자리의 모습을 보여준다. 크룬
마쿨라는 평원에서 2.4킬로미터 높이로
솟아 있다. 스푸트니크 평원의 밝은 표면에는
크기가 킬로미터 단위인 구멍들이 점점이
흩어져 있는데, 십중팔구 질소얼음이
승화하는 과정에서 생긴 것으로 짐작된다.
(NASA/존 스펜서, 폴 솅크, 팸 엥게브레슨Pam
Engebreson)

3

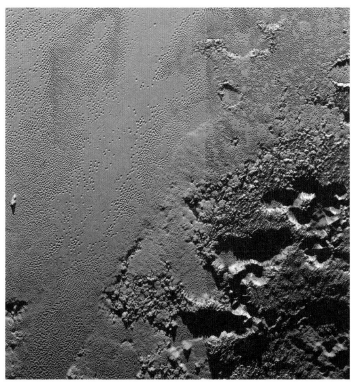

4

1

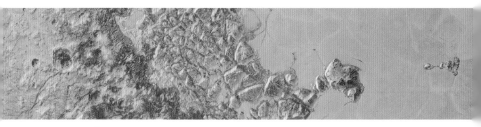

2

1 (색 보정 처리): 명왕성 표면에서 수백 킬로미터에 걸쳐 펼쳐져 있는 이 기묘한 '칼날 모양 지형'은 태양계에서 유일무이하다. 평균 높이가 약 365미터인 뾰족뾰족한 메탄 얼음 봉우리들로 구성되어 있다.(NASA)

2 (색 보정 처리): 우주선이 최근접 지점에 도달하기 직전에 찍은 고해상도 명왕성 사진들을 모자이크처럼 이어붙인 사진의 일부. 충돌구덩이, 단층이 있는 산악지형, 스푸트니크 평원 표면에서 폭이 247미터밖에 안 되는 작은 지형까지 볼 수 있다.(NASA)

제10장
목성, 그리고 그 너머의 우주

드디어 시작된 우주비행

발사의 흥분이 식은 뒤 사람들은 재빨리 흩어졌다. 뉴호라이즌스 호의 발사소식이 각종 신문과 텔레비전 뉴스에 보도되고 잡지의 표지를 장식하며 정신없이 대중에게 공개된 뒤에는 기자들도 돌아갔다. 그러나 뉴호라이즌스 호를 담당하는 엔지니어와 과학자, 그리고 우주선이 태양계를 종단해서 명왕성에 도착할 때까지의 비행을 맡은 통제관으로 이뤄진 소규모의 팀에게는 우주비행이라는 진짜 일이 이제부터 시작이었다.

한때는 머릿속 개념에 불과했고, 그다음에는 승산 없는 제안서 속에만 존재하다가 취소된 계획의 주인공이었으며, 마침내 4년 동안의 미친 듯한 속도전 끝에 발사된 우주선 뉴호라이즌스 호가 이제는 본연의 모습 그대로 비행 프로젝트를 수행 중이었다.

앨리스의 팀은 우주선을 완전히 점검하고 제어하는 복잡한 작업에 곧바로 뛰어들었다. 가장 먼저 해야 하는 일은 우주선의 '회전을 중단시키는 것'이었다. 1월 19일에 로켓 3단인 STAR 48에서 분리되었을 때 우주선은 정신없이 빙글빙글 돌고 있었다. 고체연료 로켓모터가 연소되는 동안 안정성을 유지하기 위해 미리 설계된 움직임이었다. 앨런은 발사 후 플로리다에 하루 동안 머물렀다. 우주선이 회전에서 벗어나는 이 중요한 시기를 넘기는 동안 비행기를 타고 가느라 통신에서 단절되는 것을 원하지 않았기 때문이었다. 우주선이 이 시기를 무사히 넘긴 뒤, 앨런은 동해안을 타고 APL까지 비행기로 날아가 지상통제 팀과 3주를 함께 보내며, 발사 직후 점검과 목성까지의 여정을 조정하기 위한 항로 수정이 실행되는 동안 우주선과 함께 '살다시피' 했다. 원칙만 따지면, 이 시기에 앨런이 집으로 돌아가 일일 지상통제 원격회의를 통해 의견을 주고받을 수도 있었다. 그러나 그는 복잡한 해결책이 필요한 문제가 혹시 발생할 경우에 대비해서 신속히 의견을 교환할 수 있는 APL에 머무르고 싶었다.

처음 몇 주 동안 우주선에 탑재된 모든 시스템(통신, 유도, 온도조절, 추진 등)에 대해 철저한 시험이 실시되었다. 모든 백업 시스템에 대해서도 마찬가지였다. 수십 가지 시험절차를 무선신호로 우주선에 올려보내야 하는 힘든 과정이었다. 한 가지 테스트가 끝나고 나서 그 테스트의 데이터가 수신되면,(우주선 용어로 '다운링크') APL 엔지니어링 팀은 혹시 아주 미세한 문제나 뜻하지 않은 현상이 있는지 그 데이터를 샅샅이 뒤졌다.

이렇게 점검이 이뤄지는 동안에도 뉴호라이즌스 호는 벌써 지구에서 수백만 킬로미터나 떨어져 있었다. 앨리스의 지상통제 팀은 뉴호라이즌스 호를 조종하는 법을 배우는 중이었다. 물론 발사 전에도 연습은 했지만, 이제는 연습이 아니라 진짜였다.

처음 몇 주 동안 그들이 하는 모든 일, 우주선에 내리는 모든 새로운 명령(이 시스템을 켜라, 이 백업 시스템을 켜라, 새로운 기동을 실행하라)이 그들에게는 불장난처럼 위험하게 느껴졌다.

물론 가장 신경 쓰이는 부분은, 뉴호라이즌스 호의 방향이 잘못되었다든지 하는 문제들로 인해 통신이 끊기는 경우였다. 그랬다가는 우주선을 완전히 잃어버릴 우려가 있었다. 우주비행의 역사에는 이런 유형의 사고가 일어난 비극적인 사례들이 수두룩했다. 최초로 화성에 착륙하는 데 성공한 NASA의 착륙선 바이킹 1호도 화성에 착륙한 뒤 6년 만에 연락이 끊겼다. 배터리 충전 에러를 교정하기 위한 소프트웨어 업데이트에 실수로 통신용 접시 안테나 방향을 바꾸라는 명령이 포함된 탓이었다. 이 명령 때문에 바이킹 1호의 안테나가 지상을 향하게 되어 지구와의 통신이 불가능해졌다. 탐사계획은 그것으로 끝이었다. 러시아의 화성 탐사선 포보스 1호도 1986년에 소프트웨어 업로드에서 단 한 글자가 빠지는 바람에 연락이 끊겼다. 이 아주 작은 실수로 인해 우주선이 자세제어용 반동추진 엔진을 꺼버렸고, 그 결과 태양전지판이 태양을 향할 수 없게 되어 배터리가 모두 방전되었다. 그리고 두 번 다시 소식을 들을 수 없었다. 이 밖에 우주비행의 역사상 가장 고통스럽고 황당한 실패를 하나 꼽는다면, NASA의 화성 기후 궤도선이 1999년에 화성에 접근하면서 고도를 너무 낮게 잡는 바람에 대기 중에서 불타버린 사건이 있다. 문제를 추적해본 결과, 두 집단의 엔지니어들이 화성 궤도 진입을 계산할 때 서로 다른 도량형을 사용한 것으로 드러났다. 한 집단은 피트와 파운드를 사용하고, 다른 집단은 미터법을 사용했던 것이다.

탐사계획을 제안하고 우주선을 제작해서 다른 행성에 성공적으로 발사하기까지 했는데, 목표를 눈앞에 두고 그렇게 우주선이 죽어버리면 어떤 기분일까? 이것은 우주선 제어를 맡은 사람들이 한밤중에 식은땀을 흘리며 깨어날 만큼 악몽 같은 일이기 때문에, 우주선과 관련된 모든 계획의 모든 측면에 대해 강박적인 점검이 몇 번이나 거듭 이뤄진다. 그러나 아무리 똑똑하고 헌신적인 팀이 붙어 있어도 때로 치명적인 문제가 발생할 수 있다는 사실을 생각하면 정신이 번쩍 든다. 그런 면에서 뉴호라이즌스 호는 운이 좋았다. 앨리스의 팀이 점검 중에 우주선을 흠잡을 데 없이 제어하는 데 성공했기 때문이다. 장차 2015년에 뉴호라이즌스 호가 보여주는 명왕성의 모습을 보고 사랑에 빠질 전 세계 사람들에게도 다행스러운 일이었다.

발사 직후 비행제어 팀이 우주선 조종에 익숙해지는 동안에는 시간이 느리게 흐르는 것 같았다. 그러나 팀원들에게 점점 자신감이 붙고 여러 시스템들이 차례로 점검을 무사히 통과해 뉴호라이즌스 호가 계속 훌륭한 성능을 발휘하자 시간의 속도가 다시 빨라지기 시작했다.

그래도 모든 일이 완벽하게만 진행된 것은 아니었다. 우주선이 지구를 벗어난 지 겨우 몇 주밖에 되지 않았을 때, 우주선 유도 시스템 담당 엔지니어인 게이브 로저스Gabe Rogers는 반동추진 엔진 한 쌍이 정해진 횟수보다 훨씬 더 자주 점화된다는 사실을 알아차렸다. 조사 결과 몇 년 전 단 한 장의 스프레드시트에 포함된 설계상의 실수 때문에 틀린 사양의 반동추진 엔진을 구입한 것으로 드러났다. 어떤 엔지니어가 우주선의 질량과 평형을 계산하면서 실수를 저질렀는데, 수천 건의 다른 계산 실수와 달리 이 실수만은 어찌 된 영문인지 수많은 검토과정에서 걸러지지 못했다. 그래서 이제 비행 중인 우주선의 반동추진 엔진이 처지는 사양을 보완하기 위해 지나치게 자주 점화되어야 하는 상황이 된 것이다. 설계상 이 엔진들은 약 50만 회 사용된 뒤 고장을 일으키는 것으로 되어 있었다. 과거 컴퓨터 모델에서는 우주선이 명왕성 탐사를 끝낼 때까지 이 엔진들의 사용횟수가 많아야 그 절반 수준일 것으로 예측되었으나, 지금처럼 지나치게 자주 점화되다가는 명왕성 플라이바이가 끝나기도 전에 사용횟수가 100만 회를 넘을 것으로 보였다. 아이고, 이런.

이 상황을 해결하기 위해 지상통제 팀은 앞으로 우주선이 방향을 바꾸게 될 횟수를 섬세하게 제어하는 장치를 마련해 사양이 처지는 반동추진 엔진 두 개의 사용횟수를 절약하려 했다. 또한 이 엔진들의 부담을 백업 엔진과 나누는 방안도 실행했다. 백업 엔진도 역시 같은 문제를 안고 있었지만, 두 쌍의 엔진을 번갈아가며 사용하고 우주선이 특정한 기동을 할 때만 점화되도록 사용횟수를 제한하면, 명왕성에 도착할 때까지 주 엔진과 백업 엔진의 사용횟수를 50만 회에 한참 미치지 못하는 수준으로 줄일 수 있었다. 이렇게 고비를 넘긴 지상통제 팀은 교훈을 얻었다. 이제부터 지상통제 팀은 뉴호라이즌스 호가 여행하는 기간 내내 이 문제에 끊임없이 주의를 기울여야 했다.

발사 후 처음 몇 주 동안 수행해야 하는 핵심적인 작업을 하나 더 꼽는다면, 명왕성까지 갈 추진력을 얻기 위해 목성의 중력을 이용할 수 있는 지점까지 우주선의 경로를 완벽하게 짜는 일이 있었다. 2주 동안 뉴호라이즌스 호의 움직임을 무선으로 꼼꼼하게 추적하고 궤도 계산을 실시한 결과, 아틀라스가 우주선을 거의 완벽한 코스에 올려줬음을 더욱 분명히 알 수 있었다. 우주선의 엔진을 아주 조금만 점화해서 코스를 수정해주면 충분할 정도였다. 추진 시스템을 설계할 때 할당한 것보다 훨씬 적은 연료로 코스 수정을 마칠 수 있다는 뜻이었다. 이렇게 절약된 연료는 6월에 소행성 플라이바이 때나 명왕성 탐사 뒤 카이퍼대 탐

뉴호라이즌스, 새로운 지평을 향한 여정

사 때 추가로 사용할 수 있는 보너스가 되어줄 터였다. 곧 실행될 소행성 플라이바이도 유혹적이었으나, 앨런은 비록 멀기는 해도 이번 우주 탐사의 목표이기도 한 카이퍼대 탐사 때 이 연료를 쓰기로 했다.

내비게이션 팀은 목성까지의 코스를 섬세하게 조정하려면 우주선의 엔진을 점화해서 속도를 초속 18미터만큼만, 즉 시속 64킬로미터만큼만 수정하면 될 것 같다고 추산했다. 우주선의 속도가 시속 6만 4000킬로미터에 육박한다는 점을 감안하면 나쁘지 않았다. 그러나 만약 지금 시속 64킬로미터의 수정이 이뤄지지 않는다면 2007년 3월 1일에 우주선이 목성에 도착할 때쯤 무려 64만 킬로미터에 달하는 오차가 발생해서, 결국 나중에 수억 킬로미터 차이로 명왕성을 놓치고 말 터였다.

지상통제 팀은 첫 번째 코스 수정을 확실히 하기 위해 그 과정을 둘로 나눴다. 먼저 초속 5미터 정도로 아주 조금만 엔진을 가동해 엔진과 그 밖의 모든 것들의 상태를 파악했다. 그다음에는 그 엔진 가동결과를 원격으로 내려받아 엔지니어들이 아무 이상 없음을 확인하고, 며칠 뒤 나머지 기동을 실행해 뉴호라이즌스 호를 목성을 거쳐 명왕성으로 가는 완벽한 코스에 올려놓기로 했다.

우주선 점검이 완벽하게 끝나고 코스 수정에 필요한 엔진 기동도 마친 뒤에는 명왕성에서 인류의 눈과 귀와 코가 되어줄 일곱 가지 관측장비를 마침내 점검하고 테스트할 차례였다. 각각의 장비담당 팀은 조심스럽게 정해진 단계를 따라 감지기를 켜고, 컴퓨터가 제대로 작동하는지 확인했다. 장비가 알맞은 온도에서 작동하고 있는지, 장비에 전원을 공급할 수 있는지, 우주선의 주 시스템 및 백업 시스템과의 통신은 원활한지도 확인했다. 그다음에는 망원경 장비인 앨리스, 랠프, LORRI의 보호 덮개를 열어보았다. 그 상태로 팀원들은 이 세 가지 장비가 지구에서와 같은 성능을 발휘하는지 확인하기 위해 이미 밝기가 알려져 있는 특정한 별을 겨냥하게 하는 식으로 시험을 실시했다.

일곱 가지 장비 모두에 대해 몇 주 동안 시험을 실시한 결과는 완벽했지만, LORRI 장비 점검 중에 하마터면 재앙이 일어날 뻔한 적도 있었다. LORRI가 고성능 망원경 카메라라는 사실을 명심하기 바란다. 그런데 점검 중 이 장비가 실수로 몇 초 동안 태양을 직접 향하게 된 것이 문제였다. 망원경으로 태양을 보면 우리 눈이 보이지 않게 되듯이, LORRI의 카메라도 눈이 멀어버릴 수 있었다. 물론 이런 일을 방지해주는 소프트웨어가 우주선에 탑재되어 있었지만, 그 소프트웨어의 설계에 작은 실수가 하나 있었다. '우리가 표적을 겨냥할 때마다 그 표적과 태양의 각도가 적어도 20도가 되지 않는다면 그곳을 겨냥하지 않는다'는 명령은 소프트웨어에 포함되어 있었지만, 표적을 향해 LORRI를 움직이는 도중에 태양을 스치고 지나가도 좋은지 묻는 절차가 없었다. 그런데 팀원들이 LORRI의 성능을 시험하던 도중에 우주선이 방향을 돌리면서 정확히 그런 사고가 일어나고 말았다. LORRI는 극도로 밝은 태양빛을 감지하고 스스로를 보호하기 위해 기능을 차단했지만, 이미 태양빛이 LORRI의 망원경 안으로 잠깐이나마 쏟아져 들어온 뒤였다.

다행히 LORRI는 손상되지 않았다. 하지만 장비를 보호하는 소프트웨어를 만들 때 그 문제가 간과되었다는 사실로 인해 몹시 겁이 난 비행제어 팀은 LORRI뿐만 아니라 다른 모든 장비를 위한 새로운 보호명령을 작성해서 소프트웨어에 포함시켰다. 다시 비슷한 일이 일어나는 것을 방지하기 위해서였다.

이 사고를 돌아보며 교훈을 되새기는 자리에서 뉴호라이즌스 호 명왕성 플라이바이 책임자인 마크 홀드리지Mark Holdridge가 앨런에게 이렇게 말했다.

"우리가 이번에 고비를 넘긴 것은 사실입니다. 우리가 미리 이 사실을 알게 되어서 다행입니다. 다시는 이런 일이 없기를 나무에 대고 빌어야겠습니다."

앨런은 이 말을 듣고 지상통제 센터를 둘러보다가 이곳의 모든 것이 인공적으로 만들어진 물건임을 깨달았다. 소원을 빌 나무가 없었다! 그래서 그는 부엌에서 쓰는 도마를 가져다가 사방 3인치의 작은 조각들로 자른 뒤, 위에는 뉴호라이즌스 호 스티커를 붙이고 바닥에는 "뉴호라이즌스 호를 위해 나무에 소원을 빌고 싶을 때를 위해! 2015년까지 간직하시오!"라고 쓴 판을 붙였다. 앨런은 이 나무토막 10여 개를 지상통제 센터로 보냈고, 팀원들은 뉴호라이즌스 호가 명왕성까지 여행하는 동안 내내 작업대나 사무실 책상에 이것들을 놓아두었다.

우주선이 여행을 시작한 지 몇 달이 지난 후에는 모든 일이 상당히 순조로운 것 같았다. 그러나 유럽에서 뉴호라이즌스 팀이 미처 예상하지 못한 이상한 일이 부글부글 만들어지고 있었다.

2006년, 천문학자들이 명왕성을 퇴출시키다

뉴호라이즌스 호 발사로부터 겨우 7개월이 지난 2006년 8월에 IAU라는 국제천문연맹 천문학자 모임의 회의가 프라하에서 열렸다. 그들은 이 자리에서 '행성'이라는 단어의 정의를 여러 차례 표결에 부쳤다.

카이퍼대는 얼음처럼 차가운 작은 행성들로 가득하다는 사실이 점점 밝혀지고 있었다. 명왕성과 상당히 비슷한 그 행성들은 목성 같은 거대 가스행성도, 해왕성 같은 거대 얼음행성도, 금성이나 지구나 화성 같은 바위투성이 '지구형 행성'도 아니었다. 카이퍼대에는 명왕성만큼 큰 행성들이 많았다. 명왕성은 이 새로운 범주의 천체들 중 단순히 가장 먼저 발견되고 가장 밝은(따라서 가장 쉽게 발견될 수 있었다) 것에 불과했다. 이와 동시에 멀고 먼 항성들 주위에서 다양한 유형의 행성들이 새로 발견되고 있었다. 대다수는 목성과 비슷하거나 목성보다 더 큰 대형 행성이었다. 다른 항성 주위에서 작은 행성을 발견하는 데에는 기술적인 한계가 있었지만, 앞으로는 그런 행성들 역시 발견될 것이라는 기대가 널리 퍼져 있었다.(지금도 그렇다)

많은 행성학자들은 카이퍼대에서 새로 풍부하게 발견되는 작은 행성들을 '왜행성'이라고 오래전부터 부르고 있었다. 앨런이 1991년에 태양계에 그런 행성이 무려 1만 개나 존재할 가능성이 있음을 수학적 계산으로 보여준 논문에서 처음 만들어낸 용어였다. 그는 이미 널리 쓰이고 있던 '왜성'이라는 용어를 생각하며 이 용어를 선택했다. 우주에서 가장 흔한 유형의 항성인 왜성에는 우리 태양도 포함된다.

2005년에 칼텍의 마이크 브라운Mike Brown이 카이퍼대에서 새로운 행성을 발견했다고 보고했다. 이 행성은 나중에 에리스Eris라고 명명되었는데, 브라운은 처음에 이 행성이 명왕성보다 조금 큰 줄 알았다.(나중에 그렇지 않은 것으로 판명되었다) 이 발견이 계기가 되어 IAU는 행성정의위원회를 만들었다. 수상 경력이 있는 과학 작가 데이바 소벨Dava Sobel과 저명한 천문학자 여섯 명으로 구성된 이 위원회는 오랫동안 토론과 심의를 거친 끝에, 행성에 대한 간단한 정의를 내놓았다.

"행성은 중력에 의해 구球형을 이룰 만큼 크지만 핵융합 반응을 통해 항성이 될 수 있을 만큼 질량이 크지는 않은, 항성 주위에서 궤도를 도는 물체."

이 정의에 따라, 카이퍼대의 왜행성들은 많은 행성학자들이 생각했던 것처럼 새로운 범주의 작은 행성들로 인정받았다.

그러나 그다음에 벌어진 일이 이상하기 짝이 없었다. 시간을 거슬러 올라가 1980년에 브라이언 마스든Brian Marsden이라는 영국인 천문학자가 자기가 보기에는 명왕성이 행성이 아니며, 명왕성을 소행성으로 재분류하게 만들어서 클라이드의 유산을 지우는 것을 자신의 사명으로 삼겠다고 클라이드에게 직접 말한 유명한 일화가 있었다. 우리가 여러 사람에게 물어봤으나, 마스든이 이 문제에 대해 왜 그토록 강한 주장을 펴는지 아는 사람이 없었다. 그러나 마스든이 알 수 없는 이유로 클라이드를 좋아하지 않았다고 말해준 사람들은 있었다. 다시 2006년으로 돌아와, IAU 회의에서 마스든이 이끄는 천문학자 한 무리가 IAU 위원회의 새로운 행성 정의에 절차적인 이의를 제기했다. 그 뒤로 급히 마련된 수정안과 새로운 정의가 연달아 나왔지만 모두 부결되었다. 일주일 동안 이어진 회의의 마지막 날, 참석자 대부분이 이미 회의장을 떠난 뒤에,(IAU 회원 중 4퍼센트만이 남아 있었다) 지친 몸으로 아직 프라하에 남아 있던 소수의 회원들이 행성정의위원회가 신중한 논의 끝에 내놓은 정의를 누르고 새로 제안된 정의에 표를 던졌다.

안타깝게도 이 새로운 정의는 엉성하고, 서투르고, 투박했다. 또한 명왕성을 비롯한 모든 왜행성은 물론 다른 항성들 주위를 도는 모든 행성들까지도 행성의 지위를 잃는 결과를 초래했다. 그날 IAU가 급히 실시한 투표는 그 뒤로 줄곧 어디서나 문제가 있는 것으로 받아들여지고 있으며, 그날 채택된 정의 또한 많은 천문학자들이 좋아하지 않는다. 그러나 천문학자보다 그 정의를 더 싫어하는 사람은 행성을 연구하는 여러 분야의 학자들, 즉 행성학자들이다.

IAU가 그날 채택한 정의는 여러 면에서 문제가 있다. 예를 들어, 행성은 반드시 '우리 태양' 주위를 돌아야 한다는 조항이 그렇다. 우리 우주의 거의 모든 항성에 그 주위를 도는 외계행성이 수없이 존재한다는 놀라운 발견을 무시한다는 점에서 어리석은 조항이다. 이 조항 때문에, 그날 IAU가 가결한 '행성'의 정의는 우주에 존재하는 거의 모든 행성을 배제하는 결과를 낳았다. IAU의 새로운 행성 정의는 여기서 한 발 더 나아가, 태양계 내의 행성 숫자를 일부러 작게 묶어두려 한다. 행성이 너무 많아지면 아이들이 학교에서 그 이름을 다 외우느라 힘들어진다는 것이 그 이유다.(정말로 사람들이 진지한 얼굴로 이런 주장을 펼쳤다!) 따라서 이 정의는 행성이 태양계 내에서 반드시 '다른 천체가 없는 구역'에 존재해야 한다고 규정한다. 참으로 이상한 사고방식이다. 행성을 정의하고 싶다면, 그 천체 근처에 무엇이 있는지보다는 그 천체의 속성을 생각해봐야 마땅하다. 그러나 IAU의 행성 정의는 해당 천체의 모양이나 가장 중요한 속성은 고려하지 않는다. 예를 들어, 그 천체에 대기나 위성이나 산이나 바다가 있는지를 고려하지 않는다는 뜻이다. 이 행성 정의에서 가장 중요한 것은 해당 천체의 위치, 그리고 그 천체 근처에서 궤도를 돌고 있는 물체가 있는지 여부다. 만약 수많은 파편들이 지구를 잔뜩 에워싸고 있다면,(지구가 생긴 뒤 처음 5억 년 동안은 이런 상태였다. 지금도 틀림없이 그렇다) 지구도 행성으로 분류될 수 없다는 이야기다.

이렇게 결함 많은 정의에 직접적으로 쐐기를 박은 것은, IAU 결의안 말미에 마스든의 무리가 추가한 마지막 조항이었다. 어법상 말이 안 되고, 복수심이 엿보이는 이 조항은 이렇다.

"왜행성은 행성이 아니다."

이 조항을 통해 마스든은 오래전부터 추구하던 목표를 이뤘다. 천문학자들에게도 천문학 교과서에서도 명왕성은 행성의 지위를 잃었고, 클라이드의 선구적인 업적도 사실상 지워져버렸기 때문이다.

IAU의 표결결과에 언론은 폭발적인 반응을 보였다. 그들은 무엇보다도 명왕성이 '강등'되었다는 점에 초점을 맞췄지만, '강등'은 지위가 내려가서 중요성이 줄어들었다는 뜻이므로 중립적인 용어가 아니다.

태양계의 중요한 천체들로 이뤄진 신전에서 명왕성을 포함한 비슷한 천체들을 제거하려는 시도가 있었다는 사실이 곧 분명히 드러났다.

프라하에서 천문학자들이 시행한 표결의 결과를 들은 뉴호라이즌스 팀은 무심함,("천문학자들 생각에 누가 신경이나 써? 그 사람들은 이 일의 전문가가 아니잖아") 당혹, 짜증, 진짜 분노 등 다양한 반응을 보였다. 프랜의 말은 간결했다.

"왜소한 사람도 사람이다. 왜행성도 행성이다. 논증 끝."

많은 행성학자들은 주류 언론매체들이 명왕성 재분류를 기정사실처럼 보도하며, IAU의 권위를 아무 의문 없이 받아들이는 것에 특히 기분이 상했다. IAU는 행성학자가 아니라 주로 천문학자들로 구성된 단체이니, 행성처럼 흔히 사용되는 단어를 정의할 권위가 있다고는 볼 수 없었다.

천문학자들의 표결이 이뤄진 뒤 2주도 안 되어서 수백 명의 행성학자들(프라하에서 표결에 참여한 천문학자의 수보다 많았다)이 IAU의 정의에는 결함이 너무 많기 때문에 자신들은 사용하지 않겠다는 내용의 청원서에 서명했다. 언론은 이 청원서를 대부분 무시해버렸다. 지금도 그 이유를 이해할 수 없다. 어쨌든 이로 인해 많은 일반인들은 명왕성을 작은 행성이 아니라 소행성으로 생각하기 시작했다.

48억 킬로미터 여행길

천문학자들의 어리석은 짓은 그렇다 치고, 뉴호라이즌스 팀은 2006년에 할 일이 몹시 많았다. 거의 10년에 이르는 명왕성 여행은 특징이 명확히 구분되는 두 개의 순항 단계로 나눠져 있었다. 그리고 각각의 단계마다 해야 할 일과 진행 속도도 달랐다. 13개월 동안 목성을 향해 질주하는 여정 중에는 우주선 제어, 코스 수정, 장비 제어와 조정, 목성 플라이바이 계획작성 등 수많은 일들이 빽빽이 들어 있었다. 목성 다음에 명왕성까지 가는 8년 동안에는 우주선이 매년 대부분의 기간을 동면에 들어가기로 예정되어 있었다. 지상 팀은 그 기간 동안 명왕성 플라이바이 계획을 짤 생각이었다. 몇 년 전, 코클린이 뉴호라이즌스 호 프로젝트 매니저 자리에서 물러나고 글렌이 후임으로 앉았을 때, 앨런은 그 두 사람을 기리는 의미에서 이 두 비행단계의 이름을 지었다. 그래서 목성까지 가는 여정은 '톰의 순항'이 되고, 명왕성까지 가는 여정은 '글렌의 활주'가 되었다.

뉴호라이즌스 호가 우주를 가르는 오랜 여행에 나섰으니, 프로젝트 팀의 크기는 급격히 줄어들었다. 4년 동안 우주선을 발사할 준비를 할 때는 2500명이 넘는 사람들이 우주선, 지상 시스템, RTG, 로켓 등의 제작, 시험, 발사를 맡았다. 그러나 발사 이후 한 달도 안 되어서 대다수의 직원들이 다른 프로젝트로 떠나갔다. 뉴호라이즌스라는 대도시가 작은 소도시로 줄어든 꼴이었다.

우주선이 명왕성까지 가는 동안에는 비행제어와 계획을 맡은 핵심인력, 소수의 엔지니어링 '시스템 책임자', 20여 명의 과학팀, 그들의 장비를 다루는 엔지니어, 소수의 관리인력만 있으면 되었다. 앨런은 이렇게 회상한다.

"발사 후 몇 주 만에 거의 모든 사람이 제 갈 길을 찾아가고, 프로젝트의 규모는 약 50명으로 줄어들었다. 어느 날 주위를 둘러보니 확 실감이 났다. 사람이 너무 없는데, 이 작은 팀이 10년 동안 48억 킬로미터를 가는 여행과 새로운 행성의 플라이바이 계획을 맡는 거구나, 하고."

지구와 명왕성 사이의 엄청난 거리, 그리고 남은 여행기간을 감안하면 권태 또는 초조감이 뉴호라이즌스 팀에게 문제가 되었을 것 같지만, 사실 자동화 기술의 발전과 우주선 동면계획 덕분에 뉴호라이즌스 팀의 규모는 450명이나 되던 거대한 보이저 팀에 비해 거의 10분의 1밖에 되지 않았다. 따라서 핵심인력만 남아 10년 동안 줄곧 놀라울 정도로 바삐 움직여야 했다.

특히 여행의 첫 번째 여정이 더욱 그러했다. 목성까지 가는 13개월 동안 할 일이 워낙 많아서 시간이 번개처럼 빨리 흘러가버렸다. 핼은 다음과 같이 회상한다.

지친 사람들이 쉴 틈은 없었다. 우주선 점검, 첫 번째 코스 수정, 탑재 장비 점검이 모두 끝난 뒤에도 힘든 일들이 이어졌다. 복잡한 목성 플라이바이 실행계획에 거의 곧바로 달려들어야 했기 때문이다. 명왕성까지 날아가기 위해서는 목성 근처의 정확한 지점으로 우주선을 조종해야 했다. 우리는 또한 명왕성에서 사용하게 될 모든 절차들과 단계들을 목성에서 미리 연습해보고 싶었다. 목성에서도 플라이바이를 통해 과학적으로 화려한 성과를 거두고 싶은 욕심 또한 있었다. 이 모든 것을 발사

후 겨우 13개월 안에 준비하고 시험해서 실행해야 했다.

　장기적인 과제로는, 팀원들의 기억에 새겨진 사실들, 즉 우주선과 장비의 제작 및 운영에 대한 세부사항들을 거의 10년이 이르는 비행기간 동안 잊지 않고 고스란히 보존하는 문제가 있었다. 원래 프로젝트 팀에서 일하던 사람들 중 90퍼센트 이상이 뉴호라이즌스 호 발사 이후 다른 프로젝트로 옮겨갔기 때문에, 이런 기억을 남겨두는 것이 특히 중요했다. 10년 뒤 플라이바이를 위해 팀의 규모를 다시 키울 때는 우주선의 설계 및 제작에 참여한 적이 없는 많은 사람들이 새로운 팀원으로 들어올 터였다. 이 문제뿐만 아니라 긴 여행을 신중하게 대비하며 여러 문제들에 대처하기 위해서 팀원들은 우주선과 지상통제의 모든 면에 대해 최대한 많은 정보를 기록으로 남겼다. 8년이나 9년 뒤 새로 팀원이 될 사람들을 위한 훈련계획도 미리 마련하고, 지상통제 센터와 우주선 시뮬레이터에 필요한 여분의 부품 목록도 만들어두었다. 심지어 우주선과 지상통제 센터가 어떻게 돌아가는지 하나도 빼놓지 않고 자세히 설명한(강의 스타일이었다) 동영상까지 만들었다.

　작업에 참여했던 팀원들의 집단적인 기억과 지식이 흐릿해지기 전에 모두 기록으로 남겨서 멀고 먼 2015년을 대비하려고 이런 노력을 기울이는 중에도, 뉴호라이즌스 호의 조종법 배우기, 우주선과 관측장비 점검하기, 목성과의 조우계획 짜기 등 기본적인 업무는 끊임없이 진행되었다. 헬의 말이 맞았다. 2006년 내내, 그리고 2007년에도 대부분 지친 비행 팀이 쉴 시간은 없었다.

목성 플라이바이

과학 팀과 지상통제 팀이 2006년 말에 해야 하는 가장 대규모 작업은 2007년의 목성 플라이바이 계획이었다. 이 플라이바이가 중요한 이유는 세 가지였다. 가장 중요한 첫 번째 이유는 목성에서 우주선이 반드시 정확한 지점을 정확한 순간에 통과해야만 명왕성까지 길을 잡는 데 필요한 중력의 도움을 얻을 수 있었다. 여기서 실패하면 우주선이 엉뚱한 곳으로 날아갈 테니 명왕성 탐사도 끝이었다. 둘째, 우주선이 명왕성과 만나기 전에 조우하는 유일한 천체가 목성이라서, 실제로 행성을 만나 플라이바이를 하면서 우주선의 시스템을 모두 돌려보고 행성과 위성들에 장비를 시험해볼 기회도 이때뿐이었다. 여기서 시험할 수 있는 수많은 기능 중 하나를 예로 든다면, 명왕성에서 요긴해질 광학 내비게이션 기능이 있었다. 목성 플라이바이를 통해 뉴호라이즌스 팀은 연달아 찍힌 사진에서 먼 항성들을 배경으로 목성의 위치가 어떻게 변했는지 비교해 플라이바이 대상까지의 정확한 거리와 조준점을 정확히 파악하는 법을 완벽히 다듬을 수 있을 터였다.

앨런은 목성 플라이바이에서 실행할 연습에 대해 팀원들에게 이렇게 말했다.

"우리 목표는 우주선에 대해 최대한 많이 배우는 것입니다. 명왕성에서 우리의 목적은 명왕성에 대해 배우는 것이 될 테니, 거기서 우주선에 대해 공부하면 안 됩니다. 우주선 공부는 여기, 목성에서 마쳐야 명왕성 플라이바이를 완벽하게 해낼 수 있습니다."

목성이 중요한 마지막 이유는 이 플라이바이(NASA의 카시니 호가 2000년 토성으로 가는 길에 목성을 스쳐 날아간 뒤 처음이다)를 이용해서 이 행성과 이 행성의 거대한 위성들, 그리고 거대한 자기권磁氣圈에 대해서도 더 많은 것을 알아낼 수 있다는 점이었다.

뉴호라이즌스 호는 여러 면에서 과거 목성으로 날아간 우주선들보다 더 유능했다. 따라서 팀원들은 최고의 관측장비를 이용해 목성에서 과연 어떤 새로운 사실들을 알아낼 수 있을지 들뜬 상태였다. 예전에도 목성과 위성들을 가까이 살펴본 적이 있고 심지어 장기적인 관찰도 시행된 적이 있지만, 목성은 항상 변화하는 복잡한 곳이었으므로 2007년에 한 번 더 탐사하는 것도 가치 있는 일이었다. 강력한 최신장비를 이용할 수 있으니 더욱 그러했다.

행성지질학자이자 뉴호라이즌스 지질학 및 지구물리학 팀장인 제프 무어가 뉴호라이즌스 목성 조우 과학 팀JEST을 이끌었다. 제프는 보이저 호 계획에 대학원생으로 참여하고, 1990년대에 NASA의 목성 궤도선 갈릴레오 호 계획에도 참여한 목성 탐사 베테랑이었다.

뉴호라이즌스 호와 목성의 조우를 계획하는 작업은 2006년 가을에 최고조에 달했다. 장비점검과 조정이 끝난 직후였다. 목성에서 명왕성으로 갈 때의 조준점이 목성에서부터 무려 640만 킬로미터나 떨어져 있어서, 뉴호라이즌스 호가 목성의 위성 가까이까지 훅 다가갈 수는 없을 터였다. 목성의 위성들이 모두 훨씬 더 가까운 궤도를 돌고 있기 때문이었다. 그래도 우주선에 탑재된 망원경 장비를 이용하면 위성들에 대해 중요한 관측을 많이 실행할 수 있었다.

목표 중 하나는 목성의 위성 중 행성만 한 크기인 이오에서 몇 주에 걸쳐 화산활동의 기록을 만드는 것이었다. 이오는 태양계에서 화산활동이 가장 활발한 천체로, 심지어 지구를 능가할 정도다. 또 다른 목표는 목성의 무서운 폭풍 시스템에 대해서도 역시 몇 주 동안 기록을 만드는 것이었다. 갈릴레오 호는 안테나가 고장 나서 데이터를 제대로 송신할 수 없었기 때문에 이 두 가지 목표를 다 이루지 못했다.

뉴호라이즌스 호가 목성을 지나친 뒤 명왕성으로 향하는 길에 목성의 넘실거리는 자기권 꼬리를 타고 1억 6000만 킬로미터를 날게 된다는 점도 행운이었다. 이 덕분에 SWAP과 PEPSSI를 동원해서 이 거대행성의 자기권에 대해 지금까지 없었던 선구적인 관측을 할 수 있을 터였다. 그 어떤 우주선도 거대행성의 자기권을 타고 그렇게 깊이 내려간 적이 없기 때문에 그런 관측은 그때까지 한 번도 이뤄지지 못했다. 모두 따졌을 때, 뉴호라이즌스 호의 일곱 가지 장비를 모두 동원해서 목성과 위성들에 대한 거의 700건에 이르는 관측이 계획되었다.

뉴호라이즌스 호는 2007년 1월부터 6월까지 목성에 차츰 접근해서 플라이바이를 시행한 뒤 멀어지는 동안 여러 관측을 하면서 눈부신 성공을 거뒀다. 내비게이션 팀은 명왕성 조준점으로 정확히 우주선을 조종하는 데에도 성공했다. 또한 우주선과 장비에 대한 수많은 시험도 순조롭게 진행되어 광범위한 관측 데이터를 수집했고, 이 자료들은 저명한 학술지인 《사이언스》의 표지를 장식했다.

뉴호라이즌스 호가 목성에서 거둔 가장 황홀한 결과는 순전히 눈 먼 행운 덕분이었다고 해야 할 것 같다. 뉴호라이즌스 팀은 플라이바이를 계획하는 동안 먼지로 이뤄진 목성의 얇은 고리들에 대해 중요한 연구를 새로이 할 수 있다는 점을 깨달았다. 그러나 뉴호라이즌스 팀에는 이 분야의 전문가가 없었기 때문에, 행성 고리 전문가인 마크 쇼월터Mark Showalter가 도우미로 팀에 합류했다. 쇼월터는 목성의 위성 이오가 목성의 가장 커다란 고리 앞을 지나가는 순간 LORRI 카메라로 찍을 다섯 프레임의 동영상을 설계했다. 고리가 이오에 가려지는 순간을 이용해서 그 고리의 고해상도 지도를 만들자는 것이 그의 생각이었다. 그러나 이 사진들이 지구로 전송되었을 때, 팀원들은 연달아 찍힌 사진이 계획했던 목표를 달성하는 데서 그치지 않고 이오의 커다란 화산 중 하나인 트바쉬타Tvashtar가 분화하는 모습까지 포착했음을 발견하고 깜짝 놀랐다. 이오의 북극에서 거대한 기둥 같은 것이 뿜어나오고 있었다. 이오의 화산들을 사진으로 찍은 적은 전에도 많았다. 보이저 호와 갈릴레오 호가 모두 이오의 화산에서 물질들이 우주공간으로 뿜어나오는 광경을 극적인 사진으로 찍기도 했다. 그러나 지구가 아닌 다른 곳에서 화산 분화과정을 저속 촬영으로 연달아 찍은 것은 뉴호라이즌스 호가 처음이었다. 놀라운 결과였다. 이오에서 뿜어나온 물질들이 우주공간을 향해 분수처럼 높이 솟았다가 표면으로 다시 떨어지고 있었다. 과학적으

뉴호라이즌스, 새로운 지평을 향한 여정

로 가치가 있을 뿐만 아니라, 눈을 뗄 수 없을 만큼 매혹적인 광경이기도 했다.

목성의 가시

복사(輻射, radiation)가 우주선에 탑재된 전자기기에 부정적인 영향을 미칠 수 있다는 점은 앞에서 이미 지적했다. 뉴호라이즌스 호가 목성에 가장 가까이 다가간 지 겨우 며칠 만에 바로 그로 인한 뜻밖의 사고가 발생했다. 우주선에서 뭔가 문제가 발생해 우주선이 '안전모드'로 들어가버린 것이다. 안전모드란 문제를 일으킨 시스템이 꺼지고 백업 시스템이 작동된 상태를 말하는데, 이 상태에서 우주선은 문제가 있으니 지시를 내려달라고 지구에 연락하게 된다. 안전모드는 많은 우주선들이 흔히 겪는 상황으로, 지상에서 상황을 진단하고 해결할 때까지 우주선이 문제를 더 악화시킬 행동을 하지 못하게 막는 역할을 한다.

앨리스의 지상통제 팀은 뉴호라이즌스 호에서 문제를 알리는 자료를 받은 뒤, 주요 운항 컴퓨터에 문제가 생겨서 스스로 재부팅을 실시했음을 파악했다. 우주선이 목성으로 접근할 때도 이것과 아주 비슷한 일이 발생한 적이 있었으므로, 겨우 석 달 만에 똑같은 일이 또 발생했다는 사실이 걱정스러웠다. 게다가 여러 달 뒤에 또 같은 일이 발생했다. 주 컴퓨터가 알 수 없는 원인으로 재부팅을 실시하면서 안전모드로 들어간 것이다. 처음에 일부 팀원들은 주 컴퓨터에 문제가 생겨서 명왕성까지 버티지 못할까 봐 걱정했다. 그런데 같은 일이 나중에 또 일어나자 매번 간격이 점점 길어지고 있다는 사실을 알게 되었다. 엔지니어링 팀은 주 컴퓨터가 문제를 일으킨 것이 아니라, 목성의 강력한 자기권에서 전하를 띤 입자들이 복사되어 손상을 입혔기 때문에 컴퓨터가 리셋된 것 같다는 가설을 내놓았다. 갈수록 발생간격이 길어지는 것은, 시간이 흐르면서 손상된 회로들이 점차 치유되었기 때문이라는 것이다. 뉴호라이즌스 호가 명왕성에 도착할 무렵에는 실제로 컴퓨터 리셋이 몇 년 동안 발생하지 않았다. 목성의 가시가 다 닳아서 없어져버린 모양이었다.

동면하는 우주선

2006년 1월에 텔레비전을 산 사람이 2015년 중반에도 그 텔레비전이 멀쩡히 작동하기를 기대한다고 가정해보자. 그 9년 반 동안 텔레비전을 계속 켜놓은 경우와 2015년까지 거의 꺼둔 채로 가끔 점검을 위해서만 켠 경우 중 어느 쪽이 더 기능을 발휘할 수 있을까? 공학적인 관점에서 보면 후자의 경우가 더 성공 가능성이 높다. 뉴호라이즌스 팀이 목성 통과 이후 맞닥뜨린 또 하나의 큰 과제, 즉 우주선의 동면도 같은 생각에서 구상된 것이었다.

동면은 뉴호라이즌스 호에서 선구적으로 시도된 진정한 혁신 중 하나다. 이 아이디어의 바탕은 우주선이 목성에서 명왕성까지 가는 몇 년 동안 매년 대부분의 시간을 꺼진 상태로 두어서 우주선 시스템이 닳는 것을 방지하자는 생각이다. 동면을 이용하면 뉴호라이즌스 호가 9.5년 뒤 명왕성에 도착했을 때에도 대부분의 시스템은 겨우 3.5년만 나이를 먹은 상태가 된다. 사실상 실제 나이보다 훨씬 더 젊은 상태로 명왕성 플라이바이 때 최고의 성능을 보일 가능성이 높다는 뜻이다.

뉴호라이즌스 호의 동면을 위해 설계된 소프트웨어는 발사 전에 만들어졌지만, 우주선이 고다드 우주비행 센터에서 점검을 받고 있을 때 겨우 며칠 동안 시험을 거친 것이 전부였다. 비행 중 동면 기간이 한 번에 몇 달씩 지속될 때가 대부분이므로, 뉴호라이즌스 팀은 우주선에 문제가 생기지 않게 동면시간을 조금씩 늘려가는 조심스러운 계획을 짰다.

첫 번째 시험은 2007년 여름에 겨우 일주일 동안 시행되었다. 일주일 뒤 동면에서 깨어난 우주선은 그동안 저장된 모든 자료를 지구의 엔지니어에게 송신했다. 그들이 그 자료를 평가해 본 결과 모든 일이 잘 진행된 것 같았다. 그래서 그다음에는 우주선에 몇 주 동안 동면하라는 명령을 보냈다. 엔지니어들이 이 자료를 또 살펴보고 역시 문제가 없음을 확인한 뒤에는 10주 동면, 4개월 동면 지시가 차례로 올라갔다. 나중에는 팀원들이 점점 자신을 얻어 동면기간을 한 번에 7개월까지 늘렸다.

2007년부터 2014년까지 우주선이 동면상태에 들어갈 때마다 지상통제 팀은 우주선 돌보기에서 벗어나 명왕성 플라이바이 계획이라는 엄청난 작업에 집중했다. 이 계획에 대해서는 다음 장에서 설명하겠다. 동면을 끝내고 우주선이 깨어날 때는 항상 철저한 점검이 실행되었으며, 장비조정과 과학연구를 위한 관측도 이뤄졌다. 가끔 버그를 수정하거나 새로운 기능을 추가하기 위한 소프트웨어 업그레이드도 시행되었다. 한번은 중요한 업그레이드를 통해 SDC, SWAP, PEPSSI가 동면기간 중에도 계속 켜진 채로 데이터를 수집하게 설정을 바꾸기도 했다. 그 덕분에 이 장비들은 카이퍼대까지 가는 동안 내내 태양계 내에서 먼지와 하전입자들이 만들어낸 환경을 추적할 수 있었다. 명왕성까지 가는 길에 과학계가 얻은 보물창고였다.

뉴호라이즌스, 새로운 지평을 향한 여정

제11장
명왕성 전투계획

소수정예의 작전계획

2008년 초 프로젝트 매니저 글렌이 향후 6년 동안 펼쳐질 명왕성 플라이바이 계획의 일정표를 정리했다. 뉴호라이즌스 호 비행 팀의 거의 모든 사람이 참여하는 계획이었다. 플라이바이 계획 중 대부분의 작업은 한가한 시기, 즉 우주선이 동면에 들어가 손이 많이 가지 않을 때에 하도록 예정되어 있었다.

아주 작게 줄어든 팀이 감당하기에는 엄청난 작업이었다. 먼저 플라이바이의 상세한 부분들에 대한 일련의 기술적 설계연구가 필요했다. 그래야 과학 팀과 지상통제 팀이 플라이바이 때 달성할 상세한 목표에 대해 준비할 수 있기 때문이었다. 이 모든 작업을 한 뒤에야 뉴호라이즌스 호의 일곱 가지 장비가 명왕성과 그 위성들을 상대로 실시할 수백 번의 관측을 포괄적으로 설계할 수 있었다. 그다음 순서는 플라이바이 때 실시할 모든 작업을 철저히 테스트하는 것, 우주선과 지상통제 팀이 직면할 수도 있는 수백 가지 기능 이상에 대처할 절차를 마련하는 데 엄청난 노력을 쏟는 것이었다. 그다음은 플라이바이 시뮬레이션, 그리고 혹독한 프로젝트 검토와 NASA의 기술검토를 통해 플라이바이 계획의 모든 면을 조사하고 비평한 뒤 권고를 내놓는 것이었다.

처음부터 끝까지 컴퓨터로 이뤄지는 21세기의 뉴호라이즌스 호 플라이바이 계획과 이에 비하면 구석기 시대 물건 같은 메인 프레임 컴퓨터로 보이저 호의 플라이바이 계획을 짜던 1970~80년대 상황을 비교해보면 흥미롭다. 보이저 팀은 겨우 몇 년 안에 각 거대행성의 플라이바이를 계획해야 했으나, 일단 팀의 규모가 거대했다. 보이저 호의 플라이바이마다 거의 500명의 사람들이 3년 가까이 달라붙어 계획을 짰다. 반면 뉴호라이즌스 팀이 명왕성 플라이바이 계획을 짤 수 있는 기간은 6년이었지만, 팀원이 고작 50명으로 보이저 팀의 10분의 1 수준이었다.

명왕성 플라이바이 계획에서 차르와 같은 권한을 쥔 사람은 레슬리였다. 그녀는 2001년 NASA에 제출할 뉴호라이즌스 호 제안서 작성 팀의 일원으로 명왕성 플라이바이 계획의 뼈대를 만든 적이 있었다. 그때의 인상적인 성과와 추진력, 세세한 부분을 놓치지 않는 주의력을 눈여겨본 앨런은 2008년에 진짜 플라이바이 계획을 이끌어달라고 요청했다.

뉴호라이즌스 호의 제안서를 작성할 때, 앨런은 명왕성과 그 위성들 연구의 다양한 측면에 초점을 맞출 수 있게 분야별 테마 팀으로 과학 팀을 구성했다. 그 덕분에 다른 행성 탐사계획 때 자주 등장한, 장비 팀들이 서로 전쟁을 벌이는 상황을 막을 수 있었다. 뉴호라이즌스 호의 테마 팀 넷은 다음과 같았다. 첫째, 지질

뉴호라이즌스, 새로운 지평을 향한 여정

학 및 지구물리학 팀(지구와 다른 행성의 지질을 연구하며 얻은 연구기법과 통찰력을 명왕성의 위성은 물론 명왕성의 표면과 내부의 구조 및 움직임을 이해하는 데 적용한다)은 NASA 에임스 연구 센터의 제프 무어가 이끌었다. 둘째, 구성성분 팀(명왕성과 그 위성들의 표면이 무엇으로 구성되어 있는지 파악한다)은 로웰 천문대의 윌 그런디Will Grundy가 이끌었다. 셋째, 대기 팀(명왕성 대기 측정에 집중한다)은 SwRI의 랜디 글래드스턴Randy Gladstone이 이끌었다. 넷째, 플라즈마와 입자 팀(명왕성과 그 위성들 및 태양풍 사이의 상호작용, 그리고 명왕성 대기에서 이온화된 상태로 빠져나오는 기체들의 구성성분을 연구한다)은 콜로라도 대학의 프랜이 이끌었다. 이 네 팀은 모두 플라이바이 계획과 관련해서 레슬리의 지휘를 받았으며, 사람들은 이들을 하나로 모아 명왕성 조우계획(이하 PEP) 팀으로 불렀다.(가끔 농담으로 응원단을 뜻하는 'PEP squad'라고 불리기도 했다)

뉴호라이즌스 호의 다른 여러 팀도 플라이바이 계획에 핵심적인 역할을 했다. 먼저 우주선 지상통제 계획은 앨리스가 이끌었고, 탐사 설계와 내비게이션은 마크 홀드리지가 이끌었다. 우주선 엔지니어링 책임자는 크리스였다. 우주선 엔지니어링 팀이 하는 일 중에서 큰 부분을 차지한 것은, 연료나 동력이나 데이터 저장장치처럼 우주선에 탑재된 자원들이 안전을 위해 한계를 절대 넘지 않게 하는 것이었다. 프로젝트 매니저 글렌은 이 모든 작업들과 팀들을 잘 이끌어서 일정과 예산을 넘기지 않게 했다. 앨런은 명왕성과의 조우계획을 짜는 동안 몇 가지 역할을 동시에 수행했다. 먼저 장비 PI로서 앨리스와 랠프 장비를 지휘했고, 레슬리의 PEP 실행위원회(여기에는 캐시 올킨Cathy Olkin과 존 스펜서도 포함되었다)에도 참석했다. 그리고 탐사계획 PI로서 플라이바이 계획, 비상계획, 팀 훈련과 관련된 모든 일을 최종적으로 검토, 비평, 승인하는 일을 했다.

야박한 오차범위

뉴호라이즌스 팀이 상세한 플라이바이 계획을 짜기 전에 결정해야 하는 중대한 문제가 두 가지 있었다. 우주선이 명왕성과 그 위성들을 정확히 언제 스쳐 날아갈 것인가. 그리고 그때의 거리는 정확히 얼마가 되어야 하는가. 따라서 레슬리는 2008년 초부터 명왕성 플라이바이에 가장 좋은 날짜와 고도를 선정하기 위한 상세한 연구를 이끌었다.

뉴호라이즌스 호에는 플라이바이 날짜를 2015년 7월 중순으로 되어 있는 명목상의 일정에서 최고 몇 주까지 바꿀 수 있는 연료가 충분히 실려 있었다. 앨런은 반드시 최적의 날짜를 찾아서 플라이바이에서 최고의 성과를 거두고 싶어 했다. 그래서 레슬리와 PEP 팀은 우주선이 각각의 날짜에 스쳐가는 명왕성의 지역이 어디인가(명왕성의 자전주기는 지구시간으로 6.4일이다)부터 플라이바이가 가능한 날짜마다 뉴호라이즌스 호와 각 위성들 사이의 거리, 해당 날짜에 명왕성의 대기압과 레이더 반사율을 측정하는 실험을 지구의 어느 통신기지가 수행할 수 있는지에 이르기까지 모든 요소를 평가해봤다.

레슬리가 연구에서 살펴본 요인들은 전체적으로 10여 가지가 넘었으며, 2015년 6월 말부터 7월 전체가 모두 연구대상이었다. 모든 요인에 전부 완벽한 경로란 존재하지 않았으므로, 여러 경로 중 하나를 고르려면 복잡한 취사선택 과정을 거쳐야 했다. 결국 레슬리의 팀은 7월 14일을 권고했고, 앨런도 이를 받아들였다. 그날 우주선이 명왕성의 가장 밝은 지역(구성성분이 독특하다고도 알려져 있었다)을 지나갈 예정이라는 점이 이유 중 하나였다. 또한 7월 14일이 위성연구에 적합하고, 연료가 가장 적게 든다는 이점도 있었다. 앨런은 명왕성 탐사를 끝낸 뒤에도 더 먼 카이퍼대의 천체들에서 플라이바이를 하고 싶어 했으므로, 연료를 절약할 수 있다는 점은 보너스였다.

7월 14일로 날짜를 정한 레슬리 팀은 플라이바이 때 가장 가까이 접근할 수 있는 거리를 연구하기 시작했다. 가장 중요한 관측대상은 명왕성 그 자체이므로, 명왕성에 가장 가까이 접근할 수 있는 거리가 핵심이었다. 그러나 위성들과의 거리도 중요했다. 분야별 테마로 구성된 네 과학 팀은 각자 명왕성에서 달성하고자 하는 상세한 과학적 목표들에 각각 어느 거리가 가장 적합한지 먼저 살펴보기 시작했다. 그들이 살펴본 거리는 명왕성에서 약 3000킬로미터부터 2만 킬로미터 사이였는데, 각각의 경우 명왕성 각 위성까지의 거리는 2만 8000킬로미터에서 거의 8만 킬로미터 사이였다. 최대한 가까이 다가간다면 플라즈마 장비가 더 많은 현상들을 감지할 수 있겠지만, 카메라에 문제가 생길 우려가 있었다.(카메라 팀이라면 최대한 가까이 접근해서 관찰하고 싶어 할 것 같지만, 플라이바이 때 속도가 시속 4만 8000킬로미터나 되기 때문에 너무 가까이 다가갔다가는 속도 때문에 번진 사진만 얻을 것이다) 그들은 수십 가지 요인을 고려했다. 그렇게 해서, 명왕성의 모든 위성들의 궤도 안으로 깊숙이 들어간 지점인 1만 2480킬로미터 거리가 네 과학 팀의 상충하는 욕구를 최대한 만족시킬 수 있을 것이라는 결론을 내렸다.

계산 결과, 플라이바이 때 이 거리까지 접근해서 원하는 성과를 거두려면(원하는 표적이 중심에 잘 찍힌 사진을 얻으려면) 우주선이 9.5년에 걸친 여행 끝에 이 지점에 도착하는 시각에 허용되는 오차가 최대 9분이었다. 로스앤젤레스에서 뉴욕까지 미국 대륙을 가로지른 비행기가 착륙 예정시각에서 32밀리세컨드(약 0.032초) 이상 벗어나면 안 된다는 말과 똑같았다! 또한 뉴호라이즌스 호가 지구에서부터 48억 킬로미터를 여행한 끝에 명왕성에서 최대 접근거리에 도착할 때 허용되는 최대오차는 약 96킬로미터였다. 96킬로미터라면 대략 워싱턴과 그 일대의 크기 정도다. 지구에서부터 명왕성까지 여행한 우주선이 이 정도 크기 안에 정확히 도착해야 하는 것이다. 이것은 로스앤젤레스에서 뉴욕까지 날아간 골프공이 수프 깡통 크기의 표적에 정확히 내려앉는 것과 맞먹는다! 엄청나게 어려운 주문이었다.

주어진 기회는 단 한 번뿐

몇 달에 걸쳐 이뤄질 플라이바이 자체를 계획하기 위해 먼저 필요한 것은 그 과정을 몇 단계로 나누는 작업이었다. 플라이바이가 시작되는 2015년 1월에 우주선은 명왕성에서 거의 3억 2000만 킬로미터나 떨어져 있을 것이고, 명왕성에 가장 가까이 접근하는 날까지는 6개월이나 남아 있을 것이다. 이 시기가 접근단계 1, 줄여서 AP1이었다. 이 시기에 가장 필요한 것은 명왕성으로 나아가는 데 필요한 내비게이션 이미지를 얻는 것이지만, SWAP와

PEPSSI 플라즈마 장비와 SDC를 이용해서 명왕성이 궤도를 따라 돌고 있는 지역의 환경을 측정하는 일도 이 시기에 포함되었다. 아직 거리가 워낙 멀어서 명왕성은 작은 점으로만 보일 때였다. 2015년 4월에 AP2가 시작될 때쯤이면, 명왕성까지의 거리는 AP1이 시작될 때의 절반으로 줄어 있을 것이다. 따라서 우주선은 AP1 때와 같은 활동들을 계속하는 한편 지구의 허블우주망원경만큼이나 선명하게 명왕성을 볼 수 있었다. 이때부터는 매주 우주선이 보내오는 사진들이 점점 나아질 테니, 과학적으로 유용한 최초의 명왕성 관측이 이 AP2에 예정되어 있었다.

AP3는 6월 중순, 우주선이 명왕성에 훨씬 더 가까이 갔을 때 시작되었다. 겨우 3주밖에 되지 않는 이 기간 동안 지구에서는 명왕성과 그 주위를 도는 위성들의 사진으로 집중적인 홍보 캠페인이 벌어질 예정이었다. 뉴호라이즌스 호가 명왕성과 카론의 구성성분을 처음으로 관측하는 때도 이 시기이고, 새로운 위성은 물론 심지어 고리도 있지 않은지 집중적으로 찾아보는 때도 이 시기였다. AP3 다음에는 이른바 '코어Core' 단계가 시작되었다. 우주선이 명왕성에 가장 가까이 접근하는 날까지 겨우 7일이 남은 때에 시작된 코어는 가장 가까운 접근으로부터 이틀 뒤까지였다. 코어 다음에는 2015년 10월까지 세 개의 DP, 즉 벗어나는 단계가 이어졌다.

세 개의 접근단계와 세 개의 벗어나는 단계, 그리고 코어 단계의 계획은 각각 별도로 작성될 예정이었다. 각각의 계획에 요구되는 엄격함도 서로 달랐다. 우주선이 명왕성에 가장 가까이 있을 때의 단계들은 훨씬 일찍부터 준비를 시작해 훨씬 더 높은 수준의 시험을 거치게 되어 있었다. 전체적인 과학적 성과에 이 시기가 그만큼 중요하다는 뜻이었다.

그다음에는 각각의 단계도 한 개에서부터 여러 개에 이르는 긴 '명령 시퀀스'로 쪼개졌다. 각각의 시퀀스는 우주선을 운영하고, 명왕성과 그 위성들 중 다양한 표적을 겨냥하게 하고, 장비를 작동하고, 데이터를 저장하는 데 필요한 수천 개의 컴퓨터 명령으로 구성되어 있었다. 그러나 레슬리의 PEP 팀은 이 명령 시퀀스를 만들기에 앞서서, 플라이바이의 모든 과학적 목적에 용도별로 적용할 수 있는 측정기법(이하 MT) 100여 가지를 설계했다. 각각의 MT는 어디를 겨냥할지, 어떤 장비를 어떤 모드로 사용할지, 표적까지의 거리는 얼마인지, 어떤 데이터 기록기에 결과를 저장할지 등을 알려줬다. 각각의 MT에는 또한 '챔피언'이 할당되었다. 여기서 챔피언이란 그 MT를 설계한 전문가를 뜻한다. 앨런은 각각의 챔피언이 설계한 MT를 PEP 팀이 꼼꼼하게 검토해서 혹시 결함이나 개선의 여지가 있는지 살펴봐야 한다고 강력히 주장했다.

명왕성과의 조우 중 코어 단계는 우주선이 명왕성과 다섯 개 위성에 가장 가까이 접근해서 실제 플라이바이가 이뤄지는 시기였다. 9일 동안 지속되는 이 시기에 벌집처럼 분주히 움직일 우주선의 소프트웨어는 '조우 모드'라는 특별한 모드로 움직일 것이다. 혹시 우주선에 문제가 발생하더라도, 우주선이 활동을 멈추고 지구에 도움을 요청하느라 플라이바이를 망치는 일이 없게 방지하는 모드였다. 만약 우주선 엔지니어들이 이런 긴박한 상황을 더 장난스럽고 유머러스하게 표현할 감각이 있었다면, 조우 모드라는 이름 대신 혹시 '방해하지 마!'라든가 '바쁘니까 귀찮게 굴지 마!' 같은 이름이 쓰였을지도 모르겠다.

일상적인 순항 모드에서 우주선이 10장에 나왔던 컴퓨터 재부팅 같은 문제를 감지하면, 자율 소프트웨어가 문제를 분류해서 임박한 위험을 우선 해결(예를 들어 연료 누출이 감지되었을 때 연료 밸브를 닫는 식)하고 지구에 문제를 알린 뒤 안전모드로 들어가 뉴호라이즌스 지상통제 센터에서 새로운 지시가 올 때까지 모든 활동을 멈추도록 설계되어 있다. 이것은 지구의 엔지니어들이 문제를 분석해서 완전한 대응책을 내놓기 전에 우주선이 더 심하게 위험해지는 것을 방지하려는 설계다. 그러나 명왕성에 가장 가까이 접근했을 때는 그런 방식이 오히려 역효과를 낸다. 지구에서 도와줄 때까지(먼 지구에서 신호가 도착하는 데에는 최소한 하루의 절반이 걸린다) 우주선이 모든 활동을 중단해버리면, 과학적인 관측을 할 기회 중 일부를 뭉텅 잃어버리게 되기 때문이다. 따라서 조우 모드는 다른 방식으로 문제에 대처하게 설계되었다. 조우 모드에서도 우주선이 문제를 분류하는 것은 같지만, 그다음에는 곧장 일정표상의 다음 단계로 넘어가서 관측을 계속하게 된다. 우주선이 명왕성에 있을 때는 설사 문제가 있더라도, 활동을 멈추고 지구의 도움을 기다리는 것보다 데이터를 모으려고 애쓰는 편이 더 낫다는 판단 때문이다. 조우 모드는 제안서 작성 때부터 계획되어 있었지만 실행된 적은 없었다. 그러다 플라이바이 계획이 시작되면서, 크리스가 이끄는 우주선 팀이 조우 모드 소프트웨어의 설계와 구축을 담당하게 되었다.

대략 같은 시기에 플라이바이 관측 시퀀스의 상세계획도 시작되었다. 거의 500가지에 이르는 관측계획에는 뉴호라이즌스 호에 탑재된 일곱 가지 장비가 모두 동원되었으며, 뉴호라이즌스 팀과 NASA가 정한 최고급 탐사목표가 거의 스무 가지나 포함되어 있었다. 명왕성 지도 작성, 모든 위성 사진촬영, 명왕성 대기 속성 측정, 더 많은 위성과 고리 수색, 명왕성과 위성의 온도 측정 등 탐사목표는 아주 많았다. 거의 500가지나 되는 각각의 관측계획은 소프트웨어 명령 시퀀스로 따로 설계되어 구축될 뿐만 아니라,(이 장비를 켜라, 이 모드를 선택해라, 이 방향을 겨냥해라, 저 데이터를 저장해라 등등) 뉴호라이즌스 통제 시뮬레이터(이하 NHOPS, '엔 홉스'로 읽는다)에서도 철저한 시험을 거칠 예정이었다. NHOPS 는 우주선과 관측장비를 APL에 컴퓨터로 생생하게 재현해놓 은 것이다.

레슬리의 PEP 팀은 예상 해상도와 신호에서부터 관측시 의 소음, 장비의 겨냥이 올바른지 여부, 우주선이 궤도를 살짝 벗 어나거나 명왕성과 위성의 위치가 수학적으로 예측한 곳과 정확 히 일치하지 않을 때 해당 관측을 얼마나 할 수 있는지에 이르기 까지 모든 것을 점검하기 위해 구축한 소프트웨어 패키지인 플라 이바이 계획 툴을 이용해서 모든 관측을 공들여 설계했다.

PEP 팀이 이 작업을 위해 가장 긴밀하게 협조한 팀은 일곱 가지 장비의 명령 시퀀스를 모두 계획하는 연구운영(이하 SciOps) 팀과 통신과 데이터 저장에서부터 내부 온도 조절과 코스 수정 을 위한 엔진 점화에 이르기까지 우주선의 모든 활동을 계획하 는 지상통제(이하 MOPS) 팀이었다. 이 세 팀은 플라이바이 때 우 주선 제어의 모든 측면을 꼼꼼히 조정했다.

언뜻 듣기에는 이것이 일정표에 각각의 관측을 어떻게 배치 할지 결정만 하면 되는 간단한 일처럼 보일지도 모르겠다. 그러 나 실제로는 이보다 훨씬 더 복잡하고 섬세한 작업이었다. PEP, SciOps, MOPS 팀은 사실상 20여 개가 넘는 차원에서 체스게임을 하는 것이나 마찬가지였다. 각각의 관측마다 우주선의 동력이 정해진 선을 넘어가지 않는지, 장비를 필요한 방향으로 돌리기 위해 우주선이 기동할 시간이 항상 확보되어 있는지, 데이터 저장공간은 충분한지 등을 반드시 확인해야 했다. 문자 그대로 수십 가지 요인들을 고려해야 각각의 관측계획을 짤 수 있었다. 게다가 가장 중요한 관측계획에 대해서는 일정표에 예비시간도 마련해두어야 했다. 중요한 데이터를 수집해야 하는 시기에 혹시 우주선이나 장비가 고장을 일으키더라도, 비슷한 데이터를 수집할 기회를 한 번 더 확보하기 위해서였다.

세 팀은 또한 혹시 발생할지도 모르는 장비 고장에 탄력적으로 대응하는 방안을 짰다. 예를 들어, 만일의 경우 랠프의 촬영을 LORRI가 대신하게 하는 식이었다. 그들은 또한 한 관측에서 다음 관측으로 넘어갈 때마다 각각의 장비가 주 시스템에서 백업 시스템을 오가게 했다. 혹시라도 장비 중 하나가 중요한 때에 이상한 모드로 작동하는 경우에 대비해서, 일정표 여기저기에 장비 재부팅 시간을 마련해놓기까지 했다. 그들은 이 모든 계획을 플라이바이 몇 년 전에 아주 세세한 부분까지 전부 기록해두어야 했다. 플라이바이 전 1년이나 2년 동안 소규모 팀으로 이 모든 작업을 하기에는 시간이 모자라기 때문이었다. 뉴호라이즌스 팀은 6개월 동안의 플라이바이에 대해 자유로이 아이디어를 내고, 계획을 짜고, 검토하고, 시험하는 데 2009년부터 2012년까지 대부분의 시간을 쏟았다.

만약 지구를 대상으로 이와 비슷한 관측계획을 짜는 경우라면, 이렇게나 자세한 계획을 마련해서 지나치게 점검하는 것이 강박적인 신경증 증세처럼 보일지도 모른다. 그러나 명왕성 탐사에서는 무엇이든 설계에 미진한 점이 있다면 두 번 다시 실수를 바로잡을 기회가 없었다. 따라서 이렇게 강박적으로 공들여 계획을 짜서 몇 번이나 점검을 거듭하는 것은 명왕성과 그 위성들을 탐사하러 나선 인류가 이 단 한 번의 시도에서 원하는 결과를 얻기 위한 조치였다.

수시로 출몰하는 버그 때려잡기

탐사계획을 이끄는 사람으로서 앨런은 플라이바이 계획에서 약점을 찾아내고, 팀원들에게 수많은 질문을 던지며 그들의 기본적인 가정이 옳은지 조사해보고, 약점을 보완하기 위한 수정을 요구하는 것도 자신의 몫이라고 생각했다. 이런 과정을 통해 그가 많은 약점을 찾아내서 수정을 요구한 장비 중 하나는 NHOPS였다.

플라이바이 일곱 단계에 대한 계획이 세워지던 무렵, 앨런은 버그를 솎아내기 위해 우주선의 모든 명령 시퀀스를 시험하는 데 사용하는 NHOPS 우주선 시뮬레이터가 2015년에 이상을 일으킨다면 자칫 모든 작업이 무산될지도 모른다는 걱정이 들었다. 수리할 시간이 별로 남지 않은 2015년에 NHOPS가 문제를 일으킨다면, 플라이바이 시퀀스를 온전히 테스트하는 작업이 위험해질 수 있다는 사실이 마음에 들지 않았다. 백업 장비인 NHOPS-2가 이미 설치되어 있기는 했지만, NHOPS에서 필수적인 부분만 옮겨놓은 설비라서 시뮬레이션 능력과 사실성이 많이 부족했다. 그래서 앨런은 NHOPS-2를 NHOPS의 온전한 백업 장비로 바꿀 계획과 예산을 마련하라고 글렌에게 지시했다. NHOPS 때처럼 이 새로운 시뮬레이터를 철저히 시험하는 것, 필요할 때 곧바로 쓸 수 있게 준비해놓는 것도 이 계획에 포함되었다. 당시 앨런은 짐작하지 못했지만, 이때의 이 결정이 훗날 우주선이 명왕성에 최종적으로 접근하던 시기에 엄청나게 중요한 역할을 했다.

플라이바이 전체를 구성하는 수십 개 명령 시퀀스의 설계가 끝나 차례로 팀원들의 검토를 통과하자, MOPS 팀은 NHOPS 시뮬레이터로 그 시퀀스들을 돌리기 시작했다. 예상대로 작동하는지 확인하기 위해서였다. 수시로 출몰하는 버그를 모두 수정한 뒤에는 다시 NHOPS 시험 날짜를 잡았다. 이 과정이 몇 번이나 되풀이된 끝에 MOPS 팀은 모든 시퀀스에 문제가 전혀 없다는 결과를 받아들였다. 우주선이 명왕성에 가장 가까이 접근하는 중요한 9일, 즉 코어 단계의 명령 시퀀스는 여덟 번의 시험을 거쳤다. 한 번 시험할 때 걸리는 시간은 꼬박 9일이었다. 버전 1의 명칭은 V-1, 버전 2의 명칭은 V-2 식으로 정해졌다. 버그가 발견될 때마다 MOPS 팀은 그 부분을 수정한 뒤, 다시 처음부터 NHOPS로 시퀀스를 돌렸다. V-8이 마침내 9일에 걸친 NHOPS의 시험을 모두 버그 하나 없이 통과하자, 앨런은 이를 축하하기 위해 V-8 주스 두 상자를 사서 팀원들에게 나눠줬다. 버그 하나 없는 코어 시퀀스를 만들기 위해 수많은 시간을 들여 씨름한 것을 기념하는 기념품으로 보관하라는 뜻이었다.

이렇게 문제가 하나도 없는 것이 증명된 코어 시퀀스에는 '세심한 검토와 승인 없이는 수정 없음'이라는 엄격한 규칙이 적용되었다. '구성관리CM'라고 불리는 이 규칙의 목적은 아무리 사소한 것이라도 수정을 하려면 반드시 더욱더 강력한 검토와 엄격한 시험을 거치게 하는 것이었다. 조우 수정 통제위원회(이하 ECCB)는 매주 한 번씩 회의를 열어, 코어 시퀀스를 포함해서 2015년 5월부터 7월까지 뉴호라이즌스 호를 운영하게 될 일곱 개의 시퀀스에 대한 수정요구를 심사했다. ECCB의 위원장은 앨런이었고, 위원은 수석 엔지니어 크리스, 프로젝트 매니저 글렌,

MOPS 팀장 앨리스, 수석 프로젝트 과학자 핼, PEP 팀장 레슬리, 조우 매니저 마크 홀드리지였다.

문제발생 대비

명왕성 플라이바이를 지휘할 명령 시퀀스를 개발하던 시기에, 프로젝트 팀은 명왕성과 조우하는 기간 동안 혹시 발생할 수도 있는 모든 문제를 살펴보고 자신들이나 우주선이 그런 상황에 어떻게 대처해야 할지 연구하는 작업에도 착수했다. 이렇게 '기능이상 대응절차'를 개발하는 것은 우주 탐사계획에서 흔한 일이다. 특히 명왕성 플라이바이처럼 기회가 딱 한 번뿐일 때는 이 절차가 필수적이었다.

문제에 대비하는 방법에 가장 많은 노력을 쏟은 것은 수석 엔지니어 크리스가 이끄는 팀이었다. 믿을 수 없을 만큼 머리 회전이 빠르고 세세한 부분까지 놓치지 않는 꼼꼼함을 지녔으며 우주선의 모든 면에 대해 상상하기 힘들 만큼 아는 것이 많은 크리스는 우주선, 지상 시스템 등 여러 곳에서 생길 수 있는 264가지 문제에 대해 각각 대비책을 마련했다. 구체적으로 살을 붙여 실행하는 데 3년이 걸린 이 광범위한 연구는 프로젝트의 모든 면을 다뤘다. 크리스는 우주선에서 발생할 수 있는 문제만 살피는 데서 그치지 않고, 뉴호라이즌스 팀이나 지상통제 센터에서 생길 수 있는 문제까지 연구했다. 예를 들어, 플라이바이 때 팀원 중 누군가가 건강문제, 자동차 사고, 가족의 응급상황 등으로 출근할 수 없는 경우를 대비해서 중요한 역할을 맡은 모든 팀원의 예비 인력을 훈련시켜 미리 준비해두는 계획까지도 여기에 포함되었다. 크리스는 또한 우주선에 탑재된 자율 시스템이 감당하기에는 너무 복잡한 기능이상이 우주선과 장비에 발생했을 때 문제해결을 맡게 될 비행 통제관들을 위해 상세한 점검목록을 만들어 동료들의 검토를 거친 뒤 실행했다. 크리스는 심지어 지상통제 센터에 화재나 테러 공격이 있을 때(2015년에 뉴호라이즌스 호는 공격의 표적이 되기 쉬운 유명한 대상이 될 터였다)에도 프로젝트가 문제 없이 돌아가도록, 시험과 확인을 거친 또 하나의 지상통제 센터를 APL 경내 반대편에 마련해두기까지 했다. 크리스의 264개 대비책은 2011~14년까지 한 번에 몇 시간씩 이어진 20여 회의 꼼꼼한 회의에서 먼저 엔지니어들의 검토와 비평을 거친 뒤 글렌과 앨런에게 넘겨져 또 검토와 비평을 받았다.

지상계획

플라이바이 준비는 이것으로 끝이 아니었다. 여러 달에 걸쳐 약 200명의 사람들이 서로 밀접하게 일하게 될 플라이바이의 지상 팀을 위한 계획도 필요했다. 마크 홀드리지와 그의 밑에서 일하는 앤디 칼로웨이Andy Calloway, 글렌과 그의 밑에서 일하는 피터 베디니Peter Bedini, 앨런의 조수인 신디 콘래드Cindy Conrad가 이 엄청난 규모의 계획을 맡았다. 먼저 그들은 전국에 흩어진 200명에 가까운 사람들이 그 시기에 각각 어디 있을지 지도를 작성하고, 2015년 1월부터 7월까지 매일 그들 각자가 어떤 회의에 참석하게 될지 파악했다.

이 지상 팀 중 메릴랜드에 살지 않는 사람들이 APL을 오가는 일시도 모두 여기에 포함되었고, 심지어 우주선의 활동이 지구 시간으로는 불편한 때에 실행되는 탓에 팀원 각자가 어쩌면 충분한 수면을 취할 수 없을지도 모르는 기간까지 파악하기 위해 교대일정을 살펴보았다. APL에서 필요한 모든 사무실 공간과 회의실을 조사해서, APL로 출장을 오는 팀원 130여 명이 쓸 회의실도 확보해두었다. 그리고 신디는 자신의 조수인 레이나 테드포드Rayna Tedford와 함께 팀원 각자에게 어떤 APL 출입증이 필요한지, 출장 온 사람들이 APL에 머무르는 동안 어떤 용품들이 필요한지를 미리 파악했다. 심지어 사람들이 밖으로 나갈 시간이 없을 때 대신 식사를 사다줄 심부름꾼도 섭외하고, APL 직원 중 집이 너무 멀어서 플라이바이 기간 중 언제든 뛰어올 수 있게 근처 호텔에 묵어야 하는 사람들이 누구인지도 조사했다.

연습, 또 연습

우주선이 명왕성에 도착할 때가 가까워지면서 시간, 돈, 일정이 허락하는 한 최대한 많은 부분들을 미리 연습해보려는 계획이 마련되었다.

이 연습의 중심은 뉴호라이즌스 호에 실제 명왕성 플라이바이 명령 시퀀스를 업로드해서 모두 실행해보게 하는 비행 중 리허설이었다. 아무것도 없는 우주공간에서 벌어진 이 리허설의 목적은 NHOPS 우주선 시뮬레이터에서 제대로 작동했던 것이 플라이바이 중 실제 우주선에서도 완벽하게 돌아갈지 미리 확인하는 것이었다.

이 리허설의 첫 단계는 2012년 7월에 시행되었다. 우주선이 명왕성에 가장 가까이 접근했을 때 가장 집중적으로 이뤄지는 활동들의 '스트레스 테스트'를 이틀 동안 실시한 것이다. 두 번째 리허설은 2013년 7월에 이뤄졌다. 명왕성 접근 때의 코어 시 퀀스 전체를 9일에 걸쳐 완전히 포괄적으로 시험하는 리허설이었 다. 여기에는 뉴호라이즌스 호 지상 팀 전체, 과학 팀과 엔지니어 링 팀이 참가해서 실제 플라이바이 때와 똑같은 일정에 맞춰 교 대근무를 하며 똑같은 활동들을 실행하고, 똑같은 회의를 열었 다. 2년 뒤인 2015년에 진짜 플라이바이를 할 때와 똑같이 NASA 에 '진행상황' 보고를 하는 것까지 잊지 않았다. 또한 DSN 기지 처럼 먼 곳에 있는 요소들도 이 리허설에 참여했다. 이렇게 우주 선의 리허설을 한 번 마칠 때마다 뉴호라이즌스 팀은 우주에 있 는 우주선에서든 지상에서든 아무리 작은 문제라도 찾아내 바로 잡기 위해 상세한 검토를 실시했다.

그 밖에도 지상 시뮬레이션 연습이 있었다. 운영 준비태세 테 스트(이하 ORT)라고 불리는 이 연습은 프로젝트의 다양한 부 분 담당자들이 몇 시간 또는 며칠에 걸쳐 시뮬레이터로 이미 계 획된 플라이바이 활동이나 기능이상이 발생했을 때의 상황을 연 습해보는 정교한 훈련이었다. 내비게이션 팀만 해도 마크 홀드 리지의 주도하에 매번 구체적인 목표를 정해두고 한 번에 며칠 씩 10여 번 연습을 하면서, 그때마다 팀원들의 능력, 대처절차, 소 프트웨어 성능에 점수를 매겼다. 그리고 그 결과로 다음 내비게 이션 ORT 이전에 개선해야 할 부분에 대한 공식적인 목록이 만들어졌다. 그 밖에 장비의 기능이상에 대비한 '그린카드 연습'과 지상통제 ORT에서부터 플라이바이 때 필수적인 역할을 하게 될 DSN 운영연습, 우주선이 명왕성으로 접근할 때 수신될 이미지를 모방한 사진들에서 흐릿하게 보이는 위성과 고리를 찾는 과학 팀의 연습 등 다양한 ORT가 있었다. 2012~14년에 모두 합해 마흔 가지가 넘는 프로젝트 ORT가 이런 식으로 실행된 뒤, 수정이 필요한 결함이나 개선해야 할 부분을 찾고 추가로 새로운 훈련을 실시해야 하는지 여부를 결정하기 위해 해부하듯 정밀한 검토가 이어졌다.

ORT가 절정에 이른 것은 2014년과 2015년 초였다. 최종 리허설이 세 번에 걸쳐 이뤄졌기 때문이다. 여기에는 과학 팀 전체, APL과 SwRI와 NASA의 홍보 팀, 과학전문 논평가 여섯 명이 참여했다. 이 논평가들은 뉴호라이즌스 호가 새로 발견한 사실들을 실시간으로 발표되는 보도자료, 설명이 달린 사진자료, 선명한 동영상 자료로 바꿔줄 인력으로 앨런이 뽑은 사람들이었다. 리허설 때마다 과학 팀은 존 스펜서를 비롯한 몇몇 팀원들이 연습을 위해 만들어낸 명왕성 예상도와 스펙트럼(예를 들어 얼어붙은 위성들을 찍은 카시니 호의 사진을 수정해서 대역으로 삼았다)을 이용했다. 여기에는 뉴호라이즌스 호가 발견할 것이라고 예상되는 것들(예를 들어 새로운 위성이나 정체를 알 수 없는 지형)도 포함되어 있었다.

그때까지 행성 탐사계획에서 이런 연습이 실행된 적은 한 번도 없었다.

과연 이런 연습이 모두 꼭 필요한 것이었을까? 앨런은 다른 탐사계획에 참여한 경험이 있는 사람들이라도 뉴호라이즌스 호가 명왕성에 도착한 뒤 실시간으로 상황에 맞춰 움직이기보다는 하나의 팀으로서 미리 연습하는 것이 옳다고 생각했다. 2015년 여름에 뉴호라이즌스 호가 명왕성과 그 위성들의 모습을 세계에 알릴 때, 조금이라도 실수나 지연이 발생한다면 변명의 여지가 없다는 것을 잘 알기 때문이었다.

다른 탐사계획에도 동시에 참여하고 있어서 바삐 움직이는 팀원들이 많은 과학 팀은 앨런의 의견에 동의했지만, 우주선이 이미 실제로 명왕성에 접근하고 있던 2015년 4월에 예정된 마지막 대규모 과학 팀 ORT 때는 일부 팀원들이 연습이 너무 과하다며 앨런에게 눈을 흘길 정도였다. 그 전에 두 번 치러진 과학 팀 ORT는 예상대로 많은 교훈을 안겨주는 효과를 거뒀다. 그런데도 꼭 한 번 더 연습을 해야 하나? 앨런은 흰 고래를 찾아다니는 《모비 딕Moby Dick》의 에이허브처럼, 많은 사람의 노력을 무위로 돌릴 수 있는 숨은 문제를 강박적으로 찾아다니는 우주시대의 에이허브가 된 것인가? 아니면 최후의 승리를 위해 팀원들을 이끌고 우주공간을 굳세게 헤치고 나아가는 대담한 지도자인가? 일부 팀원들은 어느 쪽이 맞는지 판단이 서지 않았다. 그러나 한 가지 확실한 것은, 때가 되어 '쇼타임'이 시작되면 철저한 준비태세에 대해 다른 생각을 품을 사람은 하나도 없을 것이라는 점이었다.

플라이바이를 함께하기 위하여

플라이바이 계획은 단순히 과학과 엔지니어링 분야에만 국한되지 않았다. 계획의 최종단계에는 플라이바이 중에 대중의 참여를 최대화하는 방법을 찾는 것도 포함되어 있었다. 이것은 NASA가 아주 많은 경험을 지닌 분야였으므로, 뉴호라이즌스 팀이 맨바닥에서 시작할 필요는 없었다. 그러나 앨런은 아폴로 호 이후 유례가 없는 규모로 대중의 참여를 이끌어내고 싶다는 꿈을 갖고 있었다. 1989년에 보이저 호가 해왕성을 방문한 뒤 처음으로 아직 탐사되지 않은 행성에 인류가 도착하는 일을 기념하기에 걸맞은 꿈이었다.

이를 위해 먼저 2012년과 2013년에 뉴호라이즌스 팀이 설계한 공식적인 NASA 커뮤니케이션 계획이 만들어졌다. 그리고 이 계획을 돕기 위해 작가, 교육가, 소셜미디어 전문가, 영화 제작자, 과학 논평가 등이 참여하는 워크숍이 개최되어 테마와 대상집단을 연구해본 뒤, 종류를 막론하고 200개가 넘는 커뮤니케이션 계획이 만들어졌다. 그다음 순서는 동영상, 언론 브리핑 자료, 인쇄물 제작이었다. 심지어 학교와 천문학 클럽에 보낼 '명왕성 축제' 파티 물품도 만들어졌다. 그 뒤에 앨런은 '과학하는 남자' 빌 나이Bill Nye, 마술사 데이비드 블레인David Blaine, 록그룹 퀸의 기타리스트 브라이언 메이Brian May(천체물리학 박사이기도 하다) 등 뉴호라이즌스 호에 진심으로 관심이 있고 대중과의 연결을 돕고 싶어 하는 유명인사들을 섭외했다. 명왕성과의 조우는 확실히 독특한 것들을 발견하고 탐사하는 신나는 순간이 될 터였다. 플라이바이를 위해 계획에 참여한 교육가, 과학자, 유명인사, 논평가 등은 곧 다가올 플라이바이의 흥분과 결과를 많은 사람과 나누며 평생 한 번 뿐인 여행을 함께 즐기기 위해 가능한 일을 모두 하고자 했다.

제12장
미지의 위험 속으로

위성이 무려 다섯 개나

지상에서 조우계획을 짜는 중에도 명왕성과 그 위성들은 일찍이 우리가 알던 것보다 더 복잡하고 더 북적거리는 모습을 드러내고 있었다. 명왕성의 작은 위성인 닉스와 히드라가 2005년에 발견된 뒤, 뉴호라이즌스 팀은 명왕성에 더 많은 위성들이 있는지 집중적으로 찾아보기 위해 허블우주망원경의 시간을 요청했다. 연구할 천체들이 더 있다면, 일찌감치 발견해야 조우계획에 끼워 넣을 수 있었다. 또한 뉴호라이즌스 팀은 명왕성에 어쩌면 고리가 있을 가능성도 있다고 보았다. 그렇다면 이 고리도 일찍 발견해두어야 플라이바이 중에 연구할 계획, 우주선과 고리의 충돌을 방지하는 계획을 짤 수 있을 터였다.

명왕성 주위에서 뭔가가 발견된 것은 몇 년이 흐른 뒤인 2011년 6월이었다. 행성 천문학자이자 비범한 위성, 고리 사냥꾼인 쇼월터가 허블우주망원경을 이용해 명왕성 주위의 공간을 그 어느 때보다 길게 노출한 사진을 찍었다. 쇼월터는 희미한 고리를 찾던 중이었으나, 그가 사진에서 발견한 것은 작고 희미한 위성이었다. 연구결과 이 위성은 닉스와 히드라 사이에서 32일마다 한 번씩 명왕성 주위를 공전하는 것으로 밝혀졌다. 명왕성의 위성이 세 개인 줄 알았는데 이제 네 개로 늘어난 것이다! 그 뒤로 거의 1년 뒤에 쇼월터는 민감도를 훨씬 더 높인 허블우주망원경으로 또 희미한 고리를 찾다가 또 작은 위성을 발견했다. 이 위성은 카론과 닉스 사이에서 궤도를 돌고 있었다. 이제 명왕성의 위성은 다섯 개였다! 쇼월터가 발견한 두 위성은 모두 닉스나 히드라보다 훨씬 희미했기 때문에 크기 또한 훨씬 작을 가능성이 컸다. 과학 팀의 많은 팀원들은 이를 바탕으로, 뉴호라이즌스 호가 명왕성에 접근했을 때 이보다 더 작은 위성들을 발견하게 될지도 모른다고 짐작했다.

쇼월터에게 새로운 위성 두 개를 발견한 일은 그 자체로서 짜릿하고 흥미로웠으나, 동시에 쉽게 손에 잡히지 않는 고리를 발견할 가능성 또한 훨씬 더 커졌다는 의미이기도 했다. 거대행성 연구에서 알게 된 것처럼, 작은 위성이 우주에서 날아온 물질과 충돌할 때 생기는 잔해가 우주공간으로 날아가 가느다란 고리를 형성할 때가 있다. 아주 작은 위성은 중력도 몹시 낮기 때문에 이런 식으로 위성에서 날아간 잔해들이 행성 주위를 도는 궤도에 도달해서 고리의 일부가 되는 것이다.

명왕성의 네 번째 위성과 다섯 번째 위성, 즉 가장 나중에 발견된 이 두 위성은 처음에 그냥 P4와 P5라고만 불렸다. 얼마쯤 시간이 흐른 뒤 쇼월터는 뉴호라이즌스 팀, NASA와 협력해서 온라인으로 이 두 위성의 이름에 대한 대중들의 아이디어를 구했다.

그렇게 대중들의 아이디어와 투표로 정해진 이름은 네 번째 위성의 스틱스Styx(플루토 근처의 저승을 흐르는 강의 여신)와 다섯 번째 위성의 케르베로스Kerberos(플루토의 영역을 지키는 개)였다.

치명적인 독을 품은 행성

2011년과 2012년에 쇼월터가 위성 두 개를 발견하면서, 명왕성이 많은 위성을 갖고 있으며 이 위성들의 궤도가 모두 상호작용을 한다는 사실이 점차 분명해졌다. 작은 위성들은 물론 어쩌면 가느다란 고리까지 있는 명왕성의 모습이 과학자들에게는 매력적이었으나, 우주 탐사 팀에게는 악몽이기도 했다. 우주선이 명왕성 주위를 움직이는 동안 작은 파편들과 부딪힐 가능성이 더 커졌기 때문이었다. 명왕성 옆을 스쳐 지나갈 때 뉴호라이즌스 호의 속도는 거의 초속 16킬로미터에 가깝기 때문에, 쌀알보다 더 작은 것과 충돌해도 재앙을 낳을 수 있었다. 우주선은 대구경 대포알에 맞은 것과 같은 충격을 받아 귀한 명왕성 데이터를 지구로 미처 전송하지도 못하고 그 자리에서 활동을 멈춰버릴 것이다.

앨런은 아직 발견되지 않은 위성들이 만들어낼 수 있는 고리의 밀도를 급히 계산해보았다. 이 간단한 계산결과가 옳다면, 우주선이 명왕성 근처에서 정말로 위험해질 수 있었다. 그가 이 결과를 과학 팀에게 보여주자 그들은 정교한 컴퓨터 모델로 이 문제를 더 자세히 살펴봐야겠다는 경각심을 갖게 되었다. 사실 우주선은 미지의 영역을 향해 날아가고 있었다. 물론 이것은 새로운 발견을 의미하기 때문에 이 탐사계획을 더욱 짜릿하게 만들어주는 요소였지만, 동시에 미지의 위험 속으로 날아가고 있다는 뜻도 되었다.

과학 팀과 협력하던 헨리가 또 다른 모델을 만들어 계산해본 결과도 앨런의 결과와 같았다. 글렌은 그때의 반응을 다음과 같이 회상한다.

"모두들 엄청 놀랐다. 우주선이 명왕성과 위성들 사이를 움직이는 동안 최대 30번까지 치명적인 타격을 받을 수 있다는 결과가 나왔기 때문이다."

그들이 오래전에 매혹되어 온갖 노력을 기울인 행성 명왕성이 혹시 우주선에게는 죽음의 함정이 되는 걸까? 앨런은 팀원들에게 이런 질문을 던졌다.

"우리가 그토록 사랑한 대상이 사실 흑거미라면 어쩌지?"

그렇게 해서 명왕성 주변이 뉴호라이즌스 호에게 위험한 곳인지 파악하기 위한 집중적인 연구가 시작되었다. 먼저 그곳에 존재할지도 모르는 위험을 분석할 훨씬 더 정교한 컴퓨터 모델이 만들어졌고, 그다음에는 뉴호라이즌스 호가 명왕성에 접근할 때 고

뉴호라이즌스, 새로운 지평을 향한 여정

리든 위성이든 명왕성 주위의 궤도를 돌고 있는 파편들을 오랫동안 철저히 수색하는 쪽으로 계획이 강화되었다.

이 '위험 캠페인'을 이끄는 사람으로 지명된 과학 팀의 존 스펜서는 이 일에 애정을 쏟았다. 그가 이 일을 맡은 이유 중 하나는 망원경을 이용한 관측과 우주선 촬영기술 전문가라는 점이었다.

존과 앨런은 위험을 평가하고 줄이기 위한 노력을 여러 단계로 구분해 정리했다. 첫 단계는 기존의 모든 데이터를 꼼꼼히 다시 분석해서 잠재적인 위험요소를 파악하는 것이었다. 다음은 존의 회상이다.

먼저 우리는 위험을 줄이기 위해 이미 우리가 갖고 있는 다른 정보를 모두 모을 필요가 있었다. 기존의 허블우주망원경 사진들도 더욱 자세히 조사해서 명왕성과 위성들 주위에 파편이 흩어져 있다는 직접적인 증거가 있는지, 그런 증거가 없다면 다른 증거를 어느 선까지 찾아야 할지를 파악해야 한다는 뜻이었다. 그 다음 순서로 우리는 천체들이 서로를 가리는 현상에서 수집한 데이터를 살펴보았다. 명왕성 연구자들은 명왕성의 대기를 연구하기 위해 명왕성 뒤를 지나가는 많은 별들을 관찰하고 있다. 만약 명왕성 주위에 좁은 고리가 있다면, 그 별들이 지나갈 때 고리 때문에 밝기가 줄어들 것이다. 그래서 우리는 희미한 고리가 있다는 증거를 찾아보려고 관련 데이터를 모두 다시 조사했다.

이 무렵에 앨런은 파편과의 충돌로부터 뉴호라이즌스 호를 보호하는 시스템이 얼마나 잘 갖춰져 있는지 분석하는 업무를 우주선 팀에 맡겼다. 우주선이 무방비상태는 아니었다. 알루미늄 보호판이 우주선 몸체를 감싸고 있었고, 이보다 더 중요한 것은 이 보호판 위에 씌워놓은 단열재에 방탄조끼에 사용되는 케블라 실드 층이 포함되어 있다는 점이었다. 뉴호라이즌스 호가 태양계를 종단하는 동안 행성들 사이의 공간에서 운석과 충돌할 때를 대비한 보호장치였다.

이 장치가 뉴호라이즌스 호를 얼마나 잘 보호해주는지 평가하기 위해 우주선 팀은 2012년과 2013년에 우주선을 감싼 보호판과 단열재 복제품에 특수한 고속총을 이용해 다양한 종류의 입자들을 발사해보았다. 그 결과는 희망적이었다. 케블라 실드가 설계분석 때의 결과보다 더 효과적으로 충돌물질을 막아줬다. APL의 엔지니어들은 이 결과를 바탕으로 케블라 실드와 알루미늄 보호판을 뚫을 만큼 커다란 입자가 충돌했을 때 우주선의 여러 구성요소, 탑재장비, 연료선, 전기 케이블 다발, 전자장치가 손상될 가능성을 파악하기 위한 모델을 만들었다. 그렇게 해서 충돌물질의 크기와 속도에 따른 우주선의 손상 가능성에 대한 훨

뉴호라이즌스, 새로운 지평을 향한 여정

씬 더 상세한 자료를 얻을 수 있었다. 결론은 치명적인 위험이 현실이 될 수 있다는 것이었다.

만일을 위한 노력

명왕성에서 치명적인 일을 당할 위험이 현실이 되었으므로, 앨런은 우주선이 플라이바이를 끝내고 지구에 데이터를 보내기 전에 문제가 생기는 경우에도 그 모든 노력이 들어간 자료를 어떻게든 조금이라도 확보할 방안을 마련하고 싶었다.

그 해결책이 '위험대비' 데이터 송신이었다. 처음 이 구상을 떠올렸을 때 앨런은 우주비행사 닐 암스트롱Neil Armstrong의 '만일을 위한 표본' 수집을 바탕으로 삼았다. 이것은 암스트롱이 1969년 달에 처음 발을 디딘 후 가장 먼저 한 일이었다. 그가 달에 내리자마자 문제가 생기는 경우, 즉 그와 버즈 올드린Buzz Aldrin◇이 달에서 더 많은 표본을 채취하지 못하고 갑자기 달을 떠나야 하는 경우가 발생하더라도 아폴로 11호의 과학적 성과를 확보하기 위한 조치였다.

◇ 아폴로 11호에 탑승해서 암스트롱 다음으로 달에 착륙했던 미국의 우주비행사.

앨런은 같은 논리를 바탕으로 레슬리의 PEP 팀에게 우주선이 명왕성에 가장 가까이 접근하기 몇 시간 전, 즉 치명적인 물체와 충돌할 위험이 아직 그리 크지 않을 때 촬영장비, 분광계 등 여러 장비들이 수집한 데이터 중에서 어떤 자료들을 위험대비 데이터 송신으로 지구에 보내면 좋을지 목록을 작성해보라고 요청했다.

이 위험대비 데이터가 명왕성에서 수집할 주요 데이터를 대체하는 것은 꿈도 꿀 수 없는 일이었다. 만약 치명적인 충돌이 발생하는 경우, 이 위험대비 데이터를 미리 보내놓았다고 해서 우주선의 주요 데이터가 모두 사라지는 것을 막을 수는 없었다. 그러나 우주선이 명왕성에 가장 가까이 접근하기 전에 수집한 최고의 데이터 중 일부를 샘플로 보내두면, 지구에 있는 사람들이 상처를 달래면서 명왕성과 그 위성들에 대해 조금이라도 지식을 얻을 수 있을 터였다.

하지만 세상에 공짜는 없는 법이므로, 위험대비 데이터 송신에도 대가가 따랐다. 이 데이터를 보내기 위해 안테나를 지구로 돌린다는 것은 곧 플라이바이 직전 과학적으로 몹시 중요한 시기에 귀중한 관측 시간을 네 시간이나 빼앗긴다는 뜻이었다. 일부 팀원들이 이에 불만을 품었지만, PI로서 앨런의 계산은 달랐다.

만약 우리가 플라이바이의 성과를 과학적으로 보여줄 중요한 자료를 받지 못한 채 뉴호라이즌스 호를 잃어버리는 경우, NASA와 언론 앞에 어떻게 서야 할지 도저히 알 수가 없었다. 또한 그런 상황에서 우리 팀이 완전히 빈손으로 사람들 앞에 서서, 미리 실패의 가능성을 고려해 '만일을 위한 표본'을 나름대로 수집할 생각을 하지 못했다고 말하게 만들고 싶지도 않았다.

그렇게 해서 위험대비 데이터 송신이 계획의 일부가 되었다. 나중에야 알게 된 사실이지만, 이 데이터에 포함된 최고의 사진들은 워낙 훌륭해서 플라이바이 다음 날 신문과 인터넷을 장식할 정도였다.

검은 안식일을 대비한 계획

위험을 피하려는 노력의 다음 단계는 뉴호라이즌스 호가 명왕성에 접근할 때, 우주선에 탑재된 LORRI 망원경 촬영장비를 이용해서 새로운 위성이나 고리를 찾아보는 계획을 수립하는 것이었다. 다음 존 스펜서의 말이다.

이 촬영장치를 이용하는 기간은 계획상 명왕성에서 60일 떨어져 있을 때부터 시작되었다. 이때부터 LORRI가 허블우주망원경보다 더 뛰어난 성능으로 위성과 고리를 찾을 수 있게 되기 때문이다. 그때부터 7주 동안 위험물을 찾기 위한 촬영 캠페인이 연달아 계획되었다. 한 번 캠페인을 벌일 때마다 촬영장치가 수백 장의 사진을 찍으면, 그것을 지구로 보내 '쌓아 올리게' 했다. 각각의 사진을 컴퓨터로 합성해서 희미한 위성이나 고리를 찾기 위한 가장 민감한 영상을 만드는 것을 말한다.

우주선에서 사진들이 지상에 도착하면, 우리는 모든 위성과 고리를 찾기 위해 구축한 소프트웨어 코드를 사용할 계획이었다. 또한 파편들이 어떤 궤도를 돌고 있는지, 그리고 그 파편들이 우주선에 어떤 위험이 될지 파악하기 위해 컴퓨터 모델을 구축할 계획도 세웠다. 이를 통해 우리는 각각의 위험물에 대해 수용할 만한 수준인지 아닌지 파악할 수 있었다.

그럼 우주선이 명왕성에 접근하는 과정에서 발견된 위험물이 수용할 수 없을 만큼 위험하다면 그다음에는? 명왕성과 그 위성들을 탐사하기 위해 무려 26년을 쏟아부은 계획이 위험대비 데이터만 남기게 될 위험을 무릅쓰고 무작정 앞으로 나아가는 것 외에 대안이 있는가?

있었다. 앨런이 먼저 생각해낸 이 방법은 잠재적인 위험물이 있는 여러 구역을 피해 우주선이 선택할 수 있는 대안적인 경로들을 파악하는 것이었다. 다시 말해서, 명왕성 플라이바이 계획을 여러 개 짜야 한다는 뜻이었다. 우주선의 경로가 달라지면, 여러 관측의 시기 또한 달라졌다.

앞 장에서 플라이바이 계획을 짜는 데 얼마나 많은 노력이 들어갔는지 이미 설명했다. 그런데 이제는 잠재적인 위험물을 피하기 위해 선택된 모든 경로에 대해 각각 그 모든 작업을 되풀이해야 했다. 엄청난 작업량이었지만, 시속 5만 6000킬로미터로 움직이는 우주선에 파편이 충돌했을 때의 결과가 얼마나 치명적인지와 그들에게 우주선이 한 대뿐이라서 기회 역시 한 번뿐이라는 사실을 감안하면 다른 대안이 없었다.

각각의 예비용 플라이바이 계획에 대해, 우주선이 플라이바이에 가장 집중해야 하는 9일 동안 우주선과 장비에 지시를 내릴 코어 명령 시퀀스를 처음부터 완전히 다시 설계하고 구축해서 모든 시험을 거쳐야 했다.

앨런은 이 예비용 경로계획에 SHBOT라는 이름을 붙였다. '안전한 피난처 긴급탈출 경로Safe Haven Bail-Out Trajectory'의 머리글자를 딴 이름이었다. 팀원들은 이것을 유대교의 안식일을 뜻하는 단어인 '샤바트Shabbat'와 비슷하게 발음했다. 앨런은 딱히 종교를 믿지 않았지만, 자신을 포함해서 레슬리, 캐시, 핼 등 많은 유대인 팀원들의 전통문화를 기념할 수 있다는 점이 마음에 들었다. 또한 미지의 위험과 맞설 준비를 하는 그들의 노력에 희망 섞인 기도 같은 느낌을 줄 수 있다는 점 역시 마음에 들었다. 나중에 어느 미친 기자가 NASA가 플라이바이에서 '긴급탈출'할 계획을 은밀히 짜고 있다고 비난했을 때, NASA의 행성연구부장인 짐 그린 Jim Green은 SHBOT의 뜻을 덜 위협적인 '다른 경로를 통한 안전한 피난처Safe Haven by Other Trajectory'로 바꿔달라고 요청했고, 뉴호라이즌스 팀은 이 요청을 받아들였다.

SHBOT에는 뉴호라이즌스 호를 보호하기 위한 또 다른 아이디어가 포함되어 있었다. 예비용 플라이바이 계획에서 우주선의 방향을 통째로 바꿔버리자는 아이디어였다. 갈릴레오 호와 카시니 호는 각각 목성과 토성의 고리 근처를 통과할 때 우주선을 보호하기 위해 커다란 접시 안테나를 전면 실드로 이용하는 방법을 사용했다. 그러면 대부분의 파편이 접시 안테나를 뚫은 뒤에야 케블라 실드와 우주선 벽에 닿을 수 있기 때문에 보호막이 하나 더 생기는 셈이었다. 고속 파편총으로 시험해본 결과, 뉴호라이즌스 호의 접시 안테나는 고리 속 입자들과의 충돌을 여러 번 견뎌내고도 여전히 성능에는 이상이 없었다. 따라서 치명적인 충돌에 대비한 훌륭한 추가 보험이 되어줄 것 같았다. 엔지니어링 팀은 안테나를 보호막으로 이용할 경우, 뉴호라이즌스 호에 치명적인 파편 충돌이 발생할 위험이 300퍼센트 감소한다는 사실을 증명했다.

그러나 이 방법에도 큰 문제가 하나 있었다. 뉴호라이즌스 호가 안테나를 전면으로 돌린 채 비행한다면, 다양한 방향에서 명왕성과 그 위성들을 관측하는 기능에 장애가 생길 터였다. 다시 말해서, 과학적인 목표를 달성하는 능력이 크게 줄어든다는 뜻이었다. 레슬리와 PEP 팀은 각각의 SHBOT 경로에 대해 포기해야 하는 관측이 얼마나 되는지 등급을 매겨서, 이미 공들여 준비해놓은 최적의 플라이바이 계획과 비교하는 일을 맡았다.

SHBOT를 위해 뭔가를 포기해야 하는 것은 고통스러운 일이라서 토론을 하다 보면 때로 긴장된 분위기가 감돌기도 했다. 존 스펜서는 당시를 다음과 같이 기억하고 있다.

"우리가 안테나를 보호막으로 이용하는 SHBOT를 선택하는 경우 가장 중요한 관측 중 많은 것이, 아니, 어쩌면 대부분이 변경되거나 취소되었다. 당연히 사람들은 이런 전망을 반가워하지 않았으므로, SHBOT가 정말로 실행할 수 있는 대안인지를 놓고 열띤 토론이 자주 벌어졌다."

그러나 앨런은 강경했다.

나는 상당히 냉정하게 그 일을 바라보았다. 우리가 1989년부터 명왕성을 탐사하기 위해 기울인 모든 노력의 결말이 바로 플라이바이의 성공이었다. 명왕성 근처에서 우주선이 파괴된다면, 그 이후 실시될 예정이었던 모든 관측 데이터뿐만 아니라 그 전의 관측에서 저장된 데이터까지 모두 잃어버릴 터였다. 플라이바이 때 우리가 우주선을 잃는다면, 위험대비 데이터 외에는 거의 모든 데이터가 지구로 송신되지 못할 것이다. 우리가 명왕성과 그 위성들에 대해 새로운 사실을 거의 알아내지 못할 것이라는 뜻이었다. 재앙으로 발전할 수 있는 위험에 진심으로 맞설 생각이라면, 나는 최적의 플라이바이 경로 대신 낮은 등급의 SHBOT 플라이바이를 기꺼이 선택할 용의가 있었다. 자료를 하나도 얻지 못하는 것보다는 낮은 등급이 더 낫기 때문이었다. 물론 내가 그런 등급을 원하는 것은 아니지만, 우리가 선택할 수 있는 대안이 그것뿐이라면 나는 그냥 넘겨버릴 생각이 없었다.

제13장
변방에 접근하다

더 멀리 있는 곳들을 향해

명왕성 플라이바이가 가까워지면서, 뉴호라이즌스 팀은 우주선이 명왕성을 통과한 뒤 카이퍼대에서 연구할 수 있는 천체를 찾기 위해 2011년에 시작한 수색에 한층 박차를 가했다. 명왕성 너머의 오래된 천체들, 특히 명왕성 같은 작은 행성의 출발점이었던 작은 천체들을 연구하는 것이야말로 2003년 '10년 평가'에서 명왕성 카이퍼대 탐사계획이 최고의 점수를 받은 핵심적인 이유 중 하나였다.

세계 최대의 망원경들을 이용해 우주선이 카이퍼대에서 플라이바이를 시행할 수 있는 대상을 찾는 작업을 이끌던 존 스펜서와 마크 뷔는 2013년까지 카이퍼대에서 수많은 작은 천체를 찾아냈지만, 뉴호라이즌스 호의 연료로 갈 수 있는 천체는 하나도 없었다. 2015년의 명왕성 플라이바이를 앞두고 시간이 점점 촉박해지는데도, 지상에서 실시하는 수색에서는 원하는 결과가 좀처럼 나오지 않았다. 그래서 앨런은 새로운 방법을 시도하기로 결정했다. 천체 수색에서 가장 어려운 점은, 지구 대기의 요동으로 인해 사진 속 수많은 별들의 이미지가 번져서 뉴호라이즌스 호가 찾으려 하는 KBO의 희미한 빛과 섞여버린다는 점이었다. 이 문제를 우회하는 방법은 허블우주망원경을 사용하는 것밖에 없었다.

이 망원경은 지구의 대기권 밖에서 궤도를 돌고 있으므로, 수많은 별들 속에서 그보다 훨씬 더 희미한 KBO를 구분해내는 데 필요한 선명한 이미지를 제공해줄 수 있었다.

존 스펜서와 마크 뷔는 헬과 함께 계산해본 결과, 성공가능성을 높이려면 거의 200 허블 궤도, 다시 말해서 약 2주 동안 계속 허블우주망원경을 사용해야 한다는 결론을 얻었다. 보통 허블우주망원경 사용제안서에 사람들이 표시하는 시간의 열 배가 넘는 시간이었다. 이렇게 엄청난 제안서가 받아들여지기에는 무리일 것 같았다.

그뿐만 아니라, 2015년으로 예정된 명왕성 플라이바이가 시시각각 가까워지고 있었기 때문에 2014년 봄에 허블우주망원경의 시간을 신청하는 정상적인 절차를 거칠 수 없다는 점도 문제였다. 그랬다가는 2014년 늦여름에야 관측을 시작할 수 있는데, 그들이 살펴봐야 하는 KBO 영역과 태양의 위치를 감안하면 그때는 너무 늦은 시기였다.

허블프로젝트 내부에서는 이런 대규모 연구를 그렇게 짧은 시간 안에 허락해달라는 요구에 반대하는 목소리가 있었다. 그래도 뉴호라이즌스 팀은 존 스펜서를 연구 팀의 리더로 내세워서 필요한 시간을 신청했다. 그리고 거절당했다. 믿을 수가 없었다. 10년 평가에서 뉴호라이즌스 팀에게 카이퍼대 천체를 연구하라고 지시한 것을 모른단 말인가.

　뉴호라이즌스 호가 이 천체들을 연구하려면 허블우주망원경을 이용하는 방법밖에 없었다. 2주라면 그해에 허블우주망원경을 사용할 수 있는 시간의 2퍼센트에 해당하는데, 고작 그 시간을 얻어내지 못해 뉴호라이즌스 호가 명왕성 이후 카이퍼대 탐사임무를 해내지 못한다면, 과연 NASA가 가만히 있겠는가? 사실 향후 수십 년 동안 뉴호라이즌스 호가 아니라면 KBO를 탐사할 믿을 만한 방법이 전혀 없었다. 그런데 이번에 허블우주망원경의 시간을 얻어내지 못한다면, 우주선은 카이퍼대에서 플라이바이를 시행할 대상이 무엇인지 알 수 없었다.

　앨런은 NASA 본부에 이 문제를 호소했다. 그리고 2014년 봄에 존 스펜서는 허블프로젝트에 두 번째 제안서를 제출했다. 여기에 필사적인 이면공작이 추가된 덕분에 허블프로젝트는 뉴호라이즌스 팀에게 KBO를 관측할 수 있는 시간을 허락했다고 발표했다.

　시간 압박 때문에 관측은 그 주에 바로 시작되었다. 가을이 되면 그들이 살펴봐야 하는 영역에 태양이 가까워져서 관측이 힘들어질 터였다. 허블 데이터가 쏟아지기 시작하면서, 몇 주 동안 24시간 내내 사진들을 분석해 후보를 찾아내고 그들을 확인하기 위한 후속 관측일정을 잡는 생활이 시작되었다. 존 스펜서와 마크 뷔, 박사후연구원들과 협력자들이 평소라면 몇 달을 쏟아야 할 탐색을 몇 주 안에 해치웠다. 명왕성 플라이바이가 다가오고 있으니 이 일에 언제까지나 매달릴 수는 없었다. 어느 날 오후, 데이터 분석을 이끌던 마크 뷔가 앨런과 존 스펜서에게 이렇게 말했다.

"제 방으로 와서 보셔야 할 것이 있어요."

뉴호라이즌스 호가 갈 수 있는 KBO를 찾아낸 것이었다!

마크 뷔의 팀은 허블 데이터에서 뉴호라이즌스 호가 갈 수 있는 두 번째, 세 번째 KBO를 곧 또 찾아냈다. 뉴호라이즌스 호의 연료로 갈 수 있는 거리와 가깝긴 해도 딱히 그 범위 안에 속하지는 않는 천체 또한 여러 개 발견되었다. 후속 관측 결과 세 개의 KBO 중 두 개가 정말로 뉴호라이즌스 호가 갈 수 있는 범위 안에 있었다.

허블우주망원경 관측은 성공적이었다. 이제 뉴호라이즌스 호는 명왕성 이후 두 개의 KBO 중 하나를 골라 플라이바이를 실행할 수 있었다! 둘 다 연구 팀이 원한 것처럼 행성의 출발점이 될 수 있는 크기였으며, 명왕성 플라이바이 이후 약 3년 반 만인 2019년 초에 뉴호라이즌스 호가 도달할 수 있었다.

다음 정거장, 명왕성

뉴호라이즌스 호가 태양계를 날아가는 동안 앨런은 지금까지 탐사된 적이 없는 미지의 세계를 향해 우주선 한 대가 바삐 날아가고 있음을 대중에게 일깨워 흥미를 끌기 위해서 가끔 다양한 이벤트나 발표를 계획했다.

뉴호라이즌스 호가 목성을 떠나 명왕성을 향해 태양계 중간 부분을 여행하기 시작한 2008년에도 그런 이벤트가 하나 있었다. 그해 10월, 실물 크기 뉴호라이즌스 호 모형이 워싱턴 DC 외곽, 버지니아 주 덜레스 근처에 있는 국립 항공우주박물관에 '진입'한 행사였다. 이것은 모든 우주선 중 1퍼센트도 안 되는 우주선에게만 허락되는 드문 영예였다. 이 이벤트를 기념해 열린 대중 강연에서 앨런은 뉴호라이즌스 호가 아홉 가지 기념품을 싣고 명왕성과 그 너머를 향해 날아가고 있다고 발표했다. 이 기념품들은 모두 상징적이었다.

1 클라이드의 유골 일부가 담긴 용기와 그에 대해 앨런이 쓴 글을 새긴 것.
2 행성협회와 NASA가 실시한 '당신의 이름을 명왕성으로 보내세요' 행사의 참가자 43만 4000여 명의 이름이 담긴 시디롬.

3 뉴호라이즌스 호의 설계, 제작, 발사에 참여한 모든 팀의 구성원들이 적은 글귀와 그들의 사진을 담은 시디롬.

4 뉴호라이즌스 호가 발사된 곳인 플로리다 주의 25센트 동전.

5 뉴호라이즌스 호가 제작된 곳인 메릴랜드 주의 25센트 동전.

6 2004년에 개인이 제작한 유인 우주선으로는 최초로 우주여행에 성공한 스페이스십원SpaceShipOne에서 나온 탄소섬유 한 조각.

7 우주선 좌현에 작은 미국 국기.

8 우주선 우현에 또 작은 미국 국기.

9 "아직 탐사되지 않은 명왕성"이라는 말이 적혀 있는 1991년 미국의 기념우표. 뉴호라이즌스 호가 2015년에 이 글귀를 과거로 만들어줄 것이다.

앨런은 뉴호라이즌스 팀이 이 아홉 가지 기념품을 모두 실을 수 있었던 것이 영광이라면서, 명왕성의 첫 탐사가 끝나고 나면 뉴호라이즌스 팀은 미국 우편국에 명왕성 탐사를 기념하는 새로운 기념우표의 발행을 청원할 계획이라는 말로 강연을 마쳤다.

그 뒤로도 비행이 계속되는 몇 년 동안 우주선이 중요한 이정표에 도달할 때마다 대중의 관심을 끌 수 있는 많은 기회가 생겼다. 각종 기사, 블로그, 소셜미디어, 대중강연 등과 더불어 이런 기회들 덕분에 뉴호라이즌스 호는 명왕성에 도착할 때까지 그 오랜 세월 동안 계속 대중의 시야를 벗어나지 않았다.

2014년 늦여름에는 그 긴 여행이 마침내 거의 끝에 이르러 명왕성 탐사까지 1년도 채 남지 않았다는 사실을 사람들에게 일깨워줄 특별한 기회가 또 생겼다. 뉴호라이즌스 호가 해왕성의 궤도를 지나가게 된 것이다. 이것은 "다음 정거장, 명왕성!"임을 분명히 알려주는 대단히 상징적인 순간이었다.

우주선이 해왕성을 지나가는 이 순간이 감정적으로 한층 더 강력한 힘을 발휘하게 된 것은, 소수의 명왕성을 사랑하는 사람들이 보이저 2호가 해왕성을 탐사하던 1989년 여름에 명왕성 탐사를 위해 움직이기 시작할 때는 상상도 하지 못했던 우연의 일치 덕분이었다. 뉴호라이즌스 호가 해왕성의 궤도를 지나간 날짜인 2014년 8월 25일은 보이저 호가 해왕성을 빠른 속도로 지나간 바로 그날로부터 정확히 25년째 되는 날이었다!

앨런은 이 우연의 일치가 지닌 상징적인 의미를 도저히 그냥 지나칠 수 없었다. 그래서 NASA와 협력해, 보이저 호를 기념하는 동시에 약 10개월밖에 남지 않은 명왕성 플라이바이에 대한 기대를 높이기 위한 대중 이벤트를 기획했다. 이 이벤트의 일환으로 워싱턴의 NASA 본부에서 열린 패널 토론은 전 세계의 우주 팬들을 위해 NASA TV에서 스트리밍으로 생중계되었다. 여러

분이 읽고 있는 이 책의 공동저자이자 학생시절부터 박사후연구원 시절까지 보이저 호 계획에 참여한 베테랑인 데이비드 그린스푼이 사회를 맡은 이 토론에는 뉴호라이즌스 팀의 과학자인 프랜, 존 스펜서, 제프 무어, 보니 버래티Bonnie Burratti가 참석했다. 그들도 모두 보이저 호와 해왕성의 조우 때 보이저 팀에서 일한 사람들이었다. 그들은 그 당시에 느꼈던 흥분과 영감을 추억하고, 일찌감치 그 일을 경험한 것이 자신들에게 어떤 영향을 미쳤는지 이야기했다. 이제 중년이 된 그들은 해왕성보다 훨씬 더 멀리 있는 그다음 행성을 곧 탐사하게 될 팀의 일원이었다.✦

패널들의 마지막 주제는 학자로서의 경력과 멘토 제도였다. 1980년대에 자신들이 멘토에게서 도움을 받았듯이, 이제는 그들이 젊은 세대의 과학자들에게 멘토 역할을 하고 있었다. 그들은 이 젊은 학자들이 뉴호라이즌스 호에서 요령을 배워, 2030년대와 2040년대에 스스로 새로운 탐사계획을 이끌게 되기를 바라고 있었다.

토론의 완벽한 결말이었다. 앨런은 뉴호라이즌스 팀의 젊은 과학자들을 단상으로 불러냈다. 그들 중에는 보이저 호 시대에

✦ 이 이벤트의 동영상을 https://www.youtube.com/watch?v=DaUhaVUN3Yc에서 볼 수 있다.

태어난 사람이 많았다. 많은 일반인과 마찬가지로, 그들은 첫 행성 탐사 때의 그 강렬하고 들뜬 분위기를 아직 직접 목격하지 못했지만 이제 곧 경험하게 될 터였다.

그다음에는 보이저 호가 발사된 뒤 보이저 호의 과학 팀을 이끌었던 저명한 과학자이자 칼테크의 교수인 에드 스톤Ed Stone이 보이저 호의 지상통제 센터에 걸려 있던 미국 국기를 앨런에게 주었다. 이제 뉴호라이즌스 호의 지상통제 센터에 그 국기를 걸 차례였다. 뉴호라이즌스 팀원들은 바로 2주 전 뉴호라이즌스 팀의 첫 프로젝트 매니저였던 코클린이 세상을 떠났다는 사실 때문에 이날의 행사에서 더욱 강렬한 감정을 느꼈다.

뉴호라이즌스 호는 해왕성의 궤도를 지나간 그날 보이저 호에게서 배턴을 넘겨받았다. 태양계 탐사의 기치가 보이저 호에서 뉴호라이즌스 호에게로, 한 세대의 과학자들에게서 다음 세대의 과학자들에게로 넘겨진 것이다. 해왕성을 지나간 뉴호라이즌스 호는 이제 '명왕성의 공간'에 있었다. 태양계의 제3구역에 다다랐으니, 곧 명왕성을 탐사하게 될 터였다.

뉴호라이즌스 호가 반짝반짝 빛날 때가 되었다.

마지막 동면에서 깨어나다

해왕성 통과는 지구에서 하나의 이정표를 뜻했지만, 뉴호라이즌스 호는 그동안 내내 잠든 상태에서 엄청난 속도로 순항하고 있었다. 2014년이 끝날 때까지 뉴호라이즌스 호는 여전히 깊게 잠든 채로 우주를 날았다. 해왕성을 통과한 뒤 12월까지 우주선이 날아간 거리는 1억 6000만 킬로미터가 넘었다.

그러나 지구의 우주선 팀은 동면하지 않았다. 그 몇 달 동안 그들은 최종 플라이바이 시뮬레이션을 시행하고, 엄청나게 몰려올 기자들과 대중의 관심에 대처할 계획을 세우고, 곧 명왕성과 그 위성에서 수집될 데이터를 분석할 소프트웨어 툴을 수십 개나 만들고, 2015년과 거의 동시에 시작될 플라이바이 초기 접근 시퀀스를 코딩해서 시험하는 작업을 하느라 정신없이 움직였다.

뉴호라이즌스 호는 2014년 12월 6일, 정확히 예정대로 동면에서 깨어날 것을 자신에게 명령했다. 명왕성까지 가는 긴 여행에서 우주선이 다시 동면에 드는 일은 없을 터였다. 이제 플라이바이까지 남은 시간은 겨우 6개월이었다. 다음은 앨런의 회상이다.

우주선이 마지막으로 동면에서 깨어난다는 것은 명왕성에서의 화려한 순간이 마침내 가까이 다가왔다는 뜻이었다. 2007년에 목성을 통과한 뒤 처음 동면을 시작했을 때 우리는 상당히 이상한 기분이었다. 발사 이후 18개월 동안 하루도 빠짐없이 우주선을 활발하게 운영했기 때문이었다. 동면에 익숙해져서 일상처럼 받아들이게 되는 데에는 약 1년이 걸렸다. 그러나 2014년 무렵에는 우리가 동면에 너무 익숙해진 나머지 따뜻한 담요를 덮고 있는 것 같아서 오히려 이제부터 동면 없이 살아야 한다는 사실이 이상하게 느껴졌다.

2007년 이후 우리가 한 번에 두 달 이상 매일같이 우주선을 운영한 적은 한 번도 없었다. 따라서 2015년과 2016년의 플라이바이를 위해 다시 그 시절로 돌아가 분주하게 움직이며 많은 데이터를 내려받을 생각을 하니 조금 기가 질리는 것 같았다.

그러나 다른 무엇보다도 2014년에 마지막으로 동면에서 벗어난다는 사실 자체가 엄청난 일이라는 생각이 들었다. 이제 우리 앞에 남은 일은 플라이바이 그 자체밖에 없다는 뜻이기 때문이었다. 그 뒤로도 몇 년씩 여행을 계속할 일은 없었다. 태양계 전체를 종단했으니, 역사의 한 페이지를 넘긴 셈이었다. 우리는 이제 정말로 명왕성의 문 앞에 와 있었다. 2014년이 거의 저물어가고, 결코 오지 않을 것만 같아서 비현실적으로 보이던 2015년, 우리가 그토록 오래전부터 그리던 그 미래가 곧 시작될 참이었다.

APL MOC에 뉴호라이즌스 호의 신호를 수신할 사람들이 모였다. 우주선이 플라이바이를 위해 깨어났음을 지상통제 센터에 알리는 신호였다. NASA의 고위급 간부들도 많은 기자들 및 촬영 팀과 함께 그 자리에 와 있었다. 예정된 시각에 명왕성에서부터 48억 킬로미터를 빛의 속도로 네 시간 동안 달려온 신호가 지구에 도착하자 앨리스는 환히 웃으며 엄지손가락을 들어 보였다. 뉴호라이즌스 호가 명왕성에서 임무를 수행할 준비가 되었다고 보고하고 있었다! 방 안에 있던 모든 사람이 환호를 터뜨렸고, 곧 음악소리와 함께 샴페인과 케이크가 등장했다.

우주 탐사에는 이정표가 되는 사건을 '자명종 노래'로 기념하는 오랜 전통이 있다. 1965년에 제미니 6호의 우주인들이 비행 중에 〈헬로, 돌리!Hello, Dolly!〉를 자명종처럼 들으며 깨어난 데서 유래한 이 전통은 그 뒤로 인류가 우주비행을 할 때마다 줄곧 이어졌다. 1990년대 어느 때쯤에는 무인 탐사선들도 이정표가 되는 사건을 기념하는 데 음악을 사용하기 시작했다. 앨런은 뉴호라이즌스 호가 명왕성으로 가는 길에 마지막 동면에서 깨어난 것을 기념하기 위해 텔레비전 드라마 〈스타트렉: 엔터프라이즈〉의 심금을 울리는 주제곡인 〈진실한 믿음Faith of the Heart〉을 골랐다. 뉴호라이즌스 호의 여행에 이 노래 가사가 아주 잘 맞는 것 같았다. 사실 앨런은 이 노래를 들었을 때, 마치 명왕성 탐

사계획의 자초지종을 말하는 노래 같다고 생각했다.✦

　이 노래는 "오랜 여정이었어. 거기서부터 여기까지"라는 가사로 시작된다. 그다음에 이어지는 것은 역경을 극복하고 오랜 여행에 나서서, 오로지 꿈을 실현하고 싶다는 끈기만으로 오랜 세월 동안 발목을 잡는 적들에게 승리를 거둔다는 내용이다. 그러나 뉴호라이즌스 팀원들은 이 노래의 가사가 얼마나 정확하게 자기들의 이야기를 하고 있는지 이듬해 여름에야 정말로 알게 되었다. 명왕성 표면에서 거대한 하트 모양이 그때 발견되었기 때문이다. 〈스타트렉〉의 주제곡은 "난 어느 별이든 갈 수 있어, 내겐 믿음이 있으니, 진실한 믿음"이라는 가사로 끝난다.

스윙댄스 추는 명왕성과 카론

명왕성 플라이바이는 동면이 끝나고 겨우 한 달 뒤인 2015년 1월 15일에 공식적으로 시작되었다. 이날 우주선은 10여 개의 장거리 접근 명령 시퀀스 중 첫 번째 시퀀스를 실행하기 시작했다. 4월

✦ 이 노래의 가사는 인터넷에서 쉽게 찾아볼 수 있다. 가사를 전부 읽어보면 앨런의 말이 무슨 뜻인지 알 수 있을 것이다.

초까지 이어질 시퀀스였다. 명왕성은 아직 2억 4000만 킬로미터나 떨어진 작은 점에 불과해서 뉴호라이즌스 호에 탑재된 관측장비 대부분이 그 점을 탐지하지도 못했다. 그러나 플라즈마와 먼지를 관측하는 장비인 SWAP, PEPSSI, SDC를 이용해서 명왕성 궤도 근처의 환경을 거의 24시간 내내 측정하는 플라이바이 관측 활동은 이미 시작되고 있었다.

뉴호라이즌스 호는 LORRI 망원경 촬영장치로 명왕성과 카론이 밝은 점처럼 찍힌 사진을 만들어낼 수 있었다. LORRI가 일주일 동안 이 두 천체가 서로의 궤도를 한 바퀴 조금 넘게 도는 모습을 촬영한 사진들이 동영상으로 연결되었다. 이 영상에 따르면, 명왕성이 항상 중심에 위치하고 카론은 그 주위를 돌기만 하는 것이 아니다. 그보다는 두 천체가 보이지는 않지만 명왕성에 가까운 균형점을 중심으로 서로의 주위를 돌고 있다. 명왕성과 카론이 이렇게 요요처럼 왔다갔다 하는 모습은 목성이나 토성 같은 거대행성 주위에서 위성들이 도는 모습을 찍은 동영상과 뚜렷이 구분되었다. 거대행성들은 결코 움직이지 않는 바위처럼 중앙에 고정되어 있다.

명왕성과 카론이 서로의 중력에 영향을 받아 요요처럼 왔다갔다 하는 모습은 왠지 매력적이었다. 행성 탐사를 시작한 지 수십 년이 흘렀는데도 이런 모습은 처음이었다. 큰 행성이 조금 덩치가 작은 파트너에게 이끌려 왔다갔다 하면서 함께 스윙댄스를 추는 모습이라니. NASA가 이 매혹적인 동영상을 공개한 뒤, 이 영상은 인터넷에서 금새 엄청난 인기를 얻었다. 사진을 연결한 것이라 화소가 고르지 못하고 가끔 화면이 펄쩍펄쩍 뛰는 모습에 '시뮬레이션 아님!'이라는 설명이 붙은 것이 한층 더 매력적인 요소였다.

2015년 4월 초, 뉴호라이즌스 호는 인류가 처음으로 탐사하게 될 그 이중행성에서 1억 6000만 킬로미터 남짓한 거리에 있었다. 뉴호라이즌스 호에서 볼 때 명왕성의 밝기가 충분했으므로, 랠프의 컬러카메라가 처음으로 명왕성과 카론을 탐지할 수 있었다. NASA는 이 첫 번째 컬러사진을 공개했다. 작은 빛의 얼룩 두 개가 서로 가까이 붙어 있는, 별것 아닌 사진이었다. 명왕성은 확실히 더 크고 밝게 보였으며 색깔도 더 붉은 반면, 카론은 작고 어두웠으며 색깔은 회색에 더 가까웠다. 이처럼 별 것 아닌 사진인데도 대중의 반응은 또 폭발적이었다. 이 신선한 사진들이 진품이라는 사실, 인간이 제작해서 그 먼 곳까지 보낸 기계가 찍어서 보내준 것이라는 사실에 전 세계 사람들이 흥분했다. NASA와 뉴호라이즌스 팀 사람들은 점점 커지는 대중의 이러한 흥분이 7월에 완전한 명왕성 열풍이 될 줄 아직 짐작하지 못하고 있었다.

본 공연을 앞둔 무대 뒤

가끔 공개되는 사진과 영상을 제외하면 세상 사람들은 뉴호라이즈스 호나 프로젝트 팀 내부에서 일어나는 일을 잘 볼 수 없었지만, 무대 뒤의 팀원들은 2015년 초 몇 달 동안 꿀벌처럼 부지런히 움직였다. 큰 연회를 앞둔 고급 식당 같았다. 오후에 식당에 들어선 사람의 눈에는 조용하고 평화로운 모습만 보일 것이다. 마치 아무 일도 없는 것처럼. 그러나 식당 뒤편의 주방에 들어가 보면, 완전히 다른 광경이 펼쳐진다. 요리사들과 직원들이 연회를 앞두고 정신없이 오가며 분주히 움직이고 있기 때문이다.

뉴호라이즈스 호의 무대 뒤편에서 벌어지던 중요한 활동 중 하나는 우주선을 명왕성으로 인도하는 작업이었다. LORRI가 서로의 주위를 도는 명왕성과 카론을 찍은 사진이 인터넷에서 엄청난 인기를 끌었지만, 그 사진이 순전히 홍보만을 위한 것은 아니었다. 명왕성에 접근할 때 중요한 초기단계인 'OpNav' 캠페인 중 일부이기도 했다. OpNav는 우주 바보들이 '광학 내비게이션'이라는 뜻으로 쓰는 말이다. 여기서는 코어 플라이바이 시퀀스의 중심인 정확한 조준점에 우주선이 도달하려면 엔진을 어떻게 얼마나 점화해서 돌려야 하는지 아주 정확히 파악하기 위해, 별들을 배경으로 명왕성의 사진을 찍는 것을 의미한다.

뉴호라이즌스 호는 명왕성에 접근할 때 명왕성 및 각 위성들과 상대적으로 어떤 위치에 있게 될지 미리 계산한 결과를 바탕으로 목표물을 겨냥해서 촬영하는 것밖에 할 수 없기 때문에, 계획을 짜는 사람들은 플라이바이 기간 동안 우주선이 목표로부터 아무리 벗어난다 해도 96킬로미터를 넘지 않게 했다. 또한 시간적인 오차도 9분 미만이어야 했다. 만약 뉴호라이즌스 호가 이 두 기준을 모두 충족시키지 못한다면, 가장 근접했을 때 찍은 사진들에는 허공 아니면 목표의 일부만 찍힐 것이고, 따라서 명왕성을 탐사하기 위해 4반세기 동안 미친 듯한 노력을 쏟아부은 이 탐사계획 전체가 실패로 끝날 것이다.

우주선이 명왕성에 접근할 때 내비게이션 팀(두 팀이 있었다)은 별들을 배경으로 파악한 명왕성의 실제 위치와 그들이 공들여 계산한 예측위치가 서로 얼마나 가까운지 측정할 필요가 있었다. 이를 위해 찍은 내비게이션 사진들을 분석하면, 엔진을 얼마나 점화시켜 얼마나 수정해야 바늘에 실을 꿰듯이 우주선을 정확히 유도할 수 있는지 파악 가능했다. 두 내비게이션 팀은 독립적으로 계산을 실행해서 서로 교차확인을 거쳤다. 이 계산에 걸린 것이 너무 많았기 때문에 최대한 신중을 기해야 했다.

뉴호라이즌스 호가 명왕성을 향해 질주하던 그때 두 팀은 매주 앨런, 글렌, 마크 홀드리지와 함께 앉아서 가장 최근의 계산

결과를 발표했다. 그렇게 2월 중순이 되었을 때는, 처음에 잠깐 엔진을 점화하기만 하면 조준점을 향해 코스를 수정할 수 있음을 알 수 있었다. 앨리스의 팀은 이 결과에 맞춰 엔진 점화 명령을 설계해서 시험해본 뒤 뉴호라이즌스 호에 올려보냈다. 우주선은 3월 10일에 반동추진 엔진을 93초 동안 점화해서 접근 속도를 시속 4킬로미터만큼만 살짝 바꿔놓았다. 이 작은 수정이 LORRI의 사진에서 드러난 1만 1200킬로미터 이상의 오차를 없애줄 터였다. 코스 수정은 아무 문제 없이 끝났다. 이제 뉴호라이즌스 호는 예정된 과녁 정중앙을 정확히 겨냥하고 있었다.

시작

2015년 5월 말에 앨런은 플라이바이를 위해 메릴랜드의 APL로 거처를 옮겼다. 7월 말에 플라이바이가 모두 끝날 때까지 그가 한 번에 며칠 이상 보울더의 집으로 돌아가는 일은 없을 터였다. 7월 말이 되면 수십 년을 쏟은 명왕성 탐사가 성공인지 실패인지 판가름 날 것이다. 이제 진실의 순간이 왔다.

며칠 뒤 앨런의 실행조수인 신디도 APL에 도착했다. 그녀는 관측, 내비게이션, 장비 엔지니어링 분야의 일들이 쏟아질 것에 대비해서 지원계획을 짜기 시작했다. 대중홍보 팀도 곧 플라이바이를 위해 APL에 둥지를 틀 예정이었다. 6월 말이 되자 APL에 모인 뉴호라이즌스 팀의 규모는 200명 넘게 늘어났다. 비행 통제관, 엔지니어, 과학자 등 많은 사람들이 일주일 내내 하루도 쉬지 않고, 사실상 24시간을 모두 일에 쏟고 있었다. 그들은 APL 우주부서의 큰 건물 하나를 차지했다. 사무실, 팀 회의실, 휴게실, 대회의실은 물론 수면실까지 갖춘 건물이었다. 팀원들이 밤낮을 가리지 않고 쉴 새 없이 일하고 있었기 때문에 수면실과 침상이 아주 중요했다.

뉴호라이즌스 호가 4월에 '허블우주망원경보다 더 좋은' 사진을 찍을 수 있는 경계선을 넘었기 때문에, LORRI 카메라가 명왕성에서 지금껏 본 적이 없는 특징들을 점차 가려내기 시작했다. 우주선이 아직 명왕성에서 수천만 킬로미터나 떨어져 있는데도 이 사진들 덕분에 과학 팀은 명왕성에 대해 이미 새로운 사실들을 알아가는 중이었다.

예를 들어, 허블우주망원경 사진을 통해 명왕성의 한쪽 반구(뉴호라이즌스 호가 가장 가까이 접근했을 때 지나가기로 예정된 반구)에 빛을 반사하는 밝은 구역이 넓게 펼쳐져 있다는 사실이 이미 알려져 있었다. 지상 망원경으로 얻은 스펙트럼 사진에 따르면, 이 지역에 질소와 일산화탄소 얼음이 풍부했다.

그런데 LORRI가 찍은 사진 속 명왕성이 멀리 있는 점에서 뚜렷한 특징들을 갖춘 원반으로 변해가면서, 밝은 쪽 반구에 대륙 크기의 사다리꼴 지형이 모습을 드러냈다. 앨런은 모양을 보고 이 지형에 '인도'라는 별명을 붙였다. 뉴호라이즌스 호가 처음 찍어 보낸 이 사진들을 해석하는 것은 잉크 얼룩으로 하는 심리 테스트와 좀 비슷했다. 명왕성의 '반대편,' 즉 우주선이 가장 가까이 접근했을 때 볼 수 없는 반대편 반구에는 거의 같은 크기의 어두운 지역들 네 개가 적도 부위에 같은 간격으로 늘어서 있었다. 그래서 이 지형의 별명은 '황동 너클'이 되었다. 85년 전 클라이드가 처음 발견했을 때 단순히 밝은 점에 불과하던 명왕성이 이제야 우리 눈앞에 진정한 모습을 드러내고 있었다.

해일처럼 쏟아지는 관심

뉴호라이즌스 호가 명왕성으로 다가가던 마지막 몇 주 동안 언론사에서 인터뷰 요청이 해일처럼 밀려들었다. 잡지와 신문에서부터 텔레비전 다큐멘터리 제작자와 방송국에 이르기까지 문자 그대로 수백 개의 매체가 명왕성 탐사의 뒷이야기를 궁금해하며 질문을 던져댔다.

뉴호라이즌스, 새로운 지평을 향한 여정

"이 일을 왜 하시나요?" "명왕성에서 무엇을 발견하게 될까요?" "어떻게 이 일에 참여하게 되었나요?" "가장 걱정스러운 점이 뭐죠?"

플라이바이 과정, 팀원들의 성격, 카이퍼대 등에 대해 상세한 정보를 알고 싶어 하는 사람들도 많았다. 새로운 행성의 첫 탐사라는 굉장한 일이 일어난 것이 한 세대 만이었으므로, 언론은 이 일의 역사적인 의미를 놓치지 않았다.

모든 언론사가 플라이바이 때 기본 자료영상을 얻을 수는 없다는 것을 알기 때문에, 미국, 캐나다, 유럽, 오스트레일리아, 아시아 등 많은 곳에서 수십 개의 방송국과 다큐멘터리 제작사 등이 플라이바이에 앞서 배경 이야기를 듣는 인터뷰를 하고 싶어 했다. 사람들의 관심이 점점 높아지는 것이 뉴호라이즌스 팀에게는 신나는 일이었다. 그러나 그렇지 않아도 일이 많은 과학자들과 엔지니어들이 매일 여러 건의 인터뷰까지 소화해야 한다는 점이 이 즐거운 상황의 이면이었다. 이런 일이 있을 줄 미리 예상은 했지만, 플라이바이에 대한 사람들의 열기가 점점 커지면서 그들도 예상했던 것 이상으로 힘들어졌다. 다음은 앨런의 말이다.

우리는 모두 기술적인 일, 프로젝트 운영, 과학적인 일을 수행하고 우주선 엔지니어링, 통신문제, 내비게이션 등에 대해 걱정하면서 동시에 매일 수백 통에 이르는 이메일을 처리했다. 그런데 갑자기 완전히 새로운 일거리가 생겨났다. 매일 몇 시간씩 인터뷰를 해야 한다는 것. 인터뷰가 밤까지 이어질 때도 많았다. 게다가 어린 학생들도 견학을 오고, 지역 관리들이나 국가 정치가들, 과학계의 유명인들도 우리를 찾아왔다. 심지어 사회적인 유명인사들도 여기에 몇 명 포함되어 있었다. APL은 그동안 내내 직원들과 대중을 위해 만찬과 이벤트를 열었다. 그러니 우리는 매일 열일고여덟 시간씩 일하고 있었다.

이렇게 2주를 보내고 난 뒤 나는 깨달음을 얻었다. '이것이 이제 새로운 일상이 되었네. 플라이바이가 끝날 때까지는 하루에 네댓 시간 이상 자는 건 절대 불가능할 거야. 그보다 더 못 자는 날도 많을 테고.' 그러나 이런 생활에 짜증을 내기보다 오히려 거기서 힘을 얻기로 했다. 순전히 기대감과 의욕만으로 플라이바이의 에너지에 몸을 싣고 잠 못 이루는 6주를 견뎌내기로 했다.

우주선 앞길 청소

대중과 언론을 상대하며 정신없는 나날을 보내는 와중에 APL과 우주선에서는 무서울 정도로 심각한 일이 진행되고 있었다. 우

뉴호라이즌스, 새로운 지평을 향한 여정

주선이 지나갈 길이 안전한지, 아니면 안전을 위해 과학적 성과가 줄어드는 길로 방향을 돌려야 할지 파악하기 위한 '위험감시' 촬영 캠페인이었다.

6월 말까지 7주 동안 네 번에 걸쳐 집중적인 위험물 수색이 벌어졌다. 매번 수색의 진행단계는 똑같았다. 뉴호라이즌스의 LORRI 카메라가 비행에 위험이 될 수 있는 아주 작은 위성이나 엄청나게 희미한 고리가 있는지 탐지하기 위해 명왕성 주위의 공간 전부를 고화질 사진으로 촬영한다. 이러한 촬영 캠페인 다음에는 며칠에 걸쳐 이 사진들이 지구로 전송되고, 그다음에는 열다섯 명으로 구성된 분석 팀이 정교한 소프트웨어 패키지를 이용해 아무리 희미한 흔적이라도 찾아내기 위한 꼼꼼한 탐색을 실시한다. 마지막 단계는 분석결과를 바탕으로 모델을 구동해보고, 그 결과 도출된 '탐사 실패' 가능성을 앨런과 글렌에게 보고한다.

5월 초에 위험감시를 위한 첫 촬영 캠페인이 시작되자마자, 위성 탐색 전문가인 쇼월터는 자신의 소프트웨어에 새 위성 하나가 잡힌 것 같다고 생각했다. 허블우주망원경 사진보다 낫다는 위험물 탐색 사진의 첫 번째 세트를 분석하다가 얻은 결과였다. 앨런은 '이제 시작인가? 사진을 보자마자 벌써 하나가 발견되다니. 앞으로 몇 개나 나올지 모르겠네'라는 생각이 들었다. 그러나 더 상세한 분석 결과 쇼월터가 찾아낸 '위성'은 다행히 컴퓨터 처리과정에서 만들어진 이미지로 드러났다. 모두들 이 결과에 놀라서 앞으로 몇 주 동안 이어질 위험물 탐색에 정신을 바짝 차리고 집중하자고 마음을 다지게 되었다. 다음은 존 스펜서의 말이다.

계획한 코스를 그대로 유지할 것인지, 아니면 다른 길로 갈 것인지 결정할 첫 번째 포인트는 명왕성에서 33일 거리에 있을 때였다. 그 무렵에 연료를 가장 많이 아끼면서 안전한 코스로 방향을 바꿀 수 있기 때문이었다. 그다음에는 명왕성까지 20일 남았을 때 다시 한 번 결정할 포인트가 왔고, 그 뒤로도 명왕성에 접근하는 며칠 동안 비슷한 기회가 두어 번 더 있었다. 마지막 기회는 명왕성에서 14일 거리에 있을 때였다.

결정을 내릴 수 있는 포인트에 도달할 때마다 결과는 '아무 이상 없음. 그대로 전진'이었다. 새로운 위성도, 고리도, 다른 위험물도 발견되지 않았다. 혹시 엔진을 점화하기에는 이미 너무 늦은 때에 위험물이 발견되더라도, 접시 안테나를 방패로 사용하는 방법이라는 대안이 있었다. 다음은 존의 말이다.

약 13일 거리에서 마지막 위험물 탐색 사진을 찍었다. 여전히 위험물은 발견되지 않았다. 그래서 약 11일 거리에서 우리는 안테나를 방패로 사용하는 명령 시퀀스를 정상 시퀀스 대신 업로드할 필요가 없다는 결론을 내렸다. 우리가 정말로 우리 일을 마쳤다는 기분이 든 때가 바로 이 시점이다. 그래서 우리는 밖으로 나가 축하 분위기에 젖었다.

뉴호라이즌스 호가 제공해준 최고의 정보에 의하면, 우주선 앞길은 깨끗했다! 물론 우주선이 미처 탐지하지 못한 위험물 때문에 망가질 위험은 여전히 존재했지만, 앨런과 글렌은 이미 몇 달 전에 만약 위험물이 발견되지 않으면 뉴호라이즌스는 예정된 코스를 그대로 유지하면서 명왕성과 그 위성들 사이를 지나갈 것이라고 NASA와 합의한 바 있었다.

보이저 호가 그랬던 것처럼, 아프리카를 떠나 온 세상으로 퍼져나간 최초의 인간들부터 바이킹, 폴리네시아인, 스페인과 포르투갈 사람. 로알 아문센Roald Amundsen◇과 어니스트 섀클턴Ernest Shackleton,◇◇ 에드먼드 힐러리Edmund Hillary◇◇◇와 텐징 노르가이

◇ 인류역사상 최초로 남극점에 도달한 노르웨이 탐험가.

◇◇ 영국의 남극 탐험가.

◇◇◇ 최초로 에베레스트를 등반한 뉴질랜드 탐험가.

Tenzing Norgay,[◇] 척 예거Chuck Yeager^{◇◇} 유리 가가린Yuri Gagarin, 앨런 셰퍼드Alan Shepard^{◇◇◇} 존 글렌John Glenn,^{◇◇◇◇} 암스트롱, 올드린에 이르기까지 모든 개척자가 그랬던 것처럼, 그들도 탐험을 위해 미지의 세계를 향해 날아가고 있었다. 아무리 많이 준비하고, 위험물을 탐색하고, 계산을 하고, 컴퓨터 모델을 돌려도, 뉴호라이즌스 호의 명왕성 탐색에 전혀 위험이 없을 수는 없었다.

6월이 끝나고 7월이 시작되면서 명왕성 탐사가 곧 언론의 헤드라인과 역사를 장식하게 될 시기 또한 다가왔다. 그러나 정확히 어떤 헤드라인과 어떤 역사가 될지는 7월 14일이 저물어갈 무렵에야 알 수 있었다. 그때 뉴호라이즌스 호가 명왕성과 그 위성들 사이를 통과해 빠져나가면서 지구로 다시 소식을 전하는가 전하지 않는가에 모든 것이 달려 있었다. 뉴호라이즌스 호가 무사해야 할 텐데.

◇ 힐러리와 함께 처음으로 에베레스트 등반에 성공한 네팔의 셰르파.
◇◇ 최초로 음속의 벽을 깬 미국 조종사.
◇◇◇ 미국 최초의 우주비행사.
◇◇◇◇ 미국 최초로 우주 궤도를 돈 우주인.

거대 프로젝트의 종점

앞에서 이미 설명했듯이, 뉴호라이즌스 호의 설계, 제작, 발사, 비행에 참여한 미국인은 2500명이 넘는다. 2015년 7월이 시작되면서 그 수많은 엔지니어, 기술자, 발사 팀원 등이 플라이바이 팀에 이메일을 보내거나 전화를 걸어왔다. 그들은 플라이바이 팀을 응원하면서 몇 번이나 같은 말을 되풀이했다.

"해냈어요! 우리가 해냈어! 우리가 결국 거기까지 갔어! 가서 해치워요!"

앨런, 앨리스, 글렌, 프랜, 레슬리, 존, 제프, 빌, 마크, 크리스를 비롯한 수많은 사람들에게 명왕성 플라이바이는 인생의 방향을 결정한 커다란 요소였다. 개중에는 경력의 절반 이상을 이 일에 바친 사람도 있었다. 이제 매일 카이퍼대에서 지구로 사진들이 날아오고, 명왕성의 크기가 하루가 다르게 커졌다. 그렇게 점점 커지다가 순식간에 백미러에 비친 모습이 될 것이고, 그다음에는 차츰 더 뒤로 멀어질 터였다.

플라이바이가 끝난 뒤 그들의 인생은 어떻게 될까……? 플라이바이까지 2주쯤 남은 어느 날 저녁에 앨런은 호텔 옆 호수로 산책을 나갔다. 역사학도이자 언론인인 에이미 테이텔Amy Teitel과 함께였다. 그녀는 플라이바이와 관련된 과학적 사실들을 쉬운 말로 바꿔서 NASA의 보도자료에 담는 일을 맡기기 위해 앨런이 채용한 '언론 협력자' 중 하나였다. 두 사람은 호숫가를 돌다가 점차 앨런의 기분에 대해 이야기를 나누게 되었다. 다음은 앨런의 말이다.

에이미가 조금 내 허를 찔렀다. "며칠만 지나면 과학자로서 박사님 인생에서 가장 중요한 일이 벌어지겠네요. 그러고는 금방 끝나버리겠죠. 그 뒤로 박사님이 무슨 일을 하든, 이 일만 일은 아마 없을걸요. 감당하실 수 있겠어요?" 그녀는 이내 다시 말을 이었다. "이렇게 중요한 일을 끝낸 뒤에 정신적으로 힘들어지는 사람이 많아요. 박사님은 어떻게 대처할 생각이세요?"

NASA의 비행 프로젝트에 참가하는 과학자와 엔지니어 중에는 에이미가 말한 것과 비슷한 증세를 겪는 사람이 많다. 탐사를 성공시키기 위해 완전히 몰두해서 팀원들과 유대감을 느끼며 지내다가, 중요한 순간(발사, 목표지점 도착, 착륙)이 다가오면 속으로 두려움을 느끼기 시작하는 것이다. 프로젝트에 쏟은 에너지와 공통의 목적의식이 연기처럼 사라질 것을 미리 내다보고 팀이 해산되는 광경을 그려보며, 오랫동안 힘을 쏟은 힘든 목표가 더 이상 미래에 존재하지 않게 되는 것이 두려워지기 때문이다.

뉴호라이즌스, 새로운 지평을 향한 여정

어떤 의미에서 이것은 졸업식과 같다. 지금껏 하나의 목적 아래 여러 사람과 어울려 지내던 생활이 곧 끝나고 새로운 미래를 향해 불안하게 뛰어들어야 한다는 점에서.

뉴호라이즌스 계획에 참여한 다른 사람들도 역시 비슷한 증세를 느끼고 있었다. 플라이바이 몇 주 전, 앨리스가 앨런을 찾아와 자신의 팀원 몇 명이 오랫동안 열심히 계획해온 플라이바이를 두려워하고 있다고 말했다. 계획에 브레이크를 걸고 지금 이 순간과 이 장소를 조금만 더 음미하고 싶어 한다는 것이었다. 앨리스는 지금껏 인류가 탐험한 가장 먼 행성의 탐사라는 이 정표가 더 이상 미래가 아니라 과거가 되어버리면 그때부터 무엇을 해야 할지 모르겠다는 사람도 있다고 말했다. 다음은 앨런의 말이다.

앨리스의 말을 듣고 나는 명왕성 탐사가 아주 오랫동안 저 미래에서 우리를 향해 손짓하는 밝은 별 같은 존재였음을 깨달았다. '세상에, 우리 모두 같은 기분이구나.' 이런 생각이 들었다.

나는 앨리스에게 명왕성 탐사를 실제로 완수하는 순간을 고대하라는 말을 팀원들에게 전해달라고 말했다. 처음 시작했을 때 우리 팀이 실제로 이 일을 해낼 것이라고 믿은 사람은 거의 없었다. 나는 팀원들이 명왕성에서 날아올 여러 사진들과 데이터에 빠져 몹시 즐거운 시간을 보낼 수 있으며, 우리 모두 완전히 새로운 세계에 대한 새로운 지식을 배우게 될 것이라고 앨리스에게 말했다. 또한 지금부터 명왕성에 도달할 때까지 하루하루를 음미하라는 말도 했다. 우리들 중 누구도 십중팔구 다시는 이런 일을 경험하지 못할 테니까.

제14장
마지막 위기

코어 시퀀스 붕괴

휴일인 7월 4일이 긴 주말에 뉴호라이즌스 팀의 많은 팀원들은 짧지만 정말 반가운 휴식을 취하면서 다가올 플라이바이 전 마지막으로 힘을 충전했다. 플라이바이까지는 고작 열흘이 남아 있었다. 지상통제 센터는 우주선의 비행을 위해 근무를 계속했지만, 그 밖의 사람들은 대부분 휴가를 내고 고기를 구워 먹으며 느긋하게 쉬었다. 2005년 말 크리스마스 때 발사 팀이 잠시 쉬었던 것을 연상시키는 광경이었다. 그때의 휴식은 1월에 쉴 새 없이 발사 작업에 매달려야 하는 팀원들의 사기를 높이는 데 도움이 되었다.

4일 아침 동이 트려면 아직 멀었을 때, MOC의 지상통제관들이 우주선에 코어 명령 시퀀스를 업로드하기로 예정되어 있었다. 이것은 뉴호라이즌스 호가 명왕성에 가장 가까이 접근해서 플라이바이를 끝낼 때까지 9일 동안 수백 가지나 되는 과학적 관측을 실행하기 위해 따라야 할 긴 명령 시퀀스였다. 기가 질릴 만큼 시험을 거친 이 시퀀스가 탐사계획의 핵심적인 활동을 운영하게 될 터였으므로, 이것을 확실히 전송해서 실행해야만 뉴호라이즌스 호가 방향을 바꿀 때마다, 컴퓨터 메모리를 할당할 때마다, 지구와 통신할 때마다, 사진을 찍을 때마다 지시를 내릴 수 있었다.

업로드는 앨리스의 일이었지만, 앨런은 현장에서 그 작업을 직접 보고 싶었다. 그래서 코어 시퀀스가 뉴호라이즌스 호에 전송되는 과정을 지켜볼 것을 고려해보았다. 그것은 우주선 발사를 직접 보는 것과 비슷한 경험이었다. 그래서 앨런은 가장 중요한 순간에 지상통제 센터에 있고 싶어 하는 평소 버릇대로, 그날도 새벽 3시 30분쯤 APL의 MOC로 나왔다. 앨런과 지상통제 팀원 두 명을 제외하면 아무도 없었다. 그는 행운을 비는 전통에 따라 그 두 사람에게 도넛을 사줬다.

그 뒤로 그는 어두운 MOC 뒤편에 약 한 시간 반 동안 앉아서, 카이퍼대의 뉴호라이즌스 호에 명령 시퀀스를 전송하는 통제관들을 지켜보며 가끔 가벼운 잡담을 건넸다. 여기에 이르기까지 지난 세월이 많이 생각났다. 지금 우주선으로 보내는 이 명령 시퀀스의 성공적인 운영에 얼마나 많은 것이 걸려 있는지, 이 시퀀스가 얼마나 많은 새로운 지식을 가져다줄지도 생각해보았다. 그렇게 작업을 지켜보면서, 그는 10년 동안 우주선을 훌륭하게 운영한 뉴호라이즌스 팀에 자부심을 느꼈다.

새벽 5시에 모든 플라이바이 명령 시퀀스가 빛의 속도로 48억 킬로미터의 진공을 가로질러 명왕성을 향하고 있었다. 모든 일이 잘 끝나서 흡족해진 앨런은 일을 좀 하려고 자신의 APL 사무실로 갔다. 독립기념일 휴가로 거의 모든 사람이 출근하지 않았기 때문에, 계속 홍수처럼 쏟아지는 이메일 중 미처 보지 못한 것을 처리하고, 홍보 팀 및 지원 팀과 회의를 하고, 정신없이 바쁜 한 주가 또 시작되기 전에 전화로 인터뷰를 두어 건 진행하면 좋을 것 같았다.

그의 메일함에서 기다리고 있는 이메일 중 앨리스가 밤사이 보낸 이메일 두 통이 있었다. 첫 번째 이메일의 내용은 "시퀀스 업로드 중에 지상통제 센터에 가지 마세요. PI가 그 자리에 있으면 중요한 작업을 수행하는 통제관들에게 방해가 됩니다"였고, 두 번째 이메일의 내용은 "그 특별한 순간에 그 자리에 있고 싶어 하는 걸 알지만, 제가 이런 일에 징크스가 있어요. 그냥 통제관들끼리 알아서 일을 하라고 내버려두었으면 합니다. 박사님이 그냥 MOC 뒤편 어딘가에만 있어도, 불운이 닥칠까 봐 걱정스러워요"였다. 앨런은 이 이메일을 일찍 볼 걸 그랬다고 후회했지만 이미 때늦은 일이었다. 게다가 조금 전 MOC에서 이뤄진 작업에는 아무 문제도 없었다.

오전을 보내면서 앨런은 플라이바이 명령 시퀀스가 뉴호라이즌스 호를 향해 태양계를 날아가고 있다는 사실을 여러 번 떠올렸다.

나는 계속 시계를 보면서, 아, 이제 한 시간이 되었네, 지금쯤 토성 궤도를 지났겠구나, 이제 두 시간이네, 천왕성 궤도를 지났겠는걸, 하고 생각했다. 오전 중반쯤 명령 시퀀스는 명왕성 근처에 있는 우주선에 도착했다. 뉴호라이즌스 호가 9년 반이 걸려 간 거리를 겨우 네 시간 반 만에 주파한 것이다. 거기서 또 네 시간 반이 흐르면, 우주선이 명령 시퀀스를 잘 받아서 메모리에 저장했다고 확인하는 신호가 도착할 터였다. 나는 다시 일을 시작했다.

통신두절, 그리고 내려앉은 침묵

그날 오후 일찍 앨리스는 팀원 몇 명과 함께 MOC에서 뉴호라이즌스 호가 코어 시퀀스를 잘 받았다고 보고하는 신호를 기다리고 있었다. 오후 1시, 예정된 시각에 명령 시퀀스 수신을 확인하는 첫 번째 신호가 들어오기 시작했다. 다음은 앨리스의 말이다.

모든 일이 아무 문제 없이 잘 진행되다가 1시 55분쯤 갑자기 우주선과의 통신이 완전히 끊겨버렸다. 침묵. 아무 신호도 없었다. 그렇게 끊긴 연락은 다시 돌아오지 않았다.
그렇게 신호가 끊겼을 때 열에 아홉은 지상기지가 문제의 원인

뉴호라이즌스, 새로운 지평을 향한 여정

이다. 뭔가가 설정을 벗어났다거나 하는 식으로. 이번 명령 시퀀스 업로드가 워낙 중요했기 때문에 우리는 네트워크 담당 엔지니어들을 온라인으로 대기시켜두고 있었다. 우리는 그들을 줄여서 NOPE이라고 불렀다. 또한 명왕성 에이스들, 즉 당시 통제 센터에 있던 통제관들도 있었다. 그래서 우리는 오스트레일리아의 지상기지를 확인해줄 것을 NOPE에게 부탁해달라고 에이스들에게 요청했다. 그러나 확인 결과 지상 시스템에서는 모든 것이 괜찮은 상태였다.

그렇다면 문제는 지구에 있지 않다는 뜻이었다. 앨리스와 명왕성 에이스들이 모여 있는 메릴랜드도 아니고, 뉴호라이즌스 호의 신호를 수신하는 DSN의 캔버라 기지와 NOPE가 있는 오스트레일리아도 아니었다. 우주선 자체가 문제였다.

통신두절은 지상통제 센터가 겪을 수 있는 최악의 상황이다. 지상과의 통신이 끊긴 것도 문제지만, 그보다는 우주선에 재앙에 가까운 문제가 생겼을 수 있다는 점이 더 심각하다. 앨리스는 낯선 두려움이 밀려오는 것을 느꼈다.

무슨 일이 생겼는데 그런 현실을 믿을 수 없을 때 명치에서 느껴지는 것이 있지 않은가. 9년 반의 여행 끝에 이런 상황이라니. 이전에는 통신이 끊긴 적이 한 번도 없었다. 5초, 10초 동안 두려움과 당혹감을 느끼고 나니, 그동안 배우고 훈련한 것이 다시 작동하기 시작했다.

갑작스러운 통신두절로 가장 걱정되는 것은 우주선에 뭔가 재앙이 일어났을지도 모른다는 점이었다. 뉴호라이즌스 호는 아직 명왕성까지 몇 백만 킬로미터를 더 가야 했기 때문에, 명왕성 주변의 위험물을 만났을 리는 없었다. 행성과 행성 사이의 공간에서 우주선이 뭔가와 부딪힐 가능성은 말도 안 될 정도로 낮았다. 그래도 악몽 같은 생각이 모든 팀원의 머리를 스치고 지나갔다. 정말로 뭔가 부딪힌 거야? 글렌은 다음과 같이 회상한다.

집에 있는데 앨리스가 전화를 걸어와서 이렇게 말했다. "방금 연락이 끊겼어요." 연구소까지 약 10분 거리에 살고 있던 나는 그날 연구소 최단시간 도착 신기록을 세웠다. 차를 몰고 연구소 안으로 들어가는 동안 오만 가지 생각이 다 들었다. 앨런에게 전화했더니 그는 APL에 있다고 했다. 그러니까 그가 실제로 나보다 먼저 MOC에 도착했다.

뉴호라이즌스, 새로운 지평을 향한 여정

글렌에게서 전화를 받았을 때 앨런은 초현실을 경험하는 기분이었다. 글렌이 정말로 자신에게 말하고 있는 건지 믿을 수가 없었다. 그의 목소리가 엄숙하기 그지없었다.

"우주선과 연락이 끊겼답니다."

무서울 정도로 심각한 문제였다. 다음은 앨런의 말이다.

1초 동안 이런 생각이 들었다. '새벽에 코어 시퀀스를 보낼 때 내가 MOC에 있으면 불길하다는 앨리스의 말이 맞았어.' 물론 완전히 비논리적인 생각이었지만, 순간적으로 그 생각이 스쳐 지나간 것이 사실이다.

그러나 나는 그 생각을 머릿속에서 몰아냈다. 그리고 사무실을 나와 90초도 안 되어서 벌써 차에 올라 MOC가 있는 건물까지 800미터쯤 되는 거리를 달려가고 있었다. 가는 길에 NASA 본부에 전화를 걸어 상황을 귀띔해줬다. 그리고 차를 세운 뒤 보안시설을 뛰어서 통과해 MOC로 들어갔다.

신호가 끊기기 전에 우주선이 보낸 자료가 있기 때문에, 이미 MOC에 도착한 크리스의 엔지니어 팀은 그 자료를 단서로 작업을 시작할 수 있었다. 그들이 금방 찾아낸 중요한 사실 하나는, 우주선의 신호가 끊기기 직전에 메인 컴퓨터가 두 작업을 동시에 하고 있었다는 사실이었다. 게다가 두 작업 모두 컴퓨터에 부담이 되는 작업이었다. 그중 하나는 곧 시작될 근접 플라이바이 때의 촬영에 대비해 저장공간을 비우기 위해서 예전에 찍은 명왕성 사진 예순세 장을 압축하는 작업이었다. 컴퓨터는 이와 동시에 지구에서 보낸 코어 시퀀스를 수신해 메모리에 저장하는 작업도 하고 있었다. 혹시 이 부담스러운 작업 두 개를 함께하다가 컴퓨터에 과부하가 걸려서 재부팅이 된 걸까?

브라이언 바우어Brian Bauer가 내세운 가설이 이거였다. 당시 브라이언은 자율 시스템 담당 엔지니어로 바로 이런 상황에서 우주선이 자동으로 거치게 될 복구절차를 코딩한 사람이었다. 브라이언은 앨리스에게 이렇게 말했다.

"만약 제 생각이 옳다면, 우주선은 백업 컴퓨터를 사용해 다시 작동하기 시작할 겁니다. 그러면 앞으로 60~90분 뒤에 뉴호라이즌스 호가 백업 컴퓨터로 돌아가고 있다는 신호가 들어올 거예요."

엔지니어들, 에이스들, 앨리스, 글렌, 앨런은 그 길고 긴 시간을 기다리며 혹시 브라이언의 가설이 틀렸을 경우를 대비한 긴급대책을 세웠다. 그러나 90분 뒤 정말로 뉴호라이즌스 호에서 백업 컴퓨터를 사용하고 있음을 알리는 신호가 들어왔다.

통신이 회복되었으니, 우주선을 잃어버릴지도 모른다는 공포도 사라졌다. 그러나 위기가 끝난 것은 아니었다. 다만 새로운 단계로 진입했을 뿐이었다.

깨진 달걀 이어 붙이기

MOC와 주변 사무실들이 엔지니어, 지상통제 팀원, 그 밖에 휴가를 중단하고 도움이 되려고 달려온 다른 팀원들로 금방 가득해졌다. 반바지와 슬리퍼 차림으로, 소풍을 즐기다 말고, 무엇이 되었든 하던 일을 모두 중단하고 사람들이 MOC로 달려오고 있었다.

우주선에서 신호가 더 들어오면서, 사람들은 우주선이 재부팅되면서 백업 컴퓨터를 사용하기 시작했을 때 지금까지 메인 컴퓨터로 업로드된 플라이바이 명령 파일들이 모두 지워졌다는 사실을 알게 되었다. 코어 시퀀스를 다시 업로드해야 한다는 뜻이었다. 그러나 코어 시퀀스를 돌리는 데 필요한 보조 파일들이 헤아릴 수 없이 많다는 점이 더 심각한 문제였다. 무려 지난 12월부터 차근차근 업로드한 그 파일들도 모두 다시 보내야 했다. 앨리스는 이렇게 회상했다.

"우리는 이런 상황에서 회복해본 경험이 없었다. 7월 7일에 시작 예정인 플라이바이 일정에 맞춰 그 일을 다 해낼 수 있을

지가 문제였다."

48억 킬로미터나 떨어진 지구에서 깨진 달걀의 조각들을 단 사흘 만에 다시 이어 붙여야 한다는 뜻이었다. 이 일을 해내지 못하면, 하루하루 시간이 흐를 때마다 플라이바이 중에 실행하려던 훌륭하고 독특한 근접관측 계획을 수십 가지씩 포기하는 수밖에 없었다. 몇 년 동안 계획하고 몇 달 동안 업로드한 모든 것을 되살리기 위해 사흘 동안 미친 듯이 질주해야 하는 상황이었다.

뉴호라이즌스 호에 이상이 생겼을 때 다시 정상으로 돌아오는 절차의 중심에는 ARB, 즉 이상 평가위원회라는 일련의 공식적인 회의가 있다. 우주선과 연락이 재개된 지 겨우 45분 뒤인 오후 4시 직후, 7월 4일의 이상을 다루는 첫 번째 ARB가 MOC 옆 회의실에서 열렸다.

회의의 첫 순서는 팀원들이 상황을 평가하고, 플라이바이 계획을 회복하는 방안과 복구작업 중 우주선에 다른 문제를 일으킬 수도 있는 실수를 예방하는 방안을 생각해보는 것이었다. 우주선 재부팅 때문에 작업이 얼마나 후퇴했는지 파악한 결과는 기가 막혔다. 빠르게 추산해보니, 7월 7일 예정에 맞춰 플라이바이 코어 시퀀스를 시작하려면 몇 주가 걸릴 일을 단 사흘 만에 해내야 했다. 그것도 실수 하나 없이.

설상가상으로 지상통제 센터와 우주선 사이를 오가는 데 아홉 시간이 걸리는 통신신호를 통해 모든 작업을 원격조종해야 했다. 과학수업에서는 빛의 속도가 믿을 수 없을 만큼 빠르기 때문에 빛의 속도로 움직이는 신호가 8분의 1초 만에 지구를 한 바퀴 돌 수 있으며 2.5초 만에 달까지 갔다가 돌아올 수 있다(80만 킬로미터 거리)고 가르친다. 그러나 명왕성으로 접근하는 뉴호라이즌스 호를 다시 정상으로 돌려놓으려고 애쓰는 팀원들에게는 지구와 우주선 사이의 엄청난 거리 때문에 빛의 속도조차 견딜 수 없을 만큼 느리게 보였다.

ARB에 참석한 사람들은 언론의 관심이 집중되어 있는 만큼 플라이바이를 앞둔 뉴호라이즌스 호가 제 풀에 넘어지는 사고가 일어났다는 사실이 곧 밖에도 알려질 것임을 인지하고 있었다. 열흘만 있으면 우주선이 명왕성과 그 위성들 사이를 질주하게 될 터였다. 그 천상의 역학을 막을 수 있는 것은 하나도 없었다. 그러나 그 과정에서 거의 10년이 걸려 그곳을 찾아간 우주선이 목표했던 데이터를 다 모을 수 있을지는 또 다른 문제였다.

앨런과 글렌은 회의를 시작하면서, 뉴호라이즌스 팀만큼 훌륭한 우주선 팀은 일찍이 본 적이 없으며, 이 복구작업을 해낼 수 있는 팀은 지금 이 방에 모여 있는 사람들뿐이라고 말했다. 그다음에는 앨리스가 나서서 복구작업을 어떻게 진행할지 계획을 짜기 시작했다.

앨리스는 7월 7일에 근접 플라이바이 시퀀스가 시작되기 전에 사고가 발생한 오늘과 복구작업이 진행될 사흘 동안 포기해야 하는 관측이 무엇이냐고 앨런에게 곧바로 물어보았다. 자신의 팀이 우주선의 설정을 바꾸고 근접 플라이바이를 위한 명령 시퀀스와 파일을 업로드하는 와중에 그 관측도 포기하지 말고 복구해야 하는지를 물은 것이다. 다음은 앨런의 말이다.

나는 회의실 안의 다른 과학 팀원들에게 의견을 묻지 않았다. 심지어 플라이바이 계획에서 차르와 같은 역할을 한 레슬리의 의견도 허락하지 않았다. 앨리스의 팀에게 아주 명확한 지시를 내려야 한다는 것을 나는 알고 있었다. 재부팅 때문에 우주선이 헛도는 동안 물거품이 되고 있는 예비관측보다는 가장 중요한 계획을 구하는 것이 우선이었다. 나는 앨리스에게 근접 플라이바이를 일정에 맞춰 시작하기 위해 우주선을 정상으로 돌려놓는 일 외에 다른 것은 정신을 산만하게 할 뿐이라고 말했다.
앨리스는 더 분명한 답을 원했는지, 내게 아주 정밀한 질문을 던졌다. "현재의 명령 시퀀스 중 버려도 되는 것의 분량은 어느 정도입니까?" 이 질문에 무엇이 달려 있는지 나는 알고 있었다. 알맹이와 장식을 구분할 수 있는 사람은 나였다. 나는 코어 시퀀스에 우리가 명왕성에서 하고 싶어 하는 일의 95퍼센트가 들어 있을 것이라고 추산했다. 다른 명령 시퀀스들, 즉 이상이 발생하는 바람에 중단 상태인 지금의 시퀀스를 포함한 모든 시퀀스는 다 합해봤자 세부사항에 불과했다. 나는 앨리스의 눈을 똑바로 바라보며 말했다. "나한테 중요한 건 코어 시퀀스뿐입니다. 그러니 7일에 성공적으로 그걸 시작하는 데 필요한 일이라면 무엇이든 하세요. 필요하다면 기존 시퀀스를 얼마든지 버려도 됩니다."

이 말은 앨리스에게 떨어진 진군명령이었다. 이제 앨리스가 할 일은 코어 플라이바이 시퀀스를 구하는 것뿐이었다. 나머지는 없어도 상관없었다. 하지만 과연 시간 내에 일을 완수할 수 있을까?

앨리스의 팀은 빠르지만 꼼꼼하게 복구계획을 짰다. 사흘 동안 그들은 우주선을 메인 컴퓨터로 돌려놓는 명령절차를 설계하고 구축한 뒤, 지워진 명령과 보조 파일을 모두 재전송해야 했다. 그리고 언제나 작업이 이뤄지기 전에 이 모든 것을 NHOPS 우주선 시뮬레이터에서 시험해봐야 했다. 모든 단계가 첫 번째 시도에 훌륭히 작동하는지 확인하기 위해서였다. 같은 일을 다시 반복할 여유는 없었다. 플라이바이 코어 시퀀스는 7월 7일 정오에 시작되어야 했으므로, 앨리스의 팀은 그때까지 자신들이 사용할 수 있는 시간을 통신이 오가는 데 필요한 아홉 시간으로 나눴다. 아홉 시간은 각각의 명령절차를 우주선에 보내고 그것이 잘 작동한다는 우주선의 연락을 받는 데 필요한 시간이었다. 지상에서 해야 할 일을 모두 헤아려본 결과, 코어 시퀀스가 시작되는 7월 7일 한낮까지 우주선과 통신을 주고받을 기회는 딱 세 번뿐이었다.

그렇다면 복구작업을 3단계로 나눠야 했다. 첫째, 우주선에 응급통신을 정상통신으로 복구하라고 지시한다. 그러면 통신속도가 100배로 빨라져서 나머지 복구작업을 정해진 시간 안에 해낼 수 있게 될 것이다. 추산에 따르면 이 첫 번째 단계에서 명령을 만들어 시험하고 뉴호라이즌스 호에 보낸 뒤 성공했다는 확인신호를 받는 데에만 약 열두 시간이 걸렸다. 시간은 계속 흘렀다. 째깍째깍.

두 번째 단계에서는 우주선에 메인 컴퓨터로 재부팅하라는 명령을 내린다. 플라이바이 명령을 코딩된 대로 사용하는 데 필요한 일이었다. 백업 컴퓨터에서 메인 컴퓨터로 재부팅하는 작업이 비행 중에 이뤄진 적은 한 번도 없었다. 따라서 이 작업을 위한 절차를 설계해서 NHOPS에서 시험하고, 이 시험의 결과를 확인한 뒤에야 뉴호라이즌스 호에 명령을 전송할 수 있었다. 마지막 단계에서는 코어 플라이바이 파일을 모두 꼼꼼히 복구하고 플라이바이 일정을 가동한다. 이렇게 복구계획이 완성된 때는 자정이 가까운 시각이었으나 허송할 시간이 없었다. 오후에 연락이 끊긴 때로부터 벌써 열 시간이 넘게 훌쩍 지난 뒤였다. 째깍째깍.

앨리스의 팀은 크리스의 우주선 시스템 팀과 긴밀하게 협조하면서 첫 번째 명령을 작성하고 시험해, 우주선과 통신이 다시 연결된 지 약 열두 시간 만인 7월 5일 새벽 3시 15분경에 전송했다.

아홉 시간 뒤인 5일 한낮에 MOC는 정상통신이 복구되었다는 확인신호를 수신했다! 그러나 벌써 하루가 지나 뉴호라이즌스 호는 목적지인 명왕성을 향해 거의 160만 킬로미터나 더 달려간 뒤였다. 복구 1단계는 완수되었지만, 코어 플라이바이 시퀀스를 가동할 때까지 남은 시간은 고작 이틀이었다. 째깍째깍.

24시간 비상대기

뉴호라이즌스 팀은 우주선과 통신을 주고받는 아홉 시간 주기를 중심으로 며칠 동안의 일과를 구축했다. 잠은 아주 조금만 자고, 대신 정신력으로 버텼다. 이미 10년 넘게 함께 일하면서 우주선에 발생한 여러 문제들을 겪어봤지만, 이렇게 엄청난 문제는 지금까지 일어난 적이 없었다. 지상통제 센터는 이 문제를 해결하기 위해 24시간 내내 깨어 있어야 했고, 팀원들은 이 요구를 수행했다.

글렌은 이렇게 회상한다.

"팀원들은 반드시 해야 하는 일을 해냈다. 나는 사람들이 잘 수 있는 곳을 찾아보기 시작했다. 사무실 바닥보다는 그래도 조금이나마 편한 곳을 찾아주고 싶었다."

앨리스의 기억은 다음과 같다.

"우리는 침상, 담요, 베개를 찾아냈다. 어떤 사람은 에어매트리스를 가져오기도 했다. 그러나 그런 물품들이 부족했기 때문에 서로 돌려가며 써야 했다."

다음은 앨런의 말이다.

그걸 직접 봤어야 한다. 팀원들은 단 한 마디 불평도 하지 않고 밤낮없이 일했다. 옷을 갈아입지도 않고, 잠을 자거나 샤워를 하기 위해 자리를 비우지도 않았다. 어떤 사람들은 나를 내내 그런 상태였다. 책상에 엎드려 자는 사람도 있고, 하루에 두세 시간 쪽잠을 자는 것만으로 버티는 사람도 있었다. 식당에 가서 식사할 시간은 없었다. 그래서 밖에 나가 음식을 사다 줄 사람들을 구했다.

복구

복구의 모든 단계가 의도대로 잘 작동할지 확인하기 위해서는 각각의 절차를 반드시 NHOPS에서 시험해야 했다. NHOPS에는 우주선이 아주 충실하게 재현되어 있기 때문에, 여기서 시험을 실시하면서 버그를 잡아내고 우주선으로 전송되는 명령의 오류가 모두 사라졌는지 확인하는 것이 가능했다.

알고 보니 몇 년 전에 내린 결정이 이때 구세주 역할을 했다. 앨런이 NHOPS의 완전한 백업 시설이 없는 것을 걱정해서 NHOPS를 하나 더 만들기로 결정했던 것을 기억하는가. 7월 4일이 포함된 그 주말에, NHOPS를 한 대만 이용한다면, 우주선을 복구하는 데 필요한 모든 명령 시퀀스를 일일이 시험할 시간이 절대적으로 부족했다. 그래서 팀원들은 두 번째 NHOPS에 더 많은 시험을 배정해 속도를 높일 수 있었다. NHOPS-2가 없었다면 복구 작업에 시간이 더 많이 걸렸을 것이고, 명왕성에서 예정된 독특한 관측 중 아주 많은 부분이 영원히 기회를 잃어버렸을 것이다.

NHOPS-1과 NHOPS-2를 사용한 덕분에, 뉴호라이즌스 호를 안전모드에서 메인 컴퓨터로 옮기는 두 번째 단계도 성공해서 7월 6일에 우주선의 확인 신호가 수신되었다.

그다음에는 7월 4일 플라이바이 시퀀스를 업로드하기 직전의 상태로 우주선의 설정을 바꾸고, 코어 시퀀스를 다시 보내는 단계였다. 메인 컴퓨터가 재부팅되면서 사라진 수십 개의 보조 파일도 함께 전송해야 했다. 이 모든 단계와 NHOPS 테스트, 그리고 각 단계를 계획하고 확인하기 위한 수많은 ARB 회의를 소화하느라 뉴호라이즌스 팀은 7월 6일에 24시간 내내 일에 매달렸다.

그렇게 해서 7월 7일 오전 후반에 어찌어찌 복구작업이 모두 완료되었다. 기진맥진한 상태에서도 팀원들은 우주선을 정상으로 돌려놓고 플라이바이 준비를 갖출 수 있었다. 코어 시퀀스를 가동해야 하는 시간까지는 겨우 네 시간이 남아 있었다.

숨막히는 사흘이 지나고

7월 4일의 사고와 복구작업 때문에 뉴호라이즌스 호는 어떤 관측을 포기해야 했을까? 앨리스의 팀은 "무슨 수를 써서라도" 코어 플라이바이를 구하라는 앨런의 지시를 따랐기 때문에, 복구작업이 이뤄진 사흘 동안 예정되어 있던 모든 관측을 포기해버렸다. 우주선을 안전모드에서 정상모드로 옮기고 일정에 맞춰 근접 플라이바이 준비를 하면서 동시에 관측계획을 다시 잡는 것은 도저히 불가능했다.

그러나 앨리스의 팀은 이상이 발생했을 때 압축 중이던 예순세 장의 사진을 구할 수 있었다. 그때 이 사진들을 압축한 것은 플라이바이 데이터를 저장할 메모리 공간을 확보하기 위해서였다. 앨리스의 팀은 복구작업 중에 우주선의 작업 타임라인에서 열려 있는 창을 하나 발견하고, 그 압축작업의 일정을 다시 잡는 데 성공했다. 그 덕분에 그 귀한 예순세 장의 사진을 하나도 빠짐없이 구할 수 있었다.

그렇다면 7월 4일이 낀 그 주말에 예정되어 있던 관측은 모두 어떻게 되었을까? 앨런은 바로 그 점을 분석할 팀의 구성을 플라이바이 계획의 차르인 레슬리에게 맡겼다. 그래서 복구작업이 이뤄진 사흘 동안 레슬리의 팀은 기회를 잃어버린 관측계획들과 그것이 명왕성에서 거둘 전체적인 과학적 성과에 미치는 영향을 꼼꼼히 들여다보았다. 그 결과, 각각의 관측이 나중에 더 가까운 거리에서, 또는 더 고해상도로 다시 예정되어 있음을 알 수 있었다. 즉 과학적인 연구목적 중에 사라진 것이 없다는 뜻이었다.

다만 한 가지 예외가 있었다. 뉴호라이즌스 호가 명왕성 주변 사진을 멀리서 찍을 수 있는 7월 5일과 6일에 예정된 마지막 위성 탐색작업이었다. 예정대로 시행되었다면, 이상이 발생하기 며칠 전에 시행된 탐색작업보다 몇 배 더 향상된 민감도로 수색을 실시할 수 있었을 것이다. 나중에 뉴호라이즌스 과학 팀이 위성탐색 사진을 모두 샅샅이 살펴본 결과, 새로운 위성은 발견되지 않았다. 과학 팀에게는 놀라운 결과였다. 과거에는 허블우주망원경으로 열심히 살펴볼 때마다 새로운 위성들이 발견되었기 때문이다. 혹시 기회를 잃어버린 그 마지막 탐색작업이 시행되었다면 위성이 발견되었을까? 미래에 명왕성 궤도선이 다시 그곳까지 가서 탐색해보지 않는 한 답을 알 수 없는 문제다.

그런데 7월 4일의 이상은 애당초 왜 일어났을까? 그런 식으로 작업이 중첩되면 메인 컴퓨터에 과부하가 걸릴 수 있다는 것을 미리 예측하고 테스트를 했어야 하는 것 아닌가.

7월 4일에 뉴호라이즌스 호가 가동 중이던 시퀀스는 이미 철저한 시험을 거친 것이었다. 그러나 나중에 알고 보니, 컴퓨터 과부하를 야기한 작업 중첩은 순전히 코어 시퀀스 업로드 실행시간이 기존 작업과 우연히 일치한 탓이었다. 만약 코어 시퀀스 송신 시간이 몇 시간만 빠르거나 늦었다면, 컴퓨터가 귀중한 명왕성 사진 압축이라는 힘든 작업을 하면서 동시에 그 시퀀스를 저장해야 하는 일은 벌어지지 않았을 것이다. 그렇다면 팀원들이 작업의 중첩 가능성을 인지하고 그 가능성에 대비한 구체적인 테스트를 실시했어야 하는가? 나중에 생각해보면 그랬어야 한다는 것을 알 수 있지만, 플라이바이 시퀀스 업로드를 테스트하던 2013년에는 이 시퀀스 송신에 사용될 DSN의 2015년 일정이 아직 정해져 있지 않았다. 그리고 코어 시퀀스 저장과 사진 압축이 우연히 동시에 진행되는 불운이 발생할 가능성도 매우 낮았다. 다음은 앨런의 말이다.

지금 되돌아보면, 우리가 그런 불운의 가능성을 찾아내서 테스트를 시행했어야 한다는 데에 의심의 여지가 없다. 코어 시퀀스 송신에 사용될 DSN의 일정이 나오지 않은 2013년은 아니더라도, 일정이 나온 2015년에는 테스트를 했어야 한다. 그 책임은 우리에게 있다. 그리고 그로 인해 7월 4일에 우리는 불꽃놀이를 하듯 정신없이 움직여야 했다. 그러나 명왕성과의 조우가 이뤄지는 과정에 포함된 세부사항들이 문자 그대로 수만 개나 되는데, 플라이바이에 조금이라도 영향을 미칠 세부사항 중에 우리가 놓친 것이 그것뿐이라는 사실에 놀라움을 금할 수 없다. 탐사를 계획하고, 시험하고, 시뮬레이션을 실시하고, 만약의 상황들을 가정해서 대비하는 등 우리가 오랫동안 기울인 노

력이 그 한 부분만 제외하고는 모두 완벽한 플라이바이 계획이

었다는 진정한 성과를 거뒀다.

뉴호라이즌스, 새로운 지평을 향한 여정

제15장
드디어 공연 시작

충분한 것과 더 좋은 것 사이에서

근접 플라이바이가 시작될 무렵 APL에서는 수십 가지 작업이 분주히 이뤄지고 있었다. 그중에서도 핵심적인 결정이 하나 있었다. 앞에서 설명했듯이, 플라이바이의 목표를 달성하기 위해서는 우주선이 예정 시각에서 플러스마이너스 9분(겨우 540초)의 오차 안에 최근접 포인트에 도달해야 했다. 그래야만 우주선이 카메라와 분광계 기준방향 중앙에 명왕성과 그 위성들을 놓고 움직일 수 있었다.

뉴호라이즌스 호는 이 목표를 달성하기 위해 광학 내비게이션과 로켓 엔진 점화를 이용했다. 그러나 수학적 분석에 따르면, 이것만으로는 반드시 그 플러스마이너스 540초 안에 정해진 지점에 확실히 도착할 것이라고 장담할 수 없었다. 따라서 APL의 우주선 설계담당자들은 엔진을 점화하기에 너무 늦었을 때 혹시라도 아직 오차가 남아 있다면 그것을 수정할 수 있는 영리한 소프트웨어를 처음부터 설치해뒀다. '타이밍 지식 업데이트'라고 불리는 이 소프트웨어는 뉴호라이즌스 호에 탑재된 시계를 조정해서 기본적으로 우주선을 속이는 역할을 했다. 코어 시퀀스를 시행할 때 우주선이 시간을 실제보다 빠르거나 늦게 인식하게 만드는 것이다. 그러면 플라이바이 때 예정된 모든 활동 또한 그 시간에 맞춰 최대 540초까지 앞당겨지거나 뒤로 밀리기 때문에, 가장 좋은 조건이 갖춰질 것으로 예측된 시간에 맞춰 시행될 수 있었다. 뉴호라이즌스 팀은 지상에서 NHOPS 시뮬레이터를 이용해 이 절차를 몇 번이나 테스트해보았다. 그러나 2007년의 목성 플라이바이 때는 이 소프트웨어를 사용할 필요가 없었으므로 뉴호라이즌스 호에서 정말로 어떤 성능을 발휘할지는 아직 미지수로 남아 있었다.

우주선이 명왕성에 점점 가까워지면서, 광학 내비게이션 팀은 매일 새로운 사진들을 이용해서 최근접 타이밍과의 오차가 얼마인지 파악한 다음 오차를 수정하는 데 필요한 타이밍 지식 업데이트를 계산했다. 이와 동시에 레슬리가 이끄는 조우계획 팀은 정교한 소프트웨어 툴을 이용해서 '관측 결과 보고서'를 만들었다. 새로운 계산으로 도출된 타이밍 오차에 맞춰 명왕성에 근접했을 때 시행될 모든 관측의 시뮬레이션을 실시해서, 수정이 전혀 이뤄지지 않았을 때 성공할 관측과 실패할 관측이 무엇인지 각각 파악하기 위해서였다.

놀라운 점은, 마지막 엔진 점화가 이뤄지고 뉴호라이즌스 호가 정말로 명왕성에 접근하고 있을 때 예측된 시간 오차가 놀라울 정도로 적었다는 것이다.(2분이 채 되지 않았다) 최대 9분까지 허용되는 오차 폭의 훨씬 안쪽이었다. 레슬리의 관측 결과 보고서에도 수정을 전혀 하지 않더라도 실패가 예측되는 관측은 하나도 없는 것으로 나타났다. 그러나 타이밍 지식 업데이트로 수정한다면, 중심을 맞추기가 더 쉬워져서 몇 가지 관측결과가 더 좋아질 가능성은 있었다.

플라이바이까지 겨우 며칠밖에 남지 않은 그때, 뉴호라이즌스 팀은 우주선에 전송할 타이밍 업데이트 폭을 얼마로 잡을지 결정해야 했다. 이 결정을 내리기 위한 회의에서는 내비게이션 계산을 모두 검토하고, 그 결과 도출된 보고서를 살펴보고, 모든 사람이 각자 가장 걱정되는 부분을 질문하며 만일의 경우를 전부 고려해본 뒤, 회의 진행을 맡은 마크 홀드리지가 회의실 안을 한 바퀴 돌면서 모든 참석자에게 타이밍 업데이트에 찬성하는지 찬성하지 않는지 일일이 물어보았다. 마크는 시스템 엔지니어를 시작으로 지상통제 팀, 내비게이션 팀, 프로젝트 과학자, 프로젝트 매니저 글렌까지 순서대로 의견을 물었다. 앨런은 PI로서 최종 결정권자였으므로, 순서도 가장 마지막이었다. 다음은 앨런의 말이다.

마크가 회의실을 한 바퀴 돌고, 모두들 "찬성"이라고 대답했다. 나는 상당히 놀랐다. 우리는 예정된 시각의 9분 오차범위 한참 안쪽에 있었으니까. 레슬리의 보고서에 따르면 타이밍 업데이트를 시행했을 때 몇 가지 관측에서 좋은 결과를 얻을 수 있다 해도, 어쨌든 실패가 예상되는 관측은 하나도 없었다. 우리 팀이 모든 관측에서 최대한 높은 점수를 기록하고 싶어 하는 것은 나도 알고 있었다. 그러나 내가 보기에 우리에게는 이미 올 A 성적표가 예정되어 있었다. 게다가 타이밍 지식 업데이트를 우주선에서 실제로 시험해본 적이 없었다. "타이밍 업데이트가 계획대로 작동하지 않았을 때 상황이 악화될 위험을 무릅쓸 만큼 그 약간의 이득이 가치가 있어요?"라고 묻는 사람이 하나도 없는 것이 놀라웠다. 마침내 글렌의 차례가 되었다. 프로젝트 매니저로서 서열상 나의 바로 아래인 그도 찬성 의견을 냈다. 믿을 수 없는 일이었다! 사실 겨우 며칠 전 우리는 '사망 직전' 상태에서 살아나오지 않았던가. 사소한 점을 간과하는 바람에 우주선이 안전모드로 들어가버렸는데. 그래서 나는 모두가, 심지어 글렌까지도 여기에 찬성한다는 사실을 믿을 수가 없었다. '더 좋다'는 말이 '충분히 좋다'는 말의 적이 될 수 있다는 가능성을 생각하는 사람이 전혀 없다니.

내 생각에 이 상황은 2006년 플로리다에서 두 번째로 발사를 시도할 때와 비슷했다. 그때도 모두가 찬성 의견을 냈으나, 내가 APL의 지상통제 센터가 발사 중 보조동력으로 움직이는 것이 싫어서 진행을 중단시켰다. 나도 좋아서 내린 결정은 아니었지만 위험부담을 무릅쓰고 싶지 않았다. 다른 사람들이 모두 받아들였다 해도.

2006년 그때와 똑같이 타이밍 업데이트에 대해서도 모두의 의견이 같았지만, 나는 '반대' 의견을 냈다. 그리고 이런 결정을 내린 이유를 설명하기 위해 이렇게 물었다. "내가 뭔가 놓친 것이 있습니까? 이미 오차 범위 안에 있는데도 타이밍 지식 업데이트를 반드시 시도해야 하는 이유가 있는 겁니까?" 내가 두 번이나 물었는데도 아무도 반응을 보이지 않았다.

회의가 끝난 뒤 나는 APL 경내에서 반대편에 있는 내 사무실로 돌아갔다. 회의 참석자 몇 명이 보낸 이메일과 메시지가 이미 여러 통 도착해 있었다. 모두 내가 집단사고에 저항해서, '충분히 좋은 것'을 위해 '더 좋은 것'을 피하는 결정을 내려준 것에 안도감을 표현하는 내용이었다. 나도 다행이라는 생각이 들었다. 플라이바이가 실패할 가능성은 아직도 수없이 많은데, 굳이 꼭 필요하지 않은 위험까지 무릅쓸 필요는 없었다.

메릴랜드의 군중 소용돌이

우주선이 명왕성에 가까워지자, 텔레비전, 신문, 인터넷 기사도 급격히 늘어났다. APL에 모여드는 사람들 역시 빠르게 늘었다.

기자들과 손님들을 맞는 곳은 APL 경내에서 앞쪽에 있는 건물인 코시아코프 센터에 있었다. 커다란 강당, 브리핑과 인터뷰 등 언론의 활동을 위한 여러 회의실과 사무실, 대규모 방문객을 위한 넓은 공간을 갖춘 건물이었다. 사람이 새로 오면 그 사람이 기자인지, 방문객인지, VIP인지, 직원인지를 서로 다른 색으로 표현한 출입증이 발급되었다. 플라이바이가 임박한 주에는 북미와 남미, 아시아, 유럽, 오스트레일리아, 아프리카에서 수백 명의 기자와 다큐멘터리 제작자가 이 센터를 찾아왔다.

기자나 우리 직원들의 가족과 지인만 APL로 몰려오는 것은 아니었다. 2015년 7월 중순에 메릴랜드 주의 작은 도시 로렐에 있는 APL은 골수 우주 팬들이 반드시 있어야 하는 '유일한' 장소가 되었다. 한 세대 만에 처음 이뤄지는 새로운 행성 플라이바이를 현장에서 지켜보지 않는 것은 그들에게 도저히 있을 수 없는 일이었다. 인터넷으로도 현재 진행상황을 파악하고 새로 전송된 사진을 보면서 지구 전역에서 명왕성 광팬들이 늘어가는 것을 즐길 수는 있었다. 그러나 많은 사람이 공통의 목적을 위해 한자리에 모여서 엄청난 일을 함께 목격하는 경험은 다른 것으로 대신할 수 없다.

APL의 홍보 팀은 전에도 대형 이벤트를 치러본 경험이 있지만, 뉴호라이즌스 호에 대한 관심이 엄청나게 쏟아지는 데서 그치지 않고 점점 늘어나는 데에는 당황하고 말았다. 뉴호라이즌스 호가 명왕성에 도달한 날인 7월 14일 오전까지 APL에 모여든 군중은 2000명이 넘었고, 프레스센터에서는 전화기들이 불이 나게 울려대고 있었다. 탐사 팀과 NASA의 웹사이트도 지구상 방방곡곡에서 접속하는 수억 명(결국 수십억까지 늘어났다)의 사람들 때문에 미친 듯이 돌아갔다.

APL에 모인 군중 속에는 행성 탐사 분야의 저명인사들과 명왕성 탐사에서 중요한 역할을 한 사람들도 많이 포함되어 있었다. 앨런의 옛 은사로, 14년 전 열린 경연에서 POSSE 제안서를 내놓았다가 뉴호라이즌스 제안서에 근소하게 패배한 에스포지토도 와 있었다. 일이 다르게 풀렸다면 오늘의 플라이바이가 그의 것이 되었을지도 모르지만, 그래도 그는 웃는 얼굴로 사람들과 설렘을 나누고 있었다. JPL에서 처음 명왕성 탐사연구를 이끌었던 스테일과 와인스틴의 모습도 보였다. 뉴호라이즌스 호 계획이 실현되는 데 결정적인 역할을 한 중요인물들, 예를 들어 뉴호라이즌스 호 제작 마지막 단계 중에 APL의 우주부서를 이끌다가 NASA로 옮겨가 발사준비 시기와 우주비행 초기에 NASA 국장을 역임한 그리핀 같은 사람들도 있었다. 과거 우주 셔틀 지휘관이자 현직 NASA 국장인 찰스 볼든Charles Bolden 등 NASA의 현직 고위급 간부들도 보였다. 볼든은 특히 '명왕성의 친구들'이라는 어린이 모임과 몹시 즐거운 시간을 보냈다. 뉴호라이즌스 호가 발사된 날 태어나 이제 아홉 살이 된 어린이들로 이뤄진 모임이었다. 이 자리에 특별히 초대된 이 아이들은 몹시 신난 표정이었다.

유명인사들의 모습은 APL의 분위기에 거의 초현실적인 느낌을 더해줬다. 이날 플라이바이를 보러 온 유명인사들로는 빌 나이, 미컬스키 상원의원, 퀸의 기타리스트 브라이언 메이, 마술사 데이비드 블레인, 록밴드 스틱스Styx 등이 있었다.

물론 그동안 내내 뉴호라이즌스 팀은 보이지 않는 곳에서 플라이바이를 위해 분주히 움직이고 있었다. 가슴에 뉴호라이즌스 로고가 있고 한쪽 어깨에는 작은 미국 국기가 붙은 멋진 검은색 단체 폴로티를 입고 있어서 금방 알아볼 수 있는 팀원들은 회의를 마치고 나올 때마다 인터뷰, 사인, 악수, 사진 등을 요청하는 사람들에게 둘러싸이곤 했다.

명왕성이 보낸 하트

근접 플라이바이를 앞둔 주에 지구로 전송되는 사진에서 명왕성이 점점 커지고 선명해지면서 오랫동안 짐작만 하던 일들이 밝혀졌다. 뉴호라이즌스 호가 명왕성에 도착하기 몇 년 전에 마크 뷔가 허블우주망원경의 사진들을 바탕으로 솜씨 좋게 만들어 낸 기본적인 표면지도 덕분에 사람들은 명왕성 표면의 모습이 다양하며, 밝은 지역과 어두운 지역이 뚜렷한 대조를 이룬다는 사실을 알고 있었다. 그러나 명왕성 표면의 다양한 지형들이 단순히 '그림'에 불과할 가능성 또한 항상 남아 있었다.

탐사 팀의 과학자들은 새로 전송되는 사진에서 패턴들이 드러나자 지금까지 인류가 항상 해왔던 것처럼 거기에 이름을 붙이기 시작했다. 명왕성의 진정한 모습이 아직 날마다 새로 밝혀지던 때였으므로, 이 이름들은 당연히 임시적인 것에 불과했다. 따라서 즉흥적이고 별난 이름(앞에서 말한 적도의 '황동 너클'이 한 예다)이 붙을 때가 많았다. 적도 근처에 어둡고 긴 지역이 나타났을 때는 만화에 나오는 고래와 어렴풋이 닮았다는 이유로 '고래'라는 이름이 붙었다. 그다음에는 우주선이 스쳐 날아가게 될 반구에서 가장 밝고 넓은 지역이 자전주기에 따라 다시 카메라에 등장했다. 앨런이 처음에 '인도'라고 명명했던 그 지역이 지구시간으로 6.4일인 명왕성의 하루 전에 봤을 때보다 이번에는 훨씬 더 크게 보였다. 또한 모양도 더 둥글어졌고, 북쪽은 두 부분으로 나뉘어 있었다. 남쪽은 끝이 점점 가늘어지는 형태였다. NASA의 언론 담당자 로리 캔틸로Laurie Cantillo는 그것을 보자마자 이렇게 물었다.

"저기 밝은 지역이 하트 모양 같지 않아요?"

그녀가 이 말을 하자마자 그 생각이 사람들의 머리에 박혀버렸기 때문에 정말로 그 지역이 하트처럼 보이기 시작했다!

다음 날 NASA가 〈명왕성에 하트가 있다〉는 내용의 보도자료를 내놓자 순식간에 엄청난 화제가 되었다. 사람들에게서 더욱더 관심을 이끌어내는 데 이것만큼 완벽한 소재는 없었다. 소셜미디어에서도 명왕성의 하트라는 말의 검색어 순위가 치솟았다. 결국 명왕성의 상징이 된 이 하트는 태양계 가장자리에서 이렇다 할 관심을 받지 못하던 이 작은 행성을 애정의 대상으로 만들어놓았다. 겨우 며칠 만에 수많은 웹툰, 티셔츠, 원피스, 냉장고 자석, 주문제작 장신구, 어린이용 봉제완구 등에 이 '하트'가 등장할 정도였다. 나중에 캔틸로는 이렇게 표현했다.

"2015년 여름에 세계는 명왕성의 '하트'를 마음을 품었다."

잭팟 등장

7월 13일 월요일 자정이 가까웠을 때, NASA의 DSN에 뉴호라이즌스 호가 보낸 귀한 자료가 수신되었다. 뉴호라이즌스 호가 미처 탐지하지 못한 파편에 맞아 망가지는 일이 발생하더라도 귀한 과학적 성과를 조금이라도 확보하기 위해 보낸 위험대비 데이터, 즉 우주선이 최근접 지점을 지나기 전에 마지막으로 전송한 최고의 데이터였다.

그 뒤로 하루가 넘도록 뉴호라이즌스 호는 명왕성 근처에서 데이터를 수집하느라 너무 바빠서 지구와 통신하기 위해 접시 안테나의 방향을 돌릴 여유가 없었다. 우주선은 이 시간 동안 명왕성 표면을 상세히 촬영하고, 표면 구성성분 지도를 작성하고, 대기를 연구한 뒤 명왕성의 거대 위성인 카론을 향해 방향을 돌려 사진을 찍고, 작은 위성 네 개도 잠깐 살펴보는 등 원래 목적인 탐사활동을 수행했다. 그다음 30여 시간 동안에는, 명왕성과 위성을 합쳐 모두 여섯 개의 천체 각각에 대해 예정된 약 236가지의 관측을 뉴호라이즌스 호에 탑재된 일곱 가지 장비 모두를 이용해서 시행했다.

새로운 지표면 스펙트럼, 대기 스펙트럼, 커다란 명왕성 사진이 포함된 위험대비 데이터는 7월 13일 자정 직전에 지구에 도착했다. 이 데이터 중에서도 으뜸은 명왕성의 한쪽 반구를 화면 한가득 찍은 흑백 사진이었다. 데이터를 전송하기 직전에 찍힌 이 사진은 나중에 뉴호라이즌스 호가 전송한 명왕성 사진들에 비하면 덜 상세한 편이었지만, 그래도 그때까지 지구로 전송된 모든 사진보다 세 배쯤 가까운 거리에서 찍은 것으로, 명왕성의 놀라운 모습을 최고 해상도로 보여주었다.

존 스펜서는 뉴호라이즌스 과학자 중 다섯 명을 직접 뽑아서 팀을 운영하고 있었다. 그중 한 명인 핼이 이 사진을 담당했다. 그들은 다음 날 아침 전 세계에 이 사진을 발표할 준비를 하느라 밤을 거의 꼬박 새웠다. 그들은 밤샘근무쯤 아무렇지도 않게 생각하는 과학자들이었다. 다음은 존의 회상이다.

> 뉴호라이즌스 팀의 일원이 된 것만으로도 우리가 대단한 지위를 누리고 있다는 생각을 이미 하고 있었지만, 수십억의 사람들이 기다리는 이 행성 사진을 처음으로 본 다섯 명이 되었다는 사실은 그저 놀랍기만 했다. 또한 사진 속에 드러난 모습들도 정말 굉장했다. 사진을 보자마자 명왕성 표면의 일부 지역이 아주 오래되었으며 구덩이가 몹시 많다는 사실을 알 수 있었다. 반면 다른 지역들은 구덩이가 아주 드문 것으로 보아 훨씬 나중에 지각이 형성된 듯했다. 형성시기가 그렇게나 크게 차이 나는 경우는 거의 유례가 없었다!

다음은 앨런의 말이다.

나는 밤새 그 사진 데이터를 처리한 팀의 일원이 될 수는 없었다. 언론보도, 기자회견, 중요한 플라이바이를 앞두고 다음 날 24시간 넘게 대기상태로 있어야 했기 때문이다. 그날 밤 간신히 네 시간쯤 잘 수 있었던 것 같다. 다음 날 아침 입이 떡 벌어지는 이 명왕성 사진을 보았을 때 나는 그냥 말문이 막혔다. 너무 거리가 멀어서 모든 것이 어렴풋하게만 보이는 사진과는 차원이 달랐다. 선명하기 짝이 없는 이 사진에는 명왕성의 놀랍고 아름다운 지질학적 특징들이 사상 최초로 드러나 있었다. 이 사진으로 명왕성은 화성이나 타이탄처럼, 심지어 지구처럼 실제로 존재하는 장소가 되었다. 또한 내 상상력을 훨씬 뛰어넘는 장소이기도 했다. 산맥, 구덩이, 협곡, 거대한 얼음밭 등 수많은 것들이 있었다! 명왕성은 놀랍고 멋졌다. 이건 잭팟이었다. 나는 눈을 뗄 수가 없었다.

제15장 드디어 공연 시작

제16장
지구에서 가장 먼 도약

탐사된 명왕성

우주선이 명왕성에 실제로 가장 가까이 접근하는 순간은 7월 14일 화요일 오전, 미국 동부 시간으로 7시 49분 50초였다. 그러나 막상 이 순간이 왔을 때는 볼 것도, 새로 밝혀진 것도 없었다. 이렇게 중요한 순간치고는 이상한 일이었다. 앞에서 설명했듯이, 이 순간 우주선은 데이터를 수집하느라 바빠서 지구와 통신을 주고받을 여유가 없었다. 우주선은 명왕성 표면에서 1만 3000킬로미터에 못 미치는 상공을 지나가면서 원래 목적이었던 자료들을 미친 듯이 주워 담고 있었다. APL의 뉴호라이즌스 팀은 이 이정표를 축하하기 위해 텔레비전으로 중계된 카운트다운과 함께 이 순간을 보냈다.

APL 코시아코프 센터의 거대한 강당과 주변 지역은 수용인원의 한계를 넘기 직전이라 사람들이 다닥다닥 붙어 있었다. 디지털 전광판에 명왕성까지 남은 시간이 초까지 표시되어 있는데, 지금은 초 단위를 빼면 모든 숫자가 0이었다. 카운트다운이 진행되는 동안 앨런은 앞장서서 군중들과 함께 10…… 9…… 8…… 하고 숫자를 외쳤다. 탐사 팀원들도 모두 잔뜩 몰려든 우주 팬들과 한목소리로 소리를 질렀다. 시간이 딱 1초 남았을 때, 엄청난 함성이 터지면서 온통 웃는 얼굴들과 정신없이 휘날리는 미국 국기가 사방을 가득 채웠다.

바로 그 순간 숫자가 0으로 바뀌고, 뉴호라이즌스 호는 먼 길을 달려와 만난 행성에 가장 가까운 거리까지 접근했다가 계속 나아갔다. 명왕성에서 위험을 대비해 미리 보내온 그 사진, 겨우 한 시간 전에 인터넷으로 공개된 그 사진이 카운트다운 숫자가 떠 있던 거대한 전광판에 뜨자 마치 그 순간 자신들이 모두 명왕성에 있는 것 같은 느낌이 건물 안을 채웠다.

등골을 타고 전율이 흘렀다. 사람들은 환성을 질렀다. 우는 사람도 있었다. 팀원 몇 명, 클라이드의 자녀들과 함께 있던 앨런은 1991년에 발행된 미국 우표, 바로 "아직 탐사되지 않은 명왕성"이라는 문구가 새겨진 그 우표를 재현한 포스터를 들어올렸다. 다만 이번에는 "아직"과 "되지 않은"에 가위표를 쳐서 "탐사된…… 명왕성"처럼 읽혔다. 이 순간을 찍은 사진도 인터넷에서 순식간에 화제가 되었다.

한편 저 먼 명왕성에서 뉴호라이즌스 호는 10여 년 전 처음 만들어질 때부터의 목적을 수행하고 있었다. 그날 엄청난 속도로 명왕성과 그 위성들을 스쳐 지나가면서 뉴호라이즌스 호는 도서관 하나를 다 채울 만큼 무시무시한 양의 데이터를 수집했다. 지구로 전송하는 데에만 16개월이 걸릴 분량이었다. 만약 뉴호라이즌스 호가 살아남는다면, 만약 플라이바이가 아무 문제 없이 끝난다면, 이라는 단서가 붙어 있긴 했지만. 과연 그렇게 될까?

우주선이 고향을 향해 전송한 메시지가 지구에 도달할 때까지는 열네 시간이 남아 있었다. 그러니까 탐사 팀과 온 세상이 결과를 알 때까지 열네 시간…….

들뜬 기다림

뉴호라이즌스 호의 연락을 기다리는 동안에도 그들은 대중의 욕구를 충족시켜야 했다. 그래서 NASA와 뉴호라이즌스 팀은 플라이바이를 중심으로 꼬박 하루 동안의 프로그램을 미리 마련했다. 다음은 존 스펜서의 말이다.

> 카운트다운이 끝난 뒤 그날 하루는 주로 언론을 응대하느라 정신없이 지나갔다. 코시아코프 센터에서 거의 하루 내내 기자들과 이야기를 한 것 같다. 우리 팀의 다른 사람들도 거의 비슷했다.

앨런은 "사람들의 관심이 한없었다. 그날과 그다음 날은 어딜 가든 수많은 기자들과 사인을 받고 싶어 하는 사람들이 길게 줄을 늘어섰다"고 회상한다.

플라이바이가 이뤄지는 동안 가만히 앉아서 우주선을 걱정하지 않고 언론을 상대하느라 바쁘게 지낸 것이 팀원들에게는 차라리 나았을 것이다.

그날 오후에 NASA는 과학 팀원들과 함께 공개토론회를 열고, 위험대비 데이터를 비롯한 여러 데이터를 기반으로 명왕성과 카론에 대한 첫 인상을 상세히 설명했다. 제프 무어는 압도적인 아름다움을 지닌 명왕성의 모습을 설명하면서, 가장 상상력이 뛰어난 우주 화가조차 진짜처럼 근사한 그림을 그려낸 적이 없다고 말했다.

사실이었다. 이제 우리에게 익숙해진 명왕성의 실제 사진과 플라이바이 전에 화가가 그린 상상도를 비교해보면, 명왕성의 찬란함을 비슷하게라도 표현한 상상도가 전혀 없다. 제프의 말을 빌리자면, 그것은 "매번 우리의 상상을 뛰어넘는 자연"을 보여주는 또 하나의 사례였다.

제프는 이어서 명왕성의 지질학적 특성에 대한 1차 해석을 일부 설명하면서 비공식적인 임시 이름들 몇 개와 함께 명왕성 표면지도를 제시했다. 코시아코프 센터에 모인 청중은 그가 '고래'에 고전적인 과학소설 팬이라면 누구나 좋아할 만한 이름인 '크툴루Cthulhu'◆를 임시이름으로 붙여줬다고 말하는 순간 열렬한 박수 갈채를 보냈다.

탐사 팀에 참여한 로웰 천문대의 월과 SwRI의 캐시는 새 컬러 사진들을 꺼냈다. 월은 바로 얼마 전에 발견된 카론의 어두운 북극에 집중했다. 태양계 어디에서도 볼 수 없는 모습이라, 이 발견은 정말 뜻밖이었다. 월은 명왕성 대기에서 빠져나가는 기체 중 일부가 카론의 차가운 북극에서 응결된 다음 태양의 자외선 영향으로 화학적인 변화가 일어나 유기분자가 만들어지고, 그것이 카론의 북극을 감싸고 있는 것 같다는 가설을 내놓았다. 만약 이 가설이 옳은 것으로 밝혀진다면, 명왕성과 거대 위성 카론 사이에 물리적으로 놀라울 만큼 *끈끈한* 관계가 있다고 짐작해 볼 수 있었다.

랠프 장비 안에 있는 컬러 촬영장치 담당을 비롯해서 뉴호라이즌스 팀에서 많은 핵심적인 역할을 수행한 다재다능한 연구자 캐시는 명왕성의 '늘어난'(즉 디지털 기술로 과장한) 컬러 사진을 보여줬다. 명왕성의 여러 지역들이 색으로 뚜렷이 구분된다는 사실을 증명하는 사진이었다. 캐시가 "사이키델릭하다"고 표현한 이 사진을 보고 청중은 놀라서 숨을 삼키며 감탄사를 연발

◆ 하워드 러브크래프트Howard Lovecraft의 작품에 등장하는 우주 생물.

했다. 캐시는 이어서 명왕성의 하트에도 두 가지 색깔이 존재한다는 것을 보여주었다. 하트의 서쪽이 동쪽에 비해 더 하얗고, 동쪽은 확실히 푸르스름했다. 색을 과장한 이 사진에서 캐시는 또한 명왕성의 북극이 다른 지역보다 더 노랗게 보인다는 점을 지적했다.

SwRI 출신으로 뉴호라이즌스 대기 연구 팀을 이끄는 랜디가 이어서 발표자로 나와 명왕성의 지름이 2355.2킬로미터로 측정되었다고 밝혔다.(나중에 2361.6킬로미터로 수정) 거의 모든 사람의 예상보다 큰 숫자였다. 앨런은 명왕성이 카이퍼대에 있는 다른 작은 행성들보다 크다는 의미라고 기꺼이 지적했다. 왜행성 에리스가 명왕성보다 클 것이라는 몇몇 사람들의 희망을 영원히 잠재우는 발언이었다. 명왕성이 카이퍼대에서 두 번째로 큰 천체라고 주장하고 싶어 하는 사람들을 향해서 앨런은 "음, 이제 그 생각은 버려도 되겠군요"라고 말했다. 현장에 참석한 청중과 방송을 보고 있는 시청자가 모두 그 말을 들었다.

그다음에 청중의 질문을 받는 순서가 이어졌다. 누군가가 물었다.

"카론에서 보이는 가장 큰 구덩이 말인데요, 가장자리는 밝은데 내부는 그렇게 어두운 이유가 뭡니까?"

존 스펜서는 구덩이 내부가 충돌시 열기를 가장 많이 받은 부분인데, 카론의 구성성분 중에 열기를 받으면 어둡게 변하는 것이 있을지도 모른다고 대답했다. 그러고는 짓궂게 덧붙였다.

"이건 가설일 뿐입니다. 제가 그냥 생각한 거예요. 그러니 십중팔구 틀렸을 겁니다."

그러자 웃음과 박수갈채가 쏟아졌다. 그 순간의 분위기, 즉 우주선이 새로운 행성을 스쳐 날아가고 데이터가 너무나 빠르게 쏟아져 들어와서 누구도 아직 꼼꼼히 살펴볼 수 없기 때문에 그저 추측할 수밖에 없는 분위기를 완벽히 잡아낸 말이었기 때문이다.

희망을 안고 더 멀리

오후의 토론회가 휴식을 위해 잠시 중단되자 대부분의 사람들이 얼른 이른 저녁을 먹고 코시아코프 센터로 돌아오려고 밖으로 나갔다. 그날 저녁에 우주선이 고향으로 신호를 보내는 중요한 순간이 예정되어 있기 때문이었다. NASA는 오전의 플라이바이 카운트다운과 마찬가지로 이 순간도 텔레비전으로 중계했다.

그날 저녁 코시아코프 센터에서 언론, VIP, NASA 고위급 간부, 초청손님 등이 대형 강당에 모두 모였다. 그 주변에도 1000명이상의 사람들이 더 모여 있었다. NASA의 DSN을 통해 명왕성에서부터 빛의 속도로 날아올 중요한 신호를 기다리며 MOC에서 작업 중인 앨리스의 팀원들 모습이 대형 스크린에 나타났다.

앨런은 조수인 신디, 글렌, NASA의 행성 탐사 부장 짐 그린, 짐의 상사인 존 그런스펠드John Grunsfeld, 볼든 NASA 국장과 함께 MOC 인근에 있는 회의실에서 유리벽을 통해 MOC의 모습을 바라보며 이번 탐사의 의미에 대해 이야기를 나눴다.

코시아코프 센터의 초대형 모니터에는 컴퓨터 작업대들을 훑어보고, 신호를 기다리며 헤드폰 소리에 열심히 귀를 기울이는 앨리스의 모습이 실물보다 더 크게 나타났다. 뉴호라이즌스 호가 연락을 해올지 아니면 귀가 멀 것 같은 침묵만 남길지 판가름 나는 순간이 다가왔다. 예정된 시각인 저녁 9시 2분까지 몇 초밖에 남지 않았을 때, MOC의 커다란 컴퓨터 전광판에 이제 곧 데이터가 들어올 조짐이 나타나기 시작했다.

MOC의 대형 전광판이 금방 숫자와 메시지로 가득해졌다. 모두 초록색. 빨간색은 하나도 없었다! 앨런은 MOC 옆방에서 그 광경을 지켜보다가 볼든 NASA 국장에게 이렇게 말했다.

"보세요, 보세요. 뉴호라이즌스 호가 건강합니다. 조우가 성공했어요!"

앨리스는 선명하고 사무적인 목소리로 지금 펼쳐지고 있

뉴호라이즌스, 새로운 지평을 향한 여정

는 사건을 전 세계에 보고했다.

"좋습니다. 캐리어(신호) 포착했어요. 수신 대기하세요. 부호들 포착…… 좋습니다, 오버. 우주선 데이터와 연결되었습니다."

MOC에서 앨리스의 동료들이 치는 박수소리가 울려 퍼졌다. 바로 옆 회의실에서는 앨런과 NASA 국장 등 모여 있던 사람들이 악수를 하고, 하이파이브를 하고, 서로를 끌어안는 모습이 텔레비전으로 중계되었다. 뉴호라이즌스 호가 명왕성 근접비행을 무사히 마친 것이다!

박수갈채가 곧 사방으로 퍼지면서, 코시아코프 센터 강당과 인근에 모여 있던 사람들이 열광적으로 환성을 질러댔다.

곧 MOC에서 여러 엔지니어링 작업대를 맡은 팀원들이 앨리스에게 보고하는 목소리가 이어지고, 앨리스의 대답이 들려왔다.

"MOM, 명왕성 1의 RF입니다."

"말해요, RF."

"RF 캐리어 파워 오케이, 신호와 잡음 비율 오케이. RF 오케이입니다."

"RF 오케이, 알았습니다."

"MOM, 명왕성 1의 자율 시스템입니다."

"말해요, 자율 시스템."

"자율 시스템 상태 오케이라고 보고할 수 있어서 기쁩니다. 규칙 폭파 없습니다."

이 말이 무슨 뜻인지 알아들은 사람들이 아는 척하며 박수를 쳤다. 자율 시스템 엔지니어의 말은 뉴호라이즌스 호가 응급 대응을 발동해야 하는 문제를 만나지 않았다는 뜻이었다. 이번에도 밖에서 전광판으로 이 광경을 지켜보던 사람들이 엔지니어의 기뻐하는 얼굴을 보고 틀림없이 좋은 소식일 것이라 판단하고는 덩달아 박수를 쳤다.

"C&DH입니다."

"말해요, C&DH."

"C&DH 상태 오케이. SSR 포인터는 예정된 곳을 향하고 있습니다. 예정된 양의 데이터를 기록했다는 뜻입니다."

"알았습니다. 데이터 상태가 좋은 것 같네요!"

이 마지막 말을 할 때는 앨리스의 목소리도 들뜬 기색을 감추지 못했다. 얼굴도 활짝 웃고 있었다. 뉴호라이즌스 호는 명왕성과 그 위성들에 대해 예정된 관측을 모두 마쳤을 때에 해당하는 데이터 양이 저장되었다고 보고하고 있었다. 또 박수가 일었다. 플라이바이는 완전한 성공이었다!

그 뒤로 1분 정도, 나머지 하위 시스템을 맡은 팀들이 역시 플라이바이 중 좋은 상태를 유지했다는 보고를 이어갔다. 앨리스는 내부통신망을 통해 앨런에게 요약보고를 올리면서 다음과 같은 결론을 내렸다.

"PI, 명왕성 1의 MOM입니다. 우주선이 건강해요. 명왕성과 그 위성들의 데이터를 저장했고, 지금 명왕성에서 멀어지고 있습니다."

앨리스가 이 말을 마친 순간, MOC 옆의 유리벽 회의실 문이 벌컥 열리더니 앨런이 환히 웃으며 통제실로 기세 좋게 들어왔다. 그는 양팔을 높이 들고 허공을 향해 주먹질을 하고 있었다. 그는 곧장 앨리스에게 가서 포옹했다.

MOC와 코시아코프 센터에 모인 사람들은 한참 동안 기립 박수를 보내며 열광했다. 앨런은 앨리스만 들을 수 있게 귓속말을 했다.

"우리가 해냈어요, 해냈어요!"

그는 힘들게 눈물을 참았다.

"당신과 함께 태양계를 날아가 명왕성을 탐사한 건 일생의 영광이었습니다."

화면에는 앨런이 몸을 돌려 MOC 안을 돌아다니며 크리스를 비롯한 많은 사람들과 악수를 나누고 등을 가볍게 치는 모습이 계속 비쳤다. 들뜬 박수갈채도 계속 이어졌다. 아나운서 한 명이 뜨거운 마이크를 향해 이렇게 중얼거렸다.

"아이고, 저도 울 것 같아요."

앨리스의 목소리도 들렸다.

"미안합니다. 지금 내 기분을 말할 수가 없어요. 몸이 떨립니다. 우리가 계획한 그대로예요. 연습한 그대로. 내 말은…… 우리가 해냈어요!"

그러고 나서 그녀는 소리 내어 웃었다.

몇 분이 흐른 뒤 앨리스와 앨런을 비롯해서 MOC에 있던 사람들이 모두 그곳을 나와 APL 경내 맞은편에 있는 코시아코프 센터로 향했다. 가는 길에 앨런은 트윗을 날렸다.

"여러분은 어떤지 몰라도 저는 오늘 아주 좋았습니다. #명왕성플라이바이."

그들이 저녁 9시 20분쯤 코시아코프 센터에 도착하자, 사회자가 사람들에게 뉴호라이즌스 팀을 환영해달라고 말했다. 그 자리에 있던 모든 사람이 강당 뒤쪽을 향해 돌아서서 목을 쭉 뺐다. 앨런이 들어오고, NASA 국장과 NASA의 모든 과학탐사 담당인 존 그런스펠드가 들어왔다. 그다음은 글렌, 그다음은 MOC의 팀원 수십 명이 길게 이어졌다. 엔지니어링 팀, 과학 팀 모두 뉴호라이즌스 단체 티셔츠를 입고 한 줄로 서서 강당으로 들어왔다.

한 명, 한 명 들어와 통로를 걸어갈 때마다 구경하던 사람들과 하이파이브를 했다. 그다음에는 강당 앞쪽에서 그들을 환영하려고 모여 있던 앨런, 앨리스, 글렌과도 하이파이브를 했다. 팀원들이 들어오는 동안 사람들은 꼬박 3분이나 기립박수를 쳤다. 그들이 무슨 우주의 록스타라도 된 것 같았다.

NASA의 볼든 국장이 연단에 서서 선언했다.

"이제 우리는 태양계의 모든 행성을 방문했습니다!"

그러자 수백 명의 청중이 손가락 아홉 개를 들어올리는 '명왕성 경례'로 응답했다.

그 순간 48억 킬로미터 떨어진 곳에서는 뉴호라이즌스 호가 명왕성 주변을 벗어나면서도 여전히 중요한 데이터를 모으고 있었다. 저장장치에는 수많은 사람들이 그토록 오랜 세월을 쏟아 얻으려고 했던 보물이 가득했다. 이 과학의 보물창고는 명왕성과 그 위성들, 그리고 카이퍼대에 있는 모든 작은 행성들에 대한 지식을 혁명적으로 바꿔놓을 터였다.

기쁨의 화형식

뉴호라이즌스 호는 명왕성에서 빠른 속도로 멀어지고 있었지만, 임무는 아직 끝나지 않았다. 볼든 NASA 국장이 APL에서 청중 앞에 서서 연설하고 있던 바로 그 순간에, 뉴호라이즌스 호는 태양 빛을 역광으로 받은 명왕성을 촬영하려고 방향을 돌리고 있었다. 명왕성 대기의 안개를 찾아보기 위해서였다. 그날 밤부터 며칠 뒤까지 예정된 관측이 아직도 많이 남아 있었지만, 언론과 대중에게 가장 중요한 것은 우주선이 명왕성에 가장 가까이 접근했을 때 처음으로 찍은 사진들이 아침이면 도착할 것이라는 사실이었다. 그 사진들과 더불어 새로운 데이터가 들어올 다음 날은 뉴호라이즌스 팀에게 또 긴 하루가 될 예정이었다. 그것도 엄청나게 일찍부터 시작되는 하루였다.

그래도 괜찮았다! 뉴호라이즌스 팀은 이제 플라이바이가 확실히 성공한 것을 알고 있었다. 그래서 메릴랜드에서는 파티가 벌어졌다. APL에 모인 군중을 피해 빠져나온 팀원들은 가족, 친구 등과 함께 오래전부터 친숙하게 이용하던 근처 셰러턴호텔에 모였다. 집이 이곳이 아닌 팀원들 대부분이 이 호텔에 머무르고 있었다. 그들은 그동안 회의실로 사용했지만 지금은 임시 파티장으로 바뀐 '텐포워드'◆로 향했다.

코시아코프 센터에서 기자들에게 붙들려 있던 앨런이 기립

◆ 미국의 SF 드라마 시리즈 〈스타트렉〉에서 엔터프라이즈 호 대원들이 휴게실로 이용하던 공간. 10번 갑판 앞쪽이라는 뜻.

박수를 받으며 이 방에 들어섰을 때는 이미 파티가 한창이었다. 팀원, 가족, 동료에게서 인정받는 기분은 그가 기억하는 그 무엇보다도 달콤했다.

그날 파티 중 언제부터인지 앨런은 10여 명의 사람들과 함께 호텔 수영장에서 거의 10년 전 플로리다에서 벌어진 발사 기념 파티의 한 장면을 재현했다. ULA 로켓 팀이 발사시 장애가 발생했을 때의 절차가 담긴 문서를 모닥불에 태워버리는 전통을 실천에 옮긴 그 파티 말이다. 다음은 앨런의 말이다.

발사 기념 파티 때의 그 거창했던 축하 전통이 기억났다. 그래서 플라이바이 직전에 나는 팀원 몇 명에게 그때 일을 일깨워주며 이렇게 말했다. "일이 다 잘되면, 그걸 다시 합시다. 일을 마친 뒤 밖으로 나가서 수영장 옆 쓰레기통에 불을 피우고 플라이바이 기능이상 대비계획서를 태워버리는 겁니다."

그래서 우리는 거나한 술기운의 도움으로 수영장까지 내려가 불을 피우고 이제 쓸모없어진 문서를 그 안에 넣고는 마구 웃어대며 그 순간을 즐겼다.

뉴호라이즌스 호가 보내준 장관들

다음 날 아침, 예정대로 명왕성의 여러 장소를 진정한 고해상도로 찍은 첫 사진들이 지구에 도착했다. 다음은 앨런의 말이다.

그 첫 번째 고해상도 사진들은 우리의 예상조차 훨씬 뛰어넘는 과학의 금광이었다. 그 복잡한 풍경들이 몹시 놀라웠다. 명왕성의 표면 곳곳에서 아주 많은 일이 벌어지고 있었다. 그것을 보면서, 우리가 거기까지 다다르기 위해 했던 노력, 직업적으로도 개인적으로도 희생한 것들을 모두 보상받은 느낌이었다. 26년이 넘는 그 세월 동안 고생한 보람이 있었다.

이 사진들을 받아본 앨런은 오래전부터 고대하던 대로, 이제 《뉴욕타임스》 첫 페이지를 장식할 수 있게 되었음을 깨달았다. 정말로 다음 날 아침에 발행된 《뉴욕타임스》 1면에는 커다란 헤드라인과 함께 뉴호라이즌스 호의 소식이 실렸다. 그날 전 세계에서 발행된 거의 500개나 되는 신문들도 마찬가지였다. 명왕성 플라이바이는 어디서나 뉴스였다.

7월 15일 하루가 흘러가는 동안 첫 사진 못지않게 기가 막히는 고해상도 사진들이 차례차례 들어와 과학 팀 컴퓨터에 쌓였다.

명왕성의 거대한 하트 중 서쪽 부분, 텍사스 주보다도 더 넓은 그 지역의 표면을 찍은 사진에는 복잡하고 기묘하게 얽힌 지질학적 패턴이 나타나 있어서, 평소 수다스러운 편인 뉴호라이즌스 팀 지질학자들이 말을 잃을 정도였다. 매끈하고 밝은 지역들 사이로 좁은 협곡이나 능선이 있는데, 뜨겁게 소용돌이치는 액체 표면에 나타나는 패턴처럼 모양이 어렴풋이 다각형인 것으로 보아 천천히 움직이는 대류환이 있는 것 같았다. 하지만 표면온도가 화씨 영하 400도인 이 추운 곳에서 어떻게 그런 일이 있을 수 있을까? 어쩌면 대류환 대신, 모종의 '다각형 크랙'인 것 같기도 했다. 지구와 화성의 얼음밭에서 얼음이 얼었다 녹기를 반복할 때 진흙이나 얼음 위에 생기는, 표면이 이리저리 갈라진 것 같은 패턴을 말한다. 어쨌든 명왕성 표면에서 뭔가 놀라운 일이 일어나고 있는 것 같았다. 오랜 세월 동안 뭔가가 명왕성 표면에서 움직이며 모양을 바꾸거나 흘러가고 있었다. 다음은 앨런의 말이다.

그때 이런 생각이 들었다. '이 작은 행성은 정말로 놀라운 곳이구나.' 지질학적인 복잡성이라는 측면에서 명왕성은 그보다 큰 많은 행성들과 어깨를 나란히 하거나, 오히려 그들을 능가한다. 플라이바이 이전에는 아무리 상상력을 발휘해도 그런 구조를 머릿속으로 그려볼 수 없었다. 명왕성이 지질학적으로 어떤 특성을 지니고 있을지 상상이 가지 않았다. 그저 놀라울 따름이었다.

그날 늦게 방송된 NASA의 기자회견에서, 뉴호라이즌스 팀의 과학자들이 또 사람이 가득한 코시아코프 센터 강당에서 연단에 올랐다. NASA TV의 온라인 중계를 통해 인터넷으로 지켜보는 사람도 아주 많았다. 앨런은 먼저 전날 밤의 트윗을 연상시키는 농담조의 가벼운 말로 발언을 시작했다.

"음, 어제는 정말 좋은 날이었습니다. 여러분은 어떠셨습니까?"

그리고 나서 그는 뉴호라이즌스 호가 이미 명왕성을 뒤로 하고 160만 킬로미터 이상 날아갔으며, 앞으로 16개월 동안 지구로 보내올 많은 보물들 중 첫 번째 것을 벌써 송신하는 중이라고 설명했다.

핼은 명왕성 위성들 중 가장 바깥쪽에 있고 크기도 작은 히드라의 표면을 상세히 보여주는 사진들을 꺼냈다. 히드라의 크기와 모양을 처음으로 알려준 사진들이었다. 히드라는 길게 늘어난 감자와 비슷한 모양으로, 크기는 44.8×30.4킬로미터였다. 핼은 히드라의 반사율이 방금 쌓인 눈처럼 매우 높은 것으로 보아, 물이 얼어서 생긴 얼음이 표면을 구성하고 있는 것으로 보인다고 설명했다.

그다음에는 뉴호라이즌스 구성성분 연구 테마 팀장 윌이 명왕성의 구성성분을 1차적으로 정리해서 작성한 지도에 대해 보고했다. 이 지도에 따르면, 여러 지질지역에 걸쳐 메탄 얼음의 양이 커다란 변화를 보이는 것으로 나타났다. 윌은 구성성분이 훨씬 더 놀라울 정도로 다양하다는 사실이 벌써 분명해지는 것 같다면서, 질소와 메탄을 비롯해서 다양한 분자의 얼음이 여러 지역에 각각 양을 달리해서 분포되어 있다고 말했다.

차석 프로젝트 과학자인 캐시는 카론의 한쪽 반구를 근접해서 찍은 아름다운 최신 사진을 보여주며 미소를 지었다.

"카론의 표면에는 구덩이로 뒤덮인 오래된 지형만 있을 줄 알았습니다. 우리 팀의 많은 팀원들도 같은 생각이었고요. 하지만 오늘 이 사진을 새로 받아보고 우리 모두 깜짝 놀랐습니다."

캐시는 새로운 사실들이 발견된 이 위성에 대해 간략히 설명하면서 "깊은 협곡, 골, 절벽, 아직도 정체를 알 수 없는 어두운 지역들"이 있다고 말했다.

"우리는 명왕성이 우리를 실망시키지 않았다고 말했습니다. 카론 역시 우리를 실망시키지 않았다고 말해도 될 것 같습니다."

그다음에는 존 스펜서가 팀 전체를 대신해서 미리 공들여 준비한 발표문을 읽었다.

"명왕성의 하트에 붙여줄 이름을 찾았습니다. 명왕성을 발견한 사람을 기리는 뜻에서, 그곳을 톰보 지역이라고 부르고 있습니다."

객석에서 갈채가 터져나왔다. NASA의 카메라는 관객석 맨 앞줄 중앙으로 화면을 돌려, 이제 은퇴할 나이가 된 클라이드의 자녀들인 애넷과 올든의 모습을 비췄다. 두 사람은 환하게 웃고 있었다. 이어서 앨런이 말을 덧붙였다.

"명왕성의 하트는 아주 멀리서도 보였습니다. 명왕성까지 1억 1200만 킬로미터나 남아서 명왕성 자체의 모습만 간신히 알아볼 수 있을 때에도 그 하트가 등대처럼 반짝이는 것을 볼 수 있었습니다. 그것이 명왕성에서 가장 눈에 띄는 특징이므로, 클라이드 톰보를 기념하는 이름으로 부를 겁니다."

이제 존 스펜서가 가장 중요한 발표를 할 차례였다. 과학 팀원들이 몇 시간 전 존의 노트북컴퓨터로 처음 보고 입을 다물지 못했던 첫 번째 초고해상도 사진들이었다. 이 사진에는 톰보 지역의 남서쪽 귀퉁이가 드러나 있었다. 명왕성의 하트가 바로 옆의 어두운 산맥 크툴루와 붙어 있는 곳이었다. 지구에서 48억 킬로미터나 떨어진 가파른 산맥에는 그림자가 뚜렷했다. 청중이 탄성에 이어 환호성을 지르자, 존은 이렇게 말했다.

"저희 반응도 바로 이랬답니다!"

이어서 존은 그림자의 길이를 바탕으로 산맥의 높이를 추산하는 방법을 설명했다.

"여기 이 산맥은 정말 장관이죠……. 최대 높이가 3350미터에 이릅니다. 폭은 수십 킬로미터쯤 되는 것 같고요. 산맥의 규모가 상당합니다. 로키산맥을 비롯해서 지구상의 큰 산맥들과 맞먹을 정도입니다."

이렇게 크고 가파른 산맥이 비교적 최근에 형성된 것처럼 보인다는 사실은 심오한 의미를 지니고 있었다. 명왕성 표면에 질소와 메탄의 함량이 아주 많다는 사실은 오래전부터 알려져 있었지만, 산맥이 그 둘로 구성되어 있을 리는 없었다. 고체 질소와 메탄은 명왕성의 낮은 중력을 감안하더라도 그렇게 가파른 산을 지탱할 만큼 튼튼한 소재가 아니기 때문이다. 질소나 메탄으로 만들어진 산은 자체 무게 때문에 저절로 무너지게 마련이었다. 그러니 이 산맥은 그보다 더 튼튼한 물질로 만들어졌음이 분명했다. 태양계 외곽의 위성들과 여러 천체들 표면에서 흔히 발견되는 물로 만들어진 얼음으로 그 산맥이 만들어졌을 가능성이 가장 높았다. 그렇다면 명왕성의 지각에 있던 거대한 얼음 '암반'이 모종의 이유로 자리를 벗어나 위로 밀려 올라가서 그렇게 극적인 산맥이 되었다고 추정할 수 있었다. 존은 톰보 지역의 클로즈업 사진을 보여줬다.

여기 폭이 약 240킬로미터입니다. 여기 이 지형들은 고작 800미터밖에 안 되니까, 이 사진에 APL 전체가 들어갈 수도 있습니다. 여기서 지질학적으로 가장 놀라운 사실은 이 사진에 충돌 구덩이가 전혀 보이지 않는다는 점입니다. 그건 이곳의 표면이 젊다는 뜻이죠. 가만히 보기만 해도, 이곳의 나이가 십중팔구 1억 년이 안 될 것 같다는 생각이 듭니다. 태양계의 나이가 45억 년이니까, 거기에 비하면 정말 한 줌밖에 안 되는 시간입니다. 우리가 처음 받아본 명왕성 클로즈업 사진에 충돌 구덩이가 하나도 없을 줄은 정말 몰랐습니다. 아주 놀라운 일입니다.

여기서 나오는 커다란 의문은 이거였다. 이 모든 지질활동의 원인이 무엇일까? 왜 어떤 지역에는 충돌 구덩이가 없고, 왜 표면의 구성이 그토록 다양하며, 왜 그렇게 거대한 산맥이 생겼을까?

이 모든 의문은 같은 이야기로 귀결되었다. 명왕성 자체는 오래되었지만, 표면은 아직 젊어서 지질활동이 활발하다는 것. 뉴호라이즌스 호는 명왕성이 형성된 지 40억 년이 넘었는데도 여전히 활발한 지질활동을 감당할 수 있음을 보여줬다. 어떻게 이런 일이 가능한 걸까? 교과서적인 지구물리학 이론에 따르면, 명왕성처럼 작은 행성은 이미 오래전에 차갑게 식어서 표면의 새로운 지질 활동도 그쳤어야 했다. 그러나 뉴호라이즌스 호의 데이터에는 반박의 여지가 없었다. 아무래도 명왕성은 교과서를 제대로 읽지 않은 모양이었다.

기자회견이 끝나갈 무렵, CBS 뉴스의 칩 레이드Chip Reid가 앨런에게 질문을 던졌다.

"플라이바이 몇 년 전에 제가 박사님과 인터뷰를 했는데, 그때 박사님은 우리가 아주 놀라운 일을 보게 될 것이라는 예언만 하셨습니다. 박사님의 기대가 충족되었습니까?"

앨런은 살짝 짓궂게 웃으면서 대답했다.

"전문용어로 답을 드리죠. '어떨 것 같아?'"

명왕성으로 하나가 된 인류

뉴호라이즌스 호는 플라이바이 전에도 언론과 대중으로부터 유난히 많은 관심을 받았다. 그런데 이제 뉴호라이즌스 호가 찍은 엄청나게 선명한 사진들을 통해 명왕성의 아름다움이 마침내 공개되고, 극적인 지형과 기묘한 표면은 물론 밝게 빛나는 하트까지 사람들이 볼 수 있게 되자 그 관심이 몇 배로 증폭되었다. NASA가 일찍이 경험한 적이 없는 수준이었다. 플라이바이 이후 전 세계는 즉시 유례를 찾을 수 없는 반응을 보였다.

1965년에 첫 화성 플라이바이 때 찍은 첫 번째 사진들이《뉴욕타임스》1면을 장식한 날로부터 정확히 50년 뒤인 2015년 7월 16일 아침에《뉴욕타임스》1면에는 뉴호라이즌스 호가 보낸 사진이 크게 실렸다. 타임스퀘어의 전광판에도 거대한 명왕성 사진들이 떴다. 인터넷도 완전히 들떠서, 구글은 홈페이지에 특별한 명왕성 애니메이션 '낙서'를 띄우기까지 했다. 구글Google 철자의 두 번째 O를 자전하는 명왕성을 멋지게 형상화한 그림(물론 하트가 새겨져 있었다)으로 바꾸고, 뉴호라이즌스 호가 화면을 가로지르는 모습을 만화로 표현한 것이었다.

NASA는 예전 화성 착륙 때 무려 1억 회가 넘는 조회수를 경험한 적이 있었지만, 이번 반응과는 상대가 되지 않았다. 플라이바이 당일에 NASA는 소셜미디어와 웹사이트에서 10억 회가 넘는 조회수를 기록하는 엄청난 경험을 했다. 뉴호라이즌스 호는 페이스북과 트위터도 뒤흔들었고, 인스타그램에서는 며칠 동안 검색어 1위를 차지했다. 주로 하트 모티브를 이용한 인터넷 짤들도 수십 개나 만들어져 떠돌아다녔다. 또한 엄청나게 치솟은 이런 관심을 다룬 기사도 수십 건이나 쏟아져나왔다.

인터넷에서는 무엇을 해도 뉴호라이즌스 호와 명왕성이 등장하고, 전 세계에서 헤아릴 수도 없이 많은 사람들이 뉴호라이즌스 호와 관련된 일들을 공유하면서 이번 플라이바이는 완전히 새로운 분위기를 만들어냈다. 보이저 호 시대에 비해 사람들이 통신을 주고받으며 참여할 수 있는 방법이 아주 많다는 점이 세상을 변화시켰다. 그래서 뉴호라이즌스 호의 탐사는 여러 면에서 21세기를 진정하게 대변하는 첫 번째 행성 탐사로 느껴졌다.

한번 생각해보자. 과거에 사람들이 보이저 호의 탐사를 현장감 있게 보고 느끼려면 정해진 시각(플라이바이 당일)에 정해진 장소(JPL)에 있어야 했다. 그러나 뉴호라이즌스 호 때는 그럴 필요가 없었다. 어디서나 동시에 플라이바이를 경험할 수 있었다. APL에서 일어나는 일들, 명왕성에서 지구까지 도착한 모든 사진들이, 말하자면 '모든 인류를 위해' 인터넷에 공개되었다.

물론 APL에서 현장을 지켜보는 것은 분명히 멋진 경험이었다. 그래서 열광적인 우주 팬, 뉴호라이즌스 팀원, 기자, 정치가, 유명인사 등이 현장에 잔뜩 모여 있었다. 그러나 APL에 모인 그 사람들도 사실 인터넷에서 많은 시간을 보내며, 함께 이 광경을 보고 있는 전 세계 사람들과 실시간으로 사진, 정보, 감상을 공유했다. 플라이바이가 벌어지는 장소는 지구에서 48억 킬로미터나 떨어져 있었지만, 어떤 의미에서는 사람들이 빛의 속도와 엄청난 거리를 속일 수 있게 된 것 같았다. 전 세계의 인류가 모두 그 자리에 함께 있는 것 같았다.

여기서 '함께'라는 단어가 중요하다. 이것은 단순히 모든 사람이 동시에 방송을 보았다는 뜻이 아니다. 전 세계 사람들이 소셜미디어로 대화를 나누며 이 일에 함께 참여하고 있다는 느낌을 생생히 느낄 수 있었다. 20세기에 있었던 가까운 행성들의 첫 플라이바이 때는 결코 경험하지 못한 일이었다. 뉴호라이즌스 호 때는 사람들이 플라이바이와 그것을 둘러싼 각자의 반응을 실시간으로 직접 공유하면서 그 사건을 전 세계의 공통적인 경험으로 바꿔놓을 수 있었다.

태양계의 에베레스트 등반

뉴호라이즌스 팀은 먼저 탐사에 나선 선배들을 기린다는 테마를 잊지 않고, 톰보 지역 서쪽에 높이 치솟은 얼음산맥 두 곳에 각각 노르가이와 힐러리라는 이름을 붙였다. 지구에서 가장 높은 산인 에베레스트 등반에 처음으로 성공한 두 탐험가 텐징 노르가이와 에드먼드 힐러리의 이름을 딴 것이다.

에베레스트 정상에 오른 사람들과 명왕성 정상에 오른 사람들을 이렇게 연결시킨 것은 참으로 적절했다. 앨런이 1990년대부터 명왕성을 '태양계의 에베레스트'로 불렀기 때문이다. 행성 탐사에서 가장 멀고, 가장 춥고, 가장 힘들고, 가장 마지막까지 남은 봉우리라는 뜻이었다.

그러나 앨런이 실제 플라이바이와 그 직후의 일들을 경험할 때까지 미처 예상하지 못했던, 아니 깨닫지 못했던 일이 하나 있었다. 고대하던 순간이 왔을 때, 에베레스트를 정복한 그 옛날 탐험가들이 틀림없이 느꼈을 그 심정을 자신도 느끼게 되리라는 것. 다음은 앨런의 말이다.

플라이바이 이후 며칠 동안을 되돌아보면, 정말로 우리 모두가 인생 최고의 경험을 했다는 생각이 든다. 우리는 그동안 머릿속으로 그리던 산, 즉 명왕성에 도착해서 정상에 오르는 데 성공했다.

무엇보다 놀라운 사람들과 팀을 이뤄 아주 오랫동안 함께 일한 덕분에 일군 결과였다. 우리들이 각자 따로 이룰 수 있는 일에 비하면, 정말 놀라운 성과라고 할 수 있다. 플라이바이 동안 우리 팀원들은 모두 멀리 탐사를 나가 뭔가 굉장하고 특별한 일을 해내는 무리의 일원이라는 느낌을 강하게 공유했다. 이 플라이바이를 실현하는 데 참여했다는 것, 언젠가 우주 탐사에서 훨씬 더 위대한 일을 해낼 사람들에게 이렇게 영감을 줄 수 있었다는 것을 생각하면 정말 으쓱한 기분이 든다는 말

제16장 지구에서 가장 먼 도약

을 그 주에 우리가 서로 얼마나 많이 주고받았는지 모른다.

1989년 5월에 명왕성에 가자는 아이디어를 들고 NASA와 처음 회의를 했던 그 운명의 날로부터 명왕성 탐사가 실현된 2015년 여름까지 26년이 흘렀다. 이 일이 처음 시작되었을 때는 아직 세상에 태어나지도 않았던 사람들이, 당시 그 누구도 상상하지 못했던 방식으로 이 일의 영향을 받고 있었다.

역사가 이뤄졌다. 새로운 지식이 만들어졌다. 한 나라는 자신이 위대한 일을 해낼 수 있음을 새삼 깨달았다. 그리고 지구라는 행성의 사람들은 우리 인간들, 우리 지구인들이 정말로 놀라운 일을 해낼 수 있음을 새삼 깨달았다.

뉴호라이즌스, 새로운 지평을 향한 여정

제17장
지금도 계속되는 탐사여행

새로운 지평을 찾아서

대부분의 사람들에게 시각은 오감 중에서 가장 강렬하다. 우주선이 보내온 모든 귀한 자료들 중에서도 사람들의 마음을 가장 움직인 것은 역시 사진이었다. 뉴호라이즌스 호가 찍어서 보내온, 넋을 잃게 만드는 그 모든 명왕성 관련 사진들 중에도 물론 사람마다 각자 가장 좋아하는 것이 있다. 랠프 장비가 찍은 컬러 사진을 가장 좋아한다는 사람이 많지만, LORRI가 찍은 흑백 사진을 좋아하는 사람도 있다. 전자는 명왕성 표면과 거대한 하트 모양의 톰보 지역을 컬러로 찍은 아름다운 고해상도 사진이다. 후자는 이중행성인 명왕성과 카론의 사진을 몽타주한 것이다. 또한 얼음산맥에 메탄 눈이 쌓인 컬러 사진도 인기가 많다.

플라이바이 사진 중에 우리가 가장 좋아하는 흑백 사진은 뉴호라이즌스 호가 최근접 지점을 지난 지 겨우 15분 만에 찍은 고해상도 사진으로, 명왕성이 초승달 모양으로 찍혀 있다.(화보 참조) 하늘에 305킬로미터 높이까지 동심원 모양으로 층을 이룬 안개와 극적인 지형을 지닌 행성 명왕성의 모습이 아주 생생히 나타나 있다. 여기에는 또한 우뚝 솟은 노르가이 산맥과 힐러리 산맥에 접한 거대한 질소 빙하인 스푸트니크 평원 표면에서 소용돌이치는 극적인 흐름도 드러나 있다. 두 산맥의 그림자는 울퉁불

통한 지형을 더욱 강조해준다. 지구에서 보는 햇빛에 비해 밝기가 1000분의 1밖에 안 되는 햇빛 속에서 찍힌 이 사진은 명왕성이라는 행성의 이질적인 아름다움을 포착했다는 점뿐만 아니라, 탐험하고 싶어 하는 인간들의 충동을 자극한다는 점에서도 우리의 눈을 사로잡는다. 뉴호라이즌스 팀의 캐시는 이렇게 말했다.

"이 사진을 보고 있으면, 내가 정말로 거기에 가 있는 것 같다."

플라이바이 사진 중 우리가 가장 좋아하는 컬러 사진은 최근접 지점을 지난 직후에 찍혔다는 점에서는 흑백 사진과 같지만, 사진 자체는 완전히 다르다. 뉴호라이즌스 호는 초승달 모양 흑백 사진을 찍은 지 약 한 시간 뒤, 명왕성의 대기를 탐사하기 위한 성식星蝕 실험 중에 명왕성의 그림자 속을 통과하면서 이 컬러 사진을 찍었다. 이 놀라운 사진에서 햇빛을 받은 명왕성 대기는 지구의 대기처럼 짙은 파란색을 띠고 있다.(역시 화보 참조)

그러나 우리가 이 사진을 가장 좋아하는 이유는 이것만이 아니다. 그 소박한 아름다움을 뛰어넘는 또 다른 이유가 있다. 아폴로 호의 우주비행사들은 1968년에 처음 달 궤도를 돌면서 달의 풍경 위로 떠오르는 지구의 모습을 사진으로 찍었다. 그리고 그것은 인류가 지구를 떠나 달까지 여행한 그 업적을 상징하는 사진이 되었다. 인류는 자신이 살고 있는 행성을 새로운 시각에서 바라보며, 스스로 이룩한 성취에 감탄을 금치 못했다.

우리에게는 파란 빛을 뒤에서 받고 있는 명왕성의 사진이 바로 이와 같은 역할을 한다. 행성 탐사의 여명기, 대부분의 행성이 아직 미지의 세계로 남아 있던 그 시기에 아폴로 호가 앞에서 빛을 받으며 떠오르는 지구를 찍은 사진과 행성 탐사의 첫 번째 시대에 최고의 왕관을 씌워준 2015년 7월 14일에 명왕성의 뒤편에서 역광을 받은 행성의 모습을 찍은 이 사진은 서로 대칭을 이루며 서로를 보완해준다. 그것도 우리가 좋아하는 점이다.

이 장엄한 사진을 보면서 우리는 이 사진이 찍힌 경위와 이 사진의 의미를 생각한다. 태양빛을 역광으로 받고 있는 명왕성. 달 근처가 아니면 달에서 지구가 떠오르는 사진을 찍을 수 없듯이, 이 사진도 명왕성의 뒤편까지 날아가지 않았다면 찍을 수 없었다.

이 책에서 설명한 것처럼, 뉴호라이즌스 호의 명왕성 탐사는 수많은 이유로 중간에 실패할 수 있었다. 자칫하면 필요한 자금을 확보하지 못했을 수도 있었다. 게다가 뉴호라이즌스 팀 자체도 어느 모로 보나 경험이 부족한 약자로서 경험이 많은 사람들과 경쟁하는 처지였기 때문에 선정된 것이 오히려 놀라운 일이었다. 또한 할당된 시간은 많지 않고 예산도 보이저 호의 5분의 1밖에 되지 않았으니, 뉴호라이즌스 호를 제대로 만들어서 발사하는 일이 아예 불가능할 수도 있었다. 여행 중에 문제가 생겨서 명왕성에서 데이터를 수집하지 못하게 되었을 가능성도 있었다. 그러나 우리는 실패하지 않았다. 뉴호라이즌스 호는 놀라운 팀의 의지와 독창성, 용기, 끈기, 몇 번에 걸친 행운의 돌파구 덕분에 눈부신 성공을 거뒀다.

이 놀라운 탐사계획을 처음부터 만들어낸 사람들은 자신의 새로운 지평선을 열심히 좇으면서 단 한 번도 꿈을 놓아버리지 않았다. 자신이 가진 모든 것을 여기에 쏟아 마침내 하고자 했던 일을 성취했다. 우주선이 명왕성 뒤편까지 나아간 뒤 푸르스름한 태양빛을 받은 명왕성을 뒤돌아보며 찍은 사진은 우리에게 명왕성 탐사의 성취를 상징한다.

다시 그 사진을 본다. 우리는 해냈다. 정말로 해냈다. 거기에 도달했다.

가장 먼 변경 너머로

뉴호라이즌스 호가 명왕성을 떠난 뒤 NASA는 탐사를 5년 연장해서 카이퍼대의 다른 천체들을 연구하는 계획을 승인했다. 이 계획의 핵심은 명왕성 같은 작은 행성들의 기초가 되는 아주 오래된 KBO의 플라이바이다.(13장에서 설명했듯이, 명왕성 이후의 플라이바이 대상을 찾으려고 허블우주망원경으로 극적인 수색을 하던 중에 발견된 여러 천체 중 하나가 이번 대상이다)

이 플라이바이는 2019년 새해 전날과 새해 첫날, 명왕성보다 6억 킬로미터나 더 떨어진 곳에서 이뤄질 것이다. 2014 MU69라고 불리는 플라이바이 대상은 이제 '울티마 툴레'라는 비공식적인 이름을 갖고 있다. '가장 먼 변경 너머'라는 뜻의 스칸디나비아어다. 이 천체의 폭은 고작해야 약 32킬로미터에 불과하지만, 명왕성과 카론처럼 이중천체인 것 같다. 뉴호라이즌스 호는 겨우 3200킬로미터 거리에서 MU69를 스쳐 지나갈 것이다. 명왕성 플라이바이 때에 비해 거의 4분의 1밖에 안 되는 거리다.

뉴호라이즌스 호는 바깥쪽을 향해 카이퍼대를 통과하면서 MU69의 지도를 작성하고, 구성성분을 연구하고, 위성이나 대기의 존재를 찾아보는 외에, LORRI 망원경, 촬영장치를 이용해 20여 개의 다른 KBO도 관측할 것이다. 이 연구결과는 위성과 고리를 찾는 데, 표면의 속성과 자전주기와 모양을 파악하는 데 활용할 예정이다. MU69의 근접 관측 결과를 더 넓은 맥락에서 연구하기 위해서다. 뉴호라이즌스 호는 연장된 5년 동안 지구와 태양 사이의 거리보다 50배나 더 먼 곳, 즉 명왕성 궤도의 가장 바깥쪽까지 날아가면서 그곳에 존재하는 먼지와 하전입자들을 끊임없이 살펴서 카이퍼대의 환경을 연구할 수 있게 해줄 것이다. 뉴호라이즌스 호는 2021년 4월에 이렇게 명왕성 궤도의 끝에 도착한 뒤, 지구에서 보낸 명령을 받아 전원이 꺼질 예정이다.

그러나 연료와 동력의 상태를 보면, 뉴호라이즌스 호가 2030년 대나 어쩌면 그 뒤까지도 탐사를 계속할 수 있을지도 모른다.(자신을 만들어준 사람들보다 더 오랫동안 기능하게 되는 셈이다) 만약 NASA가 계속 자금을 지원해준다면, 뉴호라이즌스 호는 파이어니어 10호와 11호, 보이저 1호와 2호의 발자취를 따라 태양권의 가장 먼 곳과 태양계를 벗어난 항성 간 공간의 가장 가까운 곳을 돌아보는 탐사선이 될 것이다.

그러다 어느 날, 아마도 2030년대 말이나 2040년대에 메인 컴퓨터와 통신 시스템을 운영할 동력이 다 떨어지면 뉴호라이즌스 호는 침묵에 잠길 것이다. 그러나 그 뒤에도 우주선은 여행을 계속하며 영원히 태양에서 멀어져 항성 간 공간을 비행할 것이다. 정처 없이 떠도는 난파선 같은 신세인 것은 맞지만, 또한 동시에 인간이 어디까지 성취할 수 있는지를 보여주는 상징으로서 이 은하의 영원한 주민이 되는 것이다.

그럼 명왕성은? 언젠가 우리가 그 놀라운 세계와 매혹적인 위성들을 다시 찾아가서 더 많은 탐사를 하게 될까?

우리는 그럴 것이라고 생각한다. 뉴호라이즌스 호가 보여준 신비와 거기서 제기된 과학적 의문들을 모두 해소하려면, 명왕성을 훨씬 더 상세하게 탐사할 수 있는 궤도선이나 아니면 심지어 착륙선까지도 다시 보내야 한다는 생각이 과학계에서 점점 더 공감을 얻고 있기 때문이다. 이 생각을 실현하는 방법에 대한 연구가 이미 진행되고 있으며, 다음 10년 동안의 행성 연구를 결정할 2020년대 초의 10년 평가에서 그런 탐사계획이 고려될 가능성이 크다. 우리는 명왕성과 그 위성들을 다시 탐사하려는 계획에 언젠가 자금지원이 이뤄질 것이라고 낙관적으로 생각하고 있다. 또한 카이퍼대의 다른 작은 행성들에도 이번 세기 늦게 우주선을 보내 탐사하게 될 가능성이 높다.

우리 인간들은 다른 것은 몰라도 호기심 많고 잠시도 가만히 있지 못하는 종족이다. 타고난 탐험가다. 그래서 우리는 언젠가 사람이 직접 카이퍼대까지 가서 명왕성과 카이퍼대의 천체들에 발을 디딜 날이 올 것이라고 낙관한다. 우리는 이미 달에서 그 일을 해냈고, 화성에서도 곧 같은 일을 해낼 것이다. 그 뒤로도 다른 행성들이 줄지어 이어질 것이 틀림없다.

명왕성의 첫 탐사는 완료되었지만, 더 많은 탐사의 가능성이 태양계 저편의 검은 황야를 향해 우리 인류를 손짓해 부르고 있다.

집념과 끈기가 이루어낸 역사

뉴호라이즌스 계획의 영웅은 높은 목표를 성취하기 위해 아주 오랫동안 열심히 노력한 엔지니어와 과학자 등 많은 사람들이다. 우리는 우리가 살고 있는 이 놀라운 우주에 대해 새로운 사실들을 알아내고, '역사'라 불리는 것에 나름대로 기여하며 다른 사람들에게 새로운 꿈을 불어넣고자 했다.

뉴호라이즌스 팀은 명왕성 탐사를 완수함으로써 수많은 신기록을 세웠다. 그러나 이보다 중요한 것은, 인류가 지닌 최고의 장점들 중 일부, 즉 호기심, 추진력, 끈기, 커다란 목표를 위해 팀을 이뤄 일할 수 있는 능력 등을 전 세계 사람들에게 입증했다는 사실이라고 생각한다.

뉴호라이즌스 팀과 명왕성 탐사에 이 모든 장점들 중에서도 가장 중요했던 것은 바로 끈기다. 한번 생각해보자. 우리는 13년 동안 헤아릴 수 없이 많은 전투를 치렀으며, 단순히 우주선 제작에 착수할 수 있는 자금만이라도 확보하기 위해 탐사계획을 작성했다가 여섯 번이나 실패했다. 그다음에는 또 4년 동안 온갖 악조건 속에서 열심히 뛰면서 기록적으로 빠른 시간과 획기적으로 낮은 비용으로 외행성까지 갈 수 있는 우주선을 제작해 발사했다. 그다음에는 9년 반에 걸친 마라톤이 이어졌다. 그동안 외로운 무인우주선 한 대와 지구의 소규모 비행 팀은 태양계를 온전히 종단해서 명왕성에 도착했다.

뉴호라이즌스 호는 명왕성 탐사에 성공함으로써 우리 고향인 광대한 태양계의 첫 정찰에서 정점에 섰다. 그리고 그 덕분에 우주시대가 처음 탄생할 때부터 알려져 있던 행성 중 가장 마지막까지 남아 멀고 먼 빛 한 점으로만 보이던 행성이 우리에게 실제로 존재하는 장소로 인식되었다. NASA, 미국, 그리고 인류는 이제 처음부터 알려져 있던 아홉 개 행성을 모두 정찰하는, 50년에 걸친 긴 탐색을 끝냈다. 이는 마젤란 호가 우리 고향 지구를 처음으로 한 바퀴 돌아 항해한 것에 맞먹는, 우주시대의 업적이다.

명왕성 탐사는 거의 모든 사람의 기대를 뛰어넘는 과학적 성공이었다. 여기서 새로 발견된 헤아릴 수 없이 많은 사실들은 기존의 인식을 뒤엎고, 명왕성처럼 작은 행성도 큰 행성만큼이나 복잡한 곳일 수 있다는 것, 형성된 지 수십 억 년이 흐른 뒤에도 활발한 지질활동이 계속될 수 있다는 것을 우리에게 가르쳐줬다.

또한 명왕성 탐사에 대중이 보인 반응은 보이저 호와 아폴로 호 이후 사람들이 조금은 잊고 지내던 사실, 즉 전 세계 사람들이 대담한 우주탐험을 사랑하며, 한 번도 가보지 않은 곳을 탐험하는 계획에서 새로운 꿈을 얻기 때문에 이런 탐사계획이 사람들의 삶을 바꿔놓을 수도 있다는 사실을 다시 일깨우는 데 도움이 되었다.

뉴호라이즌스 호가 명왕성을 지나쳐 날아간 직후, 앨런은 버몬트에서 강연에 나섰다. 그의 강연이 끝난 뒤, 한 대학생이 자신의 세대는 이 시대가 이전 시대만큼 위대하지 않다는 인식에 너무 오랫동안 짓눌려 있었다고 말했다. 그녀는 자기 세대가 파시즘으로부터 세상을 구한 전쟁을 목격하지도 않았고, 인간이 달에 첫 발을 내딛는 역사적인 순간을 보지도 못했으며, 컴퓨터의 탄생을 비롯해서 시대의 획을 그은 수많은 사건들 또한 모두 놓쳤다고 말했다. 그러나 명왕성 탐사를 직접 본 것이 "우리에게는 바로 달 착륙과 같은 사건, 우리 세대에 일어난 가장 위대한 일"이었다고 했다. 이 말을 들은 앨런은 전율을 느끼면서, 자신은 한 번도 상상해보지 못한 방식으로 그 학생이 뉴호라이즌스 호의 성공을 바라보고 있음을 깨달았다.

몇 달 뒤 앨런이 플로리다 주에서 어느 업계회의에 나가 강

　　　　　　　　　뉴호라이즌스, 새로운 지평을 향한 여정

연을 마친 뒤, 중년 여성이 문자 그대로 눈물을 글썽거리면서 그에게 다가왔다. 그녀는 자신의 10대 아들이 말썽 많은 학생이었으나, 뉴호라이즌스 호의 명왕성 플라이바이와 탐사를 본 뒤 들떠서 "커서 나도 저런 일을 하고 싶어요"라고 말했다고 설명했다. 그녀는 눈물을 닦으며, 아들이 이제 올 A를 받는 학생으로 변했다고 앨런에게 전했다.

"여러분 모두가 내 아들을 구했어요."

우리는 뉴호라이즌스 호가 인류에게 미친 바로 이런 영향들이 명왕성에 대해 새로 알게 된 모든 지식보다 더 강렬한 빛을 발한다고 믿는다. 우리에게 이것은 그 무엇으로도 대신할 수 없는 발견이다.

앨런 스턴, 콜로라도 주 보울더
데이비드 그린스푼, 워싱턴 DC

뉴호라이즌스 호의 대장정에서 밝혀진 과학적 사실 10

뉴호라이즌스 호가 명왕성과 그 위성들을 스쳐 날아가면서 거둔 과학적 성과를 설명하고 분석한 논문들이 벌써 행성학 학술지들을 채우고 있다. 앞으로 이 성과에 대한 우리의 이해가 커져서 행성의 기원과 진화에 관한 전반적인 지식에 통합되면, 오랫동안 훨씬 더 많은 수확을 분명히 거둘 수 있을 것이다. 아래의 내용은 뉴호라이즌스 호가 발견한 사실들 중, 2016년에 NASA와 뉴호라이즌스 팀이 가장 중요하다고 선정한 열 가지를 간략히 요약해놓은 것이다.(중요도에 따라 순위를 매기지는 않았다) 그리고 이 '10대' 발견 각각에 대해 약간의 설명을 곁들였다.

명왕성이 지닌 복잡성

명왕성에서 목격된 다양한 현상들은, 명왕성이 태양에서 엄청나게 멀고 차가운 작은 행성이라는 점을 감안할 때, 뉴호라이즌스 팀원들조차 전혀 예상하지 못한 수준이었다. 지상의 안개, 높은 상공의 안개, 어쩌면 구름일 수도 있는 것, 협곡, 우뚝 솟은 산맥, 단층, 극지방의 얼음, 모래언덕 밭으로 보이는 지역, 얼음화산으로 짐작되는 곳, 빙하, 과거에 액체가 흘렀던(그리고 심지어 머물렀던) 증거 등등 헤아릴 수 없이 많다. 지구에서 48억 킬로미터 떨어진 카이퍼대 안의 이 작은 빨간색 행성은 지금까지 인류가 탐사한 그 어느 작은 행성보다도 훨씬 더 많은 한 방을 품고 있었다. 아니, 훨씬 더 큰 행성과 비교해도 명왕성의 한 방이 더 셌다. 다양한 지형, 표면과 대기 사이의 복잡한 상호작용, 표면 여러 지역 사이의 커다란 연대 차이로 인해 뉴호라이즌스 팀조차 '명왕성은 새로운 화성'이라는 슬로건을 채택할 정도였다.

명왕성 표면에서 지금까지 오랫동안 이어지는 놀라운 활동
일부 사람들이 명왕성이 지질학적인 측면에서 비교적 죽은 행성일 것이라고 예측한 데에는 많은 이유가 있었다. 일단 크기가 워낙 작은 데다가, 대형 행성의 위성이라면 제공받을 수 있는 조석마찰 열원tidal heat source도 없기 때문이다. 태양과의 거리도 멀어서 태양열도 약하다. 따라서 태양계 다른 행성을 탐사한 경험을 바탕으로, 명왕성은 이미 억겁의 세월 이전부터 대부분 또는 완전히 지질학적 활동이 없을 것이라는 주장이 나왔다. 그러나 이런 일반적인 인식은 크게 틀린 것이었다. 뉴호라이즌스 호는 명왕성 표면의 연대가 지역에 따라 크게 차이난다는 것을 보여줬다. 아주 오래되어서 충돌구덩이가 많은 지역이 있는가 하면, 구덩이가 하나도 없어서 젊어 보이는 지역도 있었다. 40억 년에 이르는 역사 동안 명왕성에서 줄곧 지질활동이 활발히 이뤄졌다는 뜻이다. 사실 명왕성은 지금도 생생하게 살아 움직이고 있다. 학자들은 그 이유를 두고 격렬한 과학적 토론과 모델링 연구를 하면서, 카이퍼대의 다른 작은 행성들을 탐사하면 놀라운 일들이 더 많이 밝혀질 것이라는 기대도 품고 있다.

폭 1000킬로미터의 광대한 스푸트니크 평원 질소 빙하

명왕성에서 발견된 활발하고 다양한 지형 중에서도 가장 놀라운 곳은 십중팔구 스푸트니크 평원의 광대한 얼음 밭일 것이다. 이곳에서는 활발한 대류가 일어나고 있어서, 불 위에서 조리 중인 소스 팬을 느린 화면으로 찍어놓은 것처럼 요동치고 있다. 스푸트니크 평원은 이제 깊고 넓게 뻗은 질소 얼음 층에 메탄과 일산화탄소가 박혀 있는 형태임이 알려져 있다. 이 얼음 층이 자리 잡은 곳은 거대한 보시기처럼 움푹한데, 이곳은 고대에 일어난 충돌로 생긴 분지일 가능성이 높다. 이 분지 주변의 산악지대에서 질소 빙하가 공급되며, 가장자리에는 거대한 물 얼음 빙산들이 떠다닌다. 어떤 의미에서 스푸트니크 평원은 명왕성의 표면에 얼어붙은 질소 바다와 같다. 명왕성 하트의 서쪽 지대에 해당하는 이 평원은 플라이바이 때 우주선이 스쳐 지나간 반구를 찍은 모든 사진에서 화면을 압도한다. 그러나 명왕성에서 묘한 짝을 이루고 있는 지질 활동과 기상 활동에 이 평원이 더욱 깊숙이 관여하고 있는 듯하다. 이곳에 엄청나게 저장되어 있는 질소는 대기를 통해 명왕성의 차가운 표면으로 운반되는 중요한 물질이다. 명왕성에서는 계절과 기후에 따라 대기 중과 표면의 질소 양이 급격하게 변화하기 때문에, 스푸트니크 평원이 심하게 침식되어 있을 때가 있는가 하면 훨씬 더 많은 질소가 가득 차 있을 때도 있을 것이다. 이 분지를 에워싼 고지대에 빙하가 훑고 간 자국이 있는 것이 이 가설을 뒷받침하는 증거다. 태양계 어디에도 스푸트니크 평원과 비슷한 곳은 존재하지 않는다.

광범위하고 잘 정돈된 대기 중 안개 발견

우주선이 명왕성을 지나간 뒤 뒤에서 다시 돌아보며 찍은 사진, 햇빛을 역광으로 받은 그 놀라운 사진들은 명왕성의 아름다운 파란색 대기를 생생하게 보여준다. 그러나 이 극적인 사진에는 명왕성의 차가운 질소 공기 속에 안개가 섬세하게 수십 개 층을 이루고 있다는 사실도 드러나 있다. 이 광범위한 안개는 명왕성 표면에서 적어도 480킬로미터 높이까지 솟아 있으며, 다양한 지형 위에 수백 킬로미터에 걸쳐 펼쳐진 동심원 모양으로 정돈되어 있다. 이 안개는 명왕성의 대기 중에서 일어나는 복잡한 화학작용의 결과물로, 토성의 위성인 타이탄의 대기에서 관찰되는 유기 안개와 다소 비슷하다. 타이탄에서처럼, 공기 중의 메탄이 햇빛과 반응해 복잡한 유기분자를 만들고 이 분자들이 명왕성 표면에 비처럼 떨어지면서 명왕성이 붉은 빛을 띠게 된다.

예상보다 크게 낮은 대기 이탈속도

대기를 지닌 모든 행성에서는 끊임없이 기체의 일부가 우주공간으로 빠져나간다. 명왕성은 크기가 워낙 작아서 중력이 낮기 때문에 탈출속도 또한 낮다. 따라서 대기 중의 질소와 메탄이 빠른 속도로 빠져나갈 것으로 예상되었다. 그러나 뉴호라이즌스 호의 측정 결과 뜻밖의 놀라운 사실이 밝혀졌다. 질소의 소실 속도가 모델의 예측보다 훨씬 느렸다. 정확히 말하자면, 예측 속도보다 1만 배 이상 느렸다! 대기권 상층부가 예상보다 훨씬 더 차가운 것이 원인인 듯하다. 이는 분자들이 움직이는 속도가 느려서 명왕성을 벗어나 탈출할 수 있는 분자가 많지 않다는 뜻이다. 대기의 온도가 왜 이렇게 낮은지는 아직 풀리지 않은 수수께끼로 남아 있다.

대기압의 급격한 변화와 과거 명왕성 표면에 휘발성 액체가 흐르거나 머물렀음을 보여주는 증거

명왕성의 대기압이 표면온도에 따라 기하급수적으로 달라진다는 사실은 이미 알려져 있다. 따라서 수백만 년 동안 이어지는 기후변화의 사이클을 거치면서 대기압은 급격한 변화를 겪는다. 명왕성의 궤도와 자전이 서서히 흔들리면 각 지역별로 햇빛의 각도와 양 또한 달라진다. 플라이바이 전에 학자들은 이런 가설을 세웠으나, 뉴호라이즌스 호는 과거 명왕성 표면의 압력이 훨씬 더 높았다는 증거를 여러 종류 찾아냈다. '빨래판 지형' 모래언덕 지역, 흐르는 액체가 만든 것일 수도 있는 협곡들, 계곡에 얼어붙은 채 정지한 호수처럼 보이는 곳 등이 여기에 포함된다.

명왕성 내부에 바다가 있을 가능성

명왕성의 거대한 빙하인 스푸트니크 평원은 '반反 카론 포인트'에 거의 정확히 위치하고 있다. 다시 말해서, 조수의 힘에 붙잡힌 카론이 항상 명왕성 상공에 떠 있는 지점의 거의 정반대편에 있다는 뜻이다. 왜 정확히 그곳일까? 스푸트니크 평원의 분지에 더해진 얼음 무게만으로도 조수의 힘이 생겨나 분지가 지금 위치로 이동했다고 볼 수 있다. 그러나 그것은 명왕성 내부와 얼음처럼 차가운 표면이 중간에 위치한 물에 의해 '마찰적으로 분리'되었을 때에만 발생할 수 있는 일이다. 내부에 바다가 있는지를 결정적으로 밝혀낼 실험은 장차 명왕성에 궤도선을 보낼 때까지 기다리는 수밖에 없다. 하지만 지금도 의문을 품을 수는 있다. 혹시 이 바다에 생물이 살고 있을까? 얼음처럼 차가운 표면 아래 깊은 곳에서 명왕성의 생명체들이 헤엄치고 있을까? 현재 우리가 알고 있는 우주 생물학의 틀 안에서 생각해보면 액체 상태의 물이 생명체에게 반드시 필요한 요소 중 하나인 것 같다. 유기분자와 모종의 에너지 흐름◆도 필요하다. 유로파나 엔셀라두스Enceladus처럼 내부에 바다가 있는 천체들이 그렇듯이, 명왕성 내부에서도 이런 조건들이 충족될 가능성이 있다.

먼 옛날 내부에 바다가 있었음을 암시하는 카론의 거대한 적도 지질구조대帶

카론의 북반구와 남반구 사이에는 남서쪽에서 북동쪽으로 가파르게 적도를 가르는 거대한 계곡과 절벽군이 있다. 무려 1600킬로미터 넘게 뻗어 있는 이 지역에 대한 지질학적 분석결과, 거대한 확장대extensional belt임이 드러났다. 카론의 표면이 팽창력에 의

◆ 생태계 내에 유입된 에너지가 생물과 비생물, 생물과 생물 사이를 거치면서 변화하는 양상.

뉴호라이즌스, 새로운 지평을 향한 여정

해 이렇게 입을 벌린 일련의 구렁을 경계로 양쪽으로 잡아당겨
졌다는 뜻이다. 카론이 중간에서 이렇게 갈라진 원인이 무엇일
까? 단단한 표면을 분리시킬 수 있는 힘이 만들어졌다는 것은, 카
론의 내부가 팽창했다는 뜻인 것 같다. 음료수 캔을 냉동고에 너
무 오래 넣어두면 터지는 것과 같은 원리다. 십중팔구 카론에서
도 비슷한 일이 일어났을 것이다. 카론의 내부 중 약 절반은 물
로 만들어진 얼음으로 구성되어 있는데, 카론이 처음 형성될 때
는 내부가 뜨거웠으므로 물이 액체 상태로 존재했을 것이다. 그러
나 오랜 세월 동안 카론의 온도가 점점 차갑게 식어가자 내부에
서 팽창이 시작되었고, 그로 인해 지금과 같은 광대한 지질구조대
가 생겼을 가능성이 높다.

독특하고 어두운 붉은색을 띤 카론의 극관極冠

카론의 표면에서 가장 눈에 띄는 특징은 아마도 불그스름하고 어
두운 극관일 것이다. 극지방의 지형 위에 누가 뿌려놓은 것처
럼 넓게 번진 듯한 모습 때문에 극지의 '얼룩'이라고 불릴 때도 있
다. 우리 태양계의 모든 천체를 통틀어 어디서도 이런 것은 발
견된 적이 없다. 이 빨간 극관이 생겨난 이유에 대한 가설 중 가
장 힘을 얻고 있는 것은, 명왕성의 대기에서 탈출한 메탄 중 일부
가 카론과 부딪혀 특히 가장 추운 곳인 카론의 양극에서 응결되

는 바람에 지금과 같은 극관이 만들어진다는 것이다. 지구의 실험실에서 시뮬레이션을 할 때처럼, 카론에서도 메탄은 햇빛과 태양풍의 영향으로 더 무거운 탄화수소 분자로 바뀔 수 있다. 이것이 카론의 양극에 나타난 색깔처럼 어두운 붉은색을 띠는데, 휘발성이 아니라서 어디론가 날아가버리지 않는다. 명왕성의 물질이 억겁의 세월에 걸쳐 서서히 카론으로 이동하는 이 이상한 관계는 일부 쌍성들이 중력에 의해 서로 물질을 교환하는 것을 상기시킨다. 명왕성과 그 위성들이 SF를 사랑하는 사람들의 꿈으로 자주 묘사될 만도 하다!

작은 위성의 수수께끼

명왕성과 그 위성들은 모든 면에서 저마다 놀라움을 안겨준다. 명왕성-카론 이중행성의 바깥쪽에서 궤도를 돌고 있는 네 개의 작은 위성, 즉 닉스, 히드라, 스틱스, 케르베로스도 예외가 아니다. 이 작은 위성들에서 발견된 놀라운 사실 중 하나는 그들의 자전 속도가 엄청나게 빠르다는 점이다. 공전주기보다 훨씬 더 빠르다. 가장 극단적인 경우인 히드라의 자전주기는 겨우 열 시간으로, 공전주기보다 거의 100배나 빠르다. 이보다 더 이상한 것은, 위성이 있는 다른 천체들의 경우와 달리 자전축이 공전궤도면과 기본적으로 직각을 이루지 않는다는 점이다. 이유는 알 수 없다. 이 네 개의 작은 위성들은 모두 원형이 아니라 길게 늘어난 모습을 하고 있다. 자체 중력을 이용해 스스로 원형이 될 수 있을 만큼 크기와 질량을 갖추지 못한 차가운 천체들에서 전형적으로 발견되는 모양이다. 또 하나 놀라운 점은 스틱스와 히드라가 각각 두 개의 '부분'으로 구성되어 있다는 것이다. 두 개의 천체가 서로 충돌해서 하나가 된 것 같은 모습인데, 어쩌면 과거의 위성들이 충돌해서 스틱스와 히드라가 된 것인지도 모른다. 이것만으로도 충분하지 않았는지, 명왕성의 작은 위성 네 개는 모두 놀라울 정도로 밝아서 반사율도 몹시 높다. 자신에게 닿는 빛의 70~80퍼센트를 반사하기 때문에, 태양계에서 반사율이 가장 높은 축에 속한다.

마지막 수수께끼는 뉴호라이즌스 호가 더 작은 위성들을 열심히 찾아보았는데도 발견되지 않았다는 점이다. 허블우주망원경으로 명왕성 주위에서 새로운 위성을 찾아볼 때는 거의 매번 성과가 있었다는 점에서, 뉴호라이즌스 팀원들은 허블우주망원경의 성능을 능가할 수 있을 만큼 명왕성에 가까이 다가간 우주선이 위성을 더 발견하지 못했다는 사실에 깜짝 놀랐다. 명왕성의 위성은 왜 다섯 개뿐일까? 답은 아무도 모른다.

감사의 말

무엇보다도 먼저 뉴호라이즌스 팀원들, 전현직 NASA 관리들, 그리고 인터뷰와 인용을 허락해준 분들에게 감사하고 싶다. 모두들 우리에게 시간과 식견을 나눠줬다. 그들의 도움이 없었다면 이 책은 나오지 못했을 것이다. 특히 프랜 배지널, 앨리스 보우먼, 마크 뷔, 글렌 파운틴, 댄 골딘, 마이크 그리핀, 크리스 허스먼, 웨스 헌트레스, 톰 크리미기스, 토드 메이, 빌 매키넌, 랠프 맥넛, 제프 무어, 캐시 올킨, 존 스펜서, 롭 스테일, 핼 위버, 레슬리 영에게 감사한다. 뉴호라이즌스 호와 명왕성 탐사의 성공에 기여한 모든 분들에게도 지극한 감사의 뜻을 전한다.

대화나 서신으로 도움을 주신 짐 벨Jim Bell, 로리 캔틸로, 캔디 핸슨Candy Hansen, 찰스 콜레이스Charles Kolhase, 조너선 루나인, 켈시 싱어, 조얼 스턴과 레너스 스턴, 척 태트로, 톰보 일가, 스테이시 와인스틴, 어맨다 쟁가리Amanda Zangari에게도 감사한다. 또한 물심양면으로 우리를 지원해주고 편집도 도와준 신디 콘래드에게도 신세를 졌다. 뉴호라이즌스 탐사의 여러 장면들을 사진으로 담아, 그 아름답고 감동적인 장면들을 사용해도 좋다고 허락해준 모게인 맥키븐Morgaine McKibben, 마이클 솔루리Michael Soluri, 헨리 스루프에게도 감사한다. 로웰 천문대에서 역사를 담당하는 케빈 신들러Kevin Schindler에게도 감사한다. 그가 너그럽게 공유해준 문서보관소의 자료들 덕분에 이 책이 더욱 풍요로워질 수 있었다. APL의 마이크 버클리Mike Buckley는 NASA와 APL의 사진 등 여러 자료를 찾아내는 데 헤아릴 수 없는 도움을 줬다. 이 책을 쓰는 동안 내내 노련하게 우리를 이끌어준 출판 대리인 캐리 해니건Carrie Hannigan, 조시 게츨러Josh Getzler, 에릭 루퍼Eric Lupfer에게, 그리고 항상 우리를 격려해주고 참을성 있게 지혜를 제공했으며 뉴호라이즌스 호의 이야기를 세상과 나누게 되었다며 좋아하는 우리들과 함께 기뻐해준 편집자 제임스 미더James Meader에게도 감사하고 싶다. 마지막으로 수많은 주말과 저녁에도 글을 쓰는 일에 매달린 우리를 참아준 아내 제니퍼 골드스미스-그린스푼Jennifer Goldsmith-Grinspoon과 캐롤 스턴에게 감사한다.

찾아보기

뉴호라이즌스, 새로운 지평을 향한 여정

뉴호라이즌스, 새로운 지평을 향한 여정

ㅅ

ㅇ

명왕성을 처음으로 탐사한 사람들의 이야기

뉴호라이즌스,
새로운 지평을 향한 여정

첫판 1쇄 펴낸날 2020년 10월 13일
   4쇄 펴낸날 2022년 10월 11일

지은이 앨런 스턴·데이비드 그린스푼   옮긴이 김승욱
발행인 김혜경
편집인 김수진
편집기획 김교석 조한나 김단희 유승연 김유진 임지원 곽세라 전하연
디자인 한승연 성윤정
경영지원국 안정숙
마케팅 문창운 백윤진 박희원
회계 임옥희 양여진 김주연

펴낸곳 (주)도서출판 푸른숲
출판등록 2003년 12월 17일 제2003-000032호
주소 경기도 파주시 심학산로 10(서패동) 3층, 우편번호 10881
전화 031)955-9005(마케팅부), 031)955-9010(편집부)
팩스 031)955-9015(마케팅부), 031)955-9017(편집부)
홈페이지 www.prunsoop.co.kr
페이스북 www.facebook.com/prunsoop   인스타그램 @prunsoop

ⓒ푸른숲, 2020
ISBN 979-11-5675-841-9 (03440)